达尔文主义种群
与自然选择

〔澳〕彼得·戈弗雷-史密斯 / 著

丁三东 / 译

商务印书馆
The Commercial Press

Peter Godfrey-Smith
DARWINIAN POPULATIONS AND NATURAL SELECTION
© Peter Godfrey-Smith 2009
根据牛津大学出版社 2009 年版译出

献给简

目　录

译者导言：把达尔文主义达尔文主义化

彼得·戈弗雷-史密斯（Peter Godfrey-Smith）现任悉尼大学科学史与科学哲学学院教授，主要研究领域为生物学哲学和心灵哲学。本书是他的代表作之一，于 2009 年由牛津大学出版社印行，并获得了 2010 年度的拉卡托斯奖，其授奖词言："该书利用科学哲学、生物学和其他学科里的新进展，对达尔文的自然选择思想作出了新的分析和拓展。该书包含的核心概念是'达尔文主义种群'——事物的一个集合，它能够历经由自然选择导致的变化。该书从这个起点出发，对基因在演化中的作用作出了新分析，并把达尔文主义思想运用于文化变化，运用于造就了复杂生物体和社会的'演化转型'。"译者很认同这个评论，也认为本书最重要的贡献正在于，提出了一个恰切地描述演化（由自然选择导致的变化）过程的空间思维工具，真正做到了把达尔文主义达尔文主义化（darwinize Darwinism），它对我们深入理解世界中的演化现象、理解演化论本身，以至理解人类知识的本性都很有帮助。

在人类知识图谱上，达尔文所奠基的演化论无疑据有核心地位。它是生物学研究的基础理论，也是广泛适用的科学研究方法，更是影响深远的哲学世界观。它使人们充分注意到世界的多样性和历史性。丹尼特（Daniel Dennett，*Darwin's Dangerous Idea*，

1995，p.63）曾把演化论比喻为"万能酸"："它吞噬了几乎每一个传统概念，过处留下一个发生了革命性变化的世界观，以前的标志物大多还可以认出，但是已发生了根本的转变。"

一切皆变，无物常驻。而变化的表现多种多样，有随机改变，有周期性震荡往复，有方向性进步，还有演化。这种种变化背后有着种种机制，它们决定了变化的表现，自然选择就是这些机制中的一种，而且是最为重要的一种。正是自然选择使得地球上的所有生物通过共同的祖先相互关联，使得当某些可遗传的变异性状令具备它们的个体有着更多后代时，该个体所在的种群会发生演化变化。

如何描述这一种群演变现象背后的自然选择机制？这是自达尔文提出演化论以来就一直存在的一个理论任务，也是戈弗雷-史密斯在本书中着力反思和接续的工作。他发现，尽管达尔文本人的描述是相当具体的，但随后出现的各种描述则更加抽象，并扩展到了新的实体，例如基因、生物个体、群体等等，也扩展到了新的领域，例如文化领域。戈弗雷-史密斯把这些以往的描述分为经典进路和复制子进路。传统的进路始于魏斯曼，并在列万廷、里德利等人那里得到了完善，它呈现为一种演化"配方"：一个种群内部的诸个体一旦出现了表型变异、变异可遗传、不同表型在某个环境中的适应度差异（这些差异最终归结为不同个体生殖结果上的差异），种群就会发生演化变化。复制子进路则是20世纪70年代以来很有影响的另一个描述进路，该进路最初由道金斯提出，并得到了赫尔、丹尼特等人的支持和发展。它不像经典进路那样把生物个体作为分析的起点，而是把复制子作为分析的起点。在道金斯的定义中，复制子是拷贝自己的东西，在漫长的演化史上唯一的复制子是基因；直到人类文化诞生以来，才可能出现第二种复制子：弥母。道金斯主张一种"基因之眼观点"，力图把其他事物解释为复制子藏身其中的载体。在此进路中，复制子成了演化现象中不可或缺的东西。不论是传统的经典进路还是新近的复制子进路，在它们这里演化论都呈现为一个普遍的理论，一种简明的方法，一个易于上手的分析工具。

然而，这些简单的概括却存在着巨大的不确定性。对于经典进路，戈弗雷-史密斯列举了一系列事例。在有些事例中，演化的要素出现了，演化却没有发生；在有些事例中，演化发生了，演化的要素却没有出现。对于复制子进路，戈弗雷-史密斯也讨论了一些理论设想的事例，在其中并没有所谓复制子——即便每个事物都是独一无二的，演化也可能发生。复制子进路还有个更大的麻烦：它轻松地调用了人类在演化历程中被塑造起来的强大心理工具——把对象看成"能动的"东西，也就是丹尼特所说的"意向立场"——来看待和处理复制子的功能，因而有意无意地谈论到复制子的目的、意图、关切和策略。这本是人类对事物迅速达成理解的一种高效工具，但在此它被滥用了。

以往对演化的自然选择机制的"配方"概括之所以面临种种问题，主要是因为，它们往往是从全部演化现象中挑选出一部分显著现象加以分析的产物，然而，它们却试图进而成为对所有事例来说都为真的普遍命题。无论是变异、遗传、以生殖为核心的适应度差异,还是得到拷贝的复制子,这些要素在有些事例中是显著的,在有些事例中则不那么显著,相对边缘。这样,有些事例是典范事例,有些则是边缘事例,有些则是无关事例。对演化论的传统描述错误地把自然选择机制诸要素构想为处于一个必然会导致演化变化的配方中。然而戈弗雷-史密斯主张:我们得把这些要素构想为处于不同的布局或配置中;导致演化的自然选择机制并不是一个固定的"配方",而是一个其中诸元素可能会发生量化调整的"配伍"。

这样一来,描述由自然选择导致的演化的理论任务就具体化为:如何来描述自然选择机制诸元素的不同布局或配置? 如何把不同的现象事例安放在一个连续统中? 对此,戈弗雷-史密斯在本书中阐述了一种他称之为"达尔文主义空间"(a darwinian space)的工具——在各个维度上都实现量化的状态矢量空间。这是戈弗雷-史密斯本书的核心思想,也是它的主要贡献。

实际上,戈弗雷-史密斯在本书中具体讨论了两个"达尔文主义空间"。第一个"达尔文主义空间"出现在第 3 章(3.7),它安放的是经历了不同程度达尔文主义过程的种群事例,我们可以称之为"种群空间"。对于这个空间,戈弗雷-史密斯主要讨论了五个参数维度:H(遗传的保真度,即亲代—后代相似的程度)、V(变异的丰富程度)、α(种群内竞争性互动的程度)、C(适应地形的连续和平滑程度,即个体特点上的微小变化导致个体生殖适应度变化的程度)、S(生殖差异对内在特征的依赖程度)。典范的达尔文主义种群中,其个体的遗传是高保真的,但又非完美无差错的;其个体的变异有较高的丰度;其个体间的互动竞争更加频繁;其个体的适应地形更加平滑;其个体的适应度更加依赖于其内在特征。而边缘的达尔文主义种群的生殖遗传则不那么保真;其个体的变异丰度较低;其个体间互动竞争相对较弱;其相似的个体缺乏相似的适应度值;其个体特点与实际的适应度之间没有很强的关联。第二个"达尔文主义空间"出现在第 5 章(5.2),它安放的是发生着不同程度生殖过程的种群事例,我们可以称之为"生殖空间"。对于这个空间,戈弗雷-史密斯主要讨论了三个参数维度:B(生殖期间的瓶颈程度,也就是生殖时不同世代的分隔程度或收窄程度)、G(生殖细胞与体细胞的分离程度,即生殖特化的程度),I(集合体整体意义上的整合程度)。这样,不同物种种群的、有着不同特征的生殖就落在该空间的不同地方。甚至达尔文主义种群、达尔文主义过程本身都可以被置入这个"达尔文主义空间",它们各自都存在着典型事例和边缘事例。这就是译者导言的标题中所表达的意思。

在译者看来,戈弗雷-史密斯提出的这个"达尔文主义空间"是一个强大的研究工具,既可用以处理同一事物的历时性演化情形,也可用以处理演化造就的同源相异事物的共时性分布情形。与维特根斯坦的"家族相似"比起来,"达尔文主义空间"在实际运用上具备更大的可细化和可量化优势。它时刻提醒我们注意事物的多样性、复杂性和历史性,提醒我们警惕非此即彼的、往往忽视了时间因素的本质主义思维方式,后者尽管有着人类心灵演化史的渊源和有限的认知简化优势,但对其所作的滥用和误用却充满了巨大的危险。

　　戈弗雷-史密斯的这个"达尔文主义空间"工具还可以帮助我们深入理解我们人类运用自然语言对世界所作描述和认知的本性。我们在运用自然语言描述和理解事物时会使用概念。例如，我们会使用不同的颜色概念、形状概念来描述事物，我们也会运用界、门、纲、目、科、属、种等不同层次的概念来进行物种分类，我们还会使用"中国人"和"外国人"、"桌子"和"板凳"这样的区分性概念。在本书中，戈弗雷-史密斯在分析开始时也使用了分类性的概念，例如对达尔文主义过程的"传统描述"和"配方描述"，达尔文主义种群的"典范事例""边缘事例""集合生殖者""简单生殖者"和"支架生殖者"。运用概念进行分类是人类运用自然语言进行思维时的一种自然倾向，一种便捷工具。世上的事物数不胜数，而人类心智在有限的条件下能够处理的信息是极其有限的。因此，它必须要对事物的诸多特性进行聚焦和简化，基于事物的某些特性而用特定的概念语词进行"速记"。这些速记有可能是临时性的，很快就会被涂改，也有可能在历史生活中积淀为长期稳定的概念——这就是自然语言概念的演化本性。由此形成的自然语言概念所表征的东西往往是人在与他人或周遭世界打交道时与生存和生活相关的东西。并且，越是相关，有关的自然语言概念划分越是详细；越是不相关，有关的自然语言概念划分越是粗略。然而，人在通过文化教育习得自然语言概念时，却很容易遗忘它们的上述起源，赋予它们一种过强的规范性力量。而戈弗雷-史密斯的"达尔文主义空间"工具可以使我们深刻理解自然语言概念的"速记"起源。

实际上,我们可以借鉴他的这个思路,把任何自然语言概念都重新回置到真实的多样事物分布于其间的量化状态矢量"空间"中。例如,我们可以把自然语言的颜色概念回置到颜色光谱"空间"中。这种回置对我们认知和理解的意义在于,它可以使我们从对事物的简化而宽泛的定性描述深入具体而细致的量化描述。

戈弗雷-史密斯在本书中提出的这个空间思维工具还有一个优势,即它可以很好地解释和处理我们在运用自然语言概念时有时候会遭遇的模糊情形或边缘事例。事物并不模糊,它们只是分布在状态矢量空间的不同位置。模糊的从而需要被调整的乃是我们的自然语言概念。

运用戈弗雷-史密斯提出的这个空间思维工具的另一个优势是,它可以预测一些我们原来并不知晓的事物的存在,甚至可以帮助我们创造在状态矢量空间中尚不存在的事物,如果我们调整该空间中现存事物表征的某些参数的话。

我们用以进行分析的状态矢量空间有多少维?每一维分别表征什么量化特征?戈弗雷-史密斯对此采取了一种多少有点不可知论的态度。我们并不知道影响一个种群展现出达尔文主义过程的全体因素有多少个,我们并不知道影响生殖的全体因素有多少个。在此,我们只是选取了一些在我们的视野中显著的参数。而究竟哪些因素是显著的,则又是依我们的分析任务和分析对象而定。

这是一切理论——包括达尔文主义理论——的本性。理论根本上是从有限的事例出发作出的概括和解释。它有一种由达成理解这一人类认知目标所推动的扩展倾向。它呈现为一系列确定的普遍命题，但总会在某个地方遭遇"例外"的挑战。此时，我们就需要调整或更新我们的概念和理论理解框架。

这也是人类活动——包括科学认识活动——的本性。人的活动更像是一种策略性活动，灵活机动，遵循实用主义；而不是规范性活动，恪守规则，符合义务论。

最后，就本书的翻译工作而言，首先要感谢陈虎平君，他一直是译者最重要的思想伙伴之一，也是他最初向译者推荐了此书。感谢熊林教授和四川大学哲学系的朋友们，他们的包容和关爱使译者能够在 2017 年冬天集中两个多月的时间完成了此书的译文初稿。感谢四川大学生命科学学院赵建教授，他审阅了此书稿的一个修订版本。感谢商务印书馆对本译著的出版给予了热情的肯定和支持。特别感谢湖南大学岳麓书院，它为译者提供了良好的工作环境，并资助了本译著的出版。此书涉及生物学领域的大量知识，限于译者的学识，本译著肯定有不少谬误之处，文责全在译者，恳请读者批评指正。

丁三东

2023 年 2 月

序　言

本书讨论的是演化论——达尔文的理论,后来的许多有识之
士对它有所修订。本书讨论的主要是由自然选择导致的演化,即
种群凭借变异、继承和生殖的机制而发生变化的过程。但我是在
一个更加一般的达尔文主义生命观语境中讨论自然选择,并通过
科学哲学的眼光来考察它的。

我相信,演化论的话题对哲学家、生物学家,以及这两个领域
之外的其他人士都很重要,因此,本书设定的读者包含了所有这
三类人。我把本书组织为多个层面。我希望,对哲学或演化生物
学知之不多的人也可以理解本书的八个主体章节。它们基本上
没有包含任何技术性的内容,除了一些脚注。我也尽可能努力避
免使用专业术语(我只在一些真正必要的地方加了点额外的术语
解释)。而在这八章里,前五章构成了一个整体。它们详细阐述
并界定了我关于自然选择的观点。正如本书的题目所暗示的,我
是围绕"达尔文主义种群"这个观念来组织我的观点的。达尔文
主义种群是普通事物的一种特别的组织。它的成分极其平
常——出生、交配、死亡、遗传,但它的结果却可能非常不平常。
我考察了由自然选择导致的演化过程需要什么、能够解释什么。
我也试图描述,当我们把达尔文主义种群视为世界的关键要素

时,这个世界是如何出现的。

第 5 章的结尾概括了这个图景。接下来的三章更具体地考察了一些话题和争议,包括关于演化的"基因之眼的观点",以及文化变化本身是个达尔文主义过程的观点。

脚注构成了本书的第二个层次。它们包含了进一步的相关哲学和生物学文献,对模型的勾勒、澄清和辩护,以及对其他可能思路的评论。这些脚注里出现了更多的专业术语,以使脚注保持简洁。

第三个层次是附录,它包含了与主体章节相关的一些技术性思想。因此,附录的大部分内容对此前给出的诸多论说做了补充。唯一的例外是最后一节,它是独立的并展示了一种描绘大量达尔文主义和非达尔文主义现象的不同方式。读者可以在读完某一章之后就来阅读附录的对应小节,也可以整体性地阅读附录。

viii　　　我要感谢许多人,尤其是那些为本书早前的文稿写下了详细评论的人。他们包括理查德·弗朗西斯(Richard Francis)、大卫·赫尔(David Hull)、本·克尔(Ben Kerr)、阿农·莱维(Arnon Levy)、伊丽莎白·劳埃德(Elisabeth Lloyd)、约翰·马修森(John Matthewson)、萨米尔·奥卡沙(Samir Okasha)、金姆·斯特雷尔尼(Kim Sterelny)以及克里提卡·叶格那珊卡让(Kritika Yegnashan-karan)。他们每一位都对我的文稿作了重要的改进。事实上,每一组新的评论似乎都再一次彻底颠覆了本书的某一部分,同时也波及了本书的其余部分。海格(Haig)和斯特雷尔尼作出的评论尤其激烈。

有了一群这样的评论者，本书的每个论说现在似乎应当是完全无懈可击的了。然而我确信，情况不是这样的，不过，无论本书还有什么样的缺点，由于有这样一群各式各样的、富有学识的人密切关注它的改进，它都已经从中获益良多。本书在很大程度上也要归功于与本·克尔合作的长期影响，他的思想充满了不可思议的清晰性和原创性。附录的有些小节直接借用了与他合作的成果，但他的影响远不止如此。

我要对瑞克·米肖德（Rick Michod）、凯瑟琳·普莱斯顿（Katherine Preston）、萨利·奥托（Sally Otto）、鲍勃·库克（Bob Cooke）、雅克·迪迈（Jacques Dumais）、阿明·辛特维尔斯（Armin Hinterwirth）、伊娃·雅布隆卡（Eva Jablonka）、马歇尔·霍维茨（Marshall Horwitz）以及卡罗拉·斯托茨（Karola Stotz）表达感激，他们在有关生物学的问题上提供了慷慨的帮助。艾伦·克拉克（Ellen Clark）对中间几章做了极有帮助的评论。德鲁·施罗德（Drew Schroeder）指出了空间表征早先版本的问题。我在实际写作之前与格伦·阿德尔森（Glenn Adelson）的讨论使我对论说做了许多调整。简·谢尔顿（Jane Sheldon）对本书的内容和文风做了数不清的改进，也为本书找到了理想的封面。我也从与迪克·列万廷（Dick Lewontin）、汝拉·品塔（Jura Pintar）、丹·丹尼特（Dan Dennett）、托马斯·普拉度（Thomas Pradeu）、劳里·保罗（Laurie Paul）、帕特里克·福伯（Patrick Forber）、卢卡斯·瑞佩尔（Lukas Rieppel）、保罗·格里菲斯（Paul Griffiths）、布莱特·卡尔科特（Brett Calcott）以及贾斯汀·费舍尔（Justin Fisher）的额外讨论和通信中获益良多。伊丽莎·朱厄特（Eliza Jewett）精巧地绘制了示意图。我要感谢哈佛大学提供了一个异乎寻常的学术环境，还有一场及时的学术休假。与牛津大学出版社的彼得·毛姆齐洛夫（Peter Momtchiloff）的合作使我深深体会到了，他为什么是一位声誉卓著的编辑。

彼得·戈弗雷-史密斯
2008 年 5 月

第 1 章 导言和概览

1.1 科学、科学哲学与自然哲学

演化生物学的组织;对自然选择的基础性讨论;科学、科学哲学与自然哲学。

本书讨论的是由自然选择导致的演化——该过程本身,以及我们通过科学的理论化(scientific theorizing)来理解它的各种尝试。这两个话题互相启发。

演化生物学作为一个整体可以被看作围绕两组核心概念组织起来的。第一组概念可以用"生命之树"来概括。这个假说如下:地球上的所有生物都通过共同的祖先而相互关联,如果我们把这个先祖-后裔关系全表"缩小",那么物种间的系谱关系就会大致形成一棵树的形状。第二组概念是我们对种群或物种内如何发生变化所作的说明。由自然选择导致的演化就是我们在此的发现之一。变异以一种任意的、无目标的方式出现在种群内。其中的某些变异特征使得具备它们的个体产生了更多的后代。当这些受到青睐的性状在世代之间得到了继承时,该种群就会变化。

力图描述这个过程之基本特点的历史已经很长了。达尔文在《物种起源》(1859)里的描述通常都是相当具体的。这些描述旨在捕捉该变化过程在现实世界的有机体和环境当中是如何运行的。虽然达尔文很快就转而更加抽象地处理他的那些核心观念，但这个描述的传统却延续了下来。在许多人看来，达尔文发现了一个一般模式、一种原理机制，它在许多领域都可以被发现，并不依赖于地球生物系统的偶然特点。这个描述的传统包括了下文所谓的对达尔文主义的抽象描述的"经典"进路，在这一进路中，变异、遗传和生殖后代中的差异被视为一个配方（recipe），它在众多的系统里导致了变化。最近，这个传统则包括了根据"复制子"（replicator）——得到忠实复制的结构，它们历经很长时间而保持不变，并建造了我们周围生物世界的其他部分——来对演化作出的描述。

　　试图给出这种抽象描述的理由大致有二。一是追求对演化过程本身的纯粹理解。二是追求一个可以应用于新领域的理论工具。本书是该计划的延续。正如上文所指出的，这样的描述有着丰富的历史，不过，我希望改善早前的描述，也希望推进这个计划。为了做到这些，我将一方面延续现存的讨论路线，另一方面引入新的资源。后者包括，通过新近的科学哲学视角来考察这个问题。

　　本书力图既成为一本哲学著作，也成为一本生物学著作。我是从哲学的观点出发来处理本书话题的，但我力图让本书的论证对生物学也有影响。为了描述这个结合，我将区分三种相关的研究和主题：科学、科学哲学，以及可被称作"自然哲学"的东西。

　　科学关注的焦点是自然世界。科学用以研究世界的，不是一个受规则支配的"方法"（a rule-governed "method"），而是一个更像策略(strategy)的东西。关于世界是如何运作的各种观念以某种方式得到了发展和评估,该方式旨在使那些观念既内部融贯,又对观察有所响应。这个过程部分地涉及对理论观念的"内在逻辑"的探究——它们的来源、它们原则上的解释力、它们与理论的其他部分如何关联,以及哪类数据会支持或反对这些观念。

科学哲学关注的焦点是科学本身,是上面这个段落所描述的过程。它的目标是理解科学如何运作以及取得了什么成果。在此,我们问的是,理论与世界可能具有何种类型的关联——它们是如何充当表征的,它们是如何产生理解的。我们探问的是一些有价值但又很棘手的东西,例如真理、简单性、解释力,我们探问的是证据、检验以及科学变化的本质。这样的作品可以把网铺得很开,以把握科学的全部;也可以把网收得紧一点,以理解科学的一小部分,例如演化生物学。

这种作品有助于科学变得自我觉察(be self-conscious),就此而言,它可以有效地反哺科学。并非所有东西都是在自我觉察的时候才做得最好,科学是否如此,这一点并不清楚。例如,在托马斯·库恩对科学变化的说明中,当"常规科学家"在某种程度上误解了他/她实际上做的事情时,误解了科学在大尺度过程中如何运行时,科学恰恰运作得最好(Kuhn 1962)。这是个非常有趣然而又有些可怕的观点。无论如何,它有点夸大其词了。不过,库恩刻画的图景(它当然是融贯的)表明,科学哲学应当会有助于科学,这一点并不是显而易见的,也不是必然如此的。除了这样的反哺之外,对科学的哲学理解本身就是一个目标。

还存在着另一种哲学作品。它关注的也是自然世界。不过,　3

它关注的是通过科学工具所看到的自然世界。它的计划是，采纳科学家们所发展的科学，找到科学的真正意蕴，特别是有关诸如我们在自然中的地位这样的大问题的意蕴。因此，我们力图运用科学作品，以形成我们的世界观，不过，我们不是用"原始"形式的科学（science in its "raw" form）来确定我们的世界观。相反，我们采用针对某个给定论题的未经加工的科学，哲学地得出该科学作品确切所说的东西。用一个老术语来说，这个计划可以被称作"自然哲学"。

或许有人会感到惊讶，真有这样的作品吗？如果我们有着科学的头脑，那我们为什么不从未经加工的科学中得出我们的世界观？同时，如果我们不信任科学家们所说的东西，那我们为什么不干脆去寻找其他资源？

一个人对这第三种计划的态度取决于他是如何理解科学活动的——取决于他对科学哲学的看法。如下这组想法赋予了第三种计划以意义：科学是探究世界模样的一个非常有力的工具。但科学的观念是在科学共同体里根据科学本身的要求而得到发展的。发展的结果就包括了一些概念，它们所具有的轮廓契合于科学工作的实践性（practicalities）——科学要求问题得是易于处理的，工作得是合作性的（同时也得是竞争性的），不同选项之间的对比得是足够鲜明的。我们还遇到了充满了微妙的——几乎不可见的——隐喻、被工具和现象塑造的范畴的语言，以及帮助日常工作得以顺利进行的简单性。当我们把直接的科学语境所勾勒的世界图景引入一个更加宽泛的讨论时，科学描述中那些根源于这些实践性的诸多特点就可能产生误导。这里，"更加宽泛的讨论"可能明显是哲学的讨论(例如,在伦理学或心智哲学中的讨论),它甚至可能还要宽泛得多,而且不那么学术化。但科学的信息在进入那些类型的讨论之前通常需要加工。这类工作常常也力图综合多个不同科学领域的结论,弄清楚它们如何被连贯地整合为一揽子构想——或者如何未能被整合起来。

因此,自然哲学提炼、澄清、明确科学给予我们的自然世界图景以及我们在其中的地位。称它为"哲学",并不意味着只有哲学家才能做这个事情。许多科学家——包括本书讨论的许多科学家——都在从事这种工作。但它是不同于科学本身的另一种活动。

本书始终围绕这三种研究展开。起点是科学哲学——从哲学家的观点来考察演化论。我考察了演化生物学是如何尝试表征和理解某一组自然现象的。我说过,这类作品无需总是富有成效地反哺科学,但我在此的希望是,它可以做到这一点。通过注意这个领域所使用的不同类型的理论之"舟"所扮演的角色,有些问题将会变得更加明晰。我还将论证关于某些核心演化概念之间关系的一些新观点。所得出的图景也将被用以引发一种针对我们思考生物世界时的一些心理习惯的反思态度。那些习惯影响着我们做科学和哲学研究的方式,它们是达尔文主义的世界运行方式和我们由演化而来的心智运作方式相互作用的结果。

1.2 对本书核心命题的陈述

配方和复制子；最小概念；边缘事例和范例；空间工具；层次和转型。

现有的文献包含了两个对自然选择进行抽象描述的传统。其中一个传统我将称之为"经典"进路。这一类概括大致具有如下形式：只要一个种群内部的个体间存在变异，这些变异使得那些个体具有不同数量的后代，并且这些变异在一定程度上是可遗传的，那么，由自然选择导致的演化就会发生。这些表述常常被表达为一种配方：如果有了那些要素，演化变化就会随之而来。原则上，这个配方适用于任何能够进行某种形式的生殖的东西。

这个"经典"进路是我自己分析的起点，但这些标准的表述存在不少问题。在有些事例中，要素出现了，但变化并没有发生；在另一些事例中，变化（看起来）确凿地发生了，但要素并没有出现。有时候，一个概括的内容与作者给出的评论似乎并不一致。

这些问题是由一些哲学上有趣的原因导致的。由自然选择导致的变化的标准配方是两个欲求的折中产物（虽然人们常常不承认这一点）：一个欲求是，在一个概要描述中捕捉所有真正的自然选择的事例；另一个欲求是，描述一个简单的、因果上显而易见的机制。这两个动机对应于我们在所有理论化研究中都可以找到的两种不同的理解。一种理解进路是，试图给出一个对我们感兴趣的现象的所有事例都完全为真的描述。另一种理解进路是，直接地描述一类简单的、易于处理的事例，并将之作为对其他事例的一种更加间接的理解的基础。通过我们已经详细弄清了的简单事例和疑窦丛生的更复杂事例之间的相似关系，理解就达成了。

如此运用的"简单"事例可能是真实世界的一组相似事例，也可能是我们通过对真实事例进行想象性修改而得出的一组虚构事例。无论怎样，在上述第二种理解进路中，理解都是间接地达成的，都是通过模型的手段，而不是通过对大量经验现象的直接描述。这一没有得到注意的两种理解进路之间的转换出现在对自然选择的许多基础性讨论之中。对此有人可能会回应说：诚然，我们无需在这两种进路之间作出取舍，但我们应当常常同时运用这两者吗？实际上，我在此就是这么做的，但这么做需要以一种新的方式安排事物。

对自然选择进行抽象描述的第二个传统更加晚近，这就是"复制子"进路，它最初由理查德·道金斯（Dawkins 1976）和大卫·赫尔（Hull 1980）进行了详细阐明。大概说来，复制子就是拷贝自己或引起了拷贝的东西。其一般图景大致如下：最初的复制子产生于生命本身诞生之初，它们只是单个的分子。在这些简单的复制子之间存在着一种原始的演化竞争；那些复制得更快、更精确，完整保存得更长久的复制子变得更加常见。但最后它们参与了大规模的合作活动——当这么做对它们有利的时候——包括组建"载体"（vehicles）或"互动子"（interactors）。这些东西是复制子藏身其中的更大单元，服务于复制子（特别是在道金斯的描述中）的意图。当今地球上的复制子是基因，以及（或许，最近）一些文化上传播的东西。

根据这个观点，复制子在任何达尔文主义过程中都是必不可少的成分。演化论的内在逻辑主要是围绕如下观念组织起来的，即复制子会演化以增进其复制，而其他生命结构则是作为复制子活动的产物而存在的。我们要把基因或其他复制子看作"辐射着力量的一个网络的中心"，以此来理解生命世界（Dawkins 1982a: vii）。

我将会更加批判性地对待复制子观点。由自然选择导致的演化并不一定需要复制子。诉诸这一分析框架，部分地与如下事实有关，即复制子观点旨在契合一种特殊的思考演化的方式，我将把它称为"能动的"（agential）方式。在此，我们根据有日程（agenda）、目标（goal）和策略（strategy）的东西之间的竞争来思考演化。我把能动的演化观看作一个陷阱。它在某些语境中具有真正启发性的力量，但它也具有强烈的误导性，特别是在我们思考基础问题的时候。而我们一旦开始根据有日程的小能动者来思考——即便我们明确宣称是在以一种隐喻性的精神来思考——这种思考就很难停下来。

有些人在这一点上可能会怀疑，我们是否需要对自然选择作出一个涵盖所有事例的抽象语言描述。或许，语言并不胜任这个工作。当演化论刚刚被提出来的时候，达尔文可以用简单的（优雅的）英语表述他的全部原则。但演化论在过去一百年中的趋势是形式化。或许我们要寻求的不是一种语言的描述，而是一个主方程（a master equation），演化论的 $E=mc^2$ 或者 $F=MA$。可能有人会说，一旦一个科学理论达到了现代新达尔文主义的阶段，语言就成了一个迟钝的工具。

虽然本书的绝大部分内容都是非形式化的，但我的讨论常常会考虑到形式化的模型。我认为,这些用理想化包裹起来的模型与语言描述起到的作用是不一样的,前者没有取代后者。我把对演化的"主方程"进路的许多讨论都放在了附录中,以使本书尽可能地非技术化。

　　本书其他部分所使用的框架在第 2 章得到了介绍。正如那一章的标题所指出的,核心的概念是"达尔文主义种群"(Darwinian population)。达尔文主义种群是特殊事物的一个集合体,它能够通过自然选择历经演化。而"达尔文主义个体"(Darwinian individual)则是这样的种群里的一个成员。我将就达尔文主义个体作出大量讨论,但我的想法是,种群层次的概念是先行的。我的第一个主要步骤是,描述我所谓的达尔文主义种群的"最小概念"(the "minimal concept" of a Darwinian population),以及一个相应的变化(change)范畴。最小概念突出了从经典进路出发的人们很熟悉的三个要素:个体特征上的变异,它们影响了生殖的后代数量,它们是可遗传的。不过,最小概念就像是一块垫脚石,随着完整框架铺陈开来,它起到的作用将会减弱。

　　我的第二个步骤是一种分片处理(fragmentation),辨别不同类型的达尔文主义过程所组成的一个家族(family)。最小概念非常具有包容性,它既包括了生物学上显著的事例,也包括了许多看起来微不足道的事例。如果仅仅从最小概念引申出一个自然选择的图景,则我们很可能会难以理解达尔文主义为何如此重要。不过,在最小概念中得到了描述的过程不能与达尔文主义过程画上等号。显著的达尔文主义过程还有另外的特点,这些特点在某些事例中可以得到抽象的描述。因此,在最小概念所圈定的范围内,我们可以辨认出一类典范性的达尔文主义种群。这是一种能够产生高度适应其环境的新的复杂生物的系统。

在事物的另一端,我们也可以辨认出一类边缘性的达尔文主义种群。这一类事例不在最小概念的范围之内;相反,这些种群并不确切地满足最小概念的要求,而只是大致满足它们。它们只是部分地具有达尔文主义种群的特征。

因此,在这个阶段,我们拥有达尔文主义种群的三个概念,第一个是达尔文主义种群的最小概念(宽泛的、包容的),第二个是达尔文主义种群的典范事例概念(狭窄得多),第三个是达尔文主义种群的边缘事例概念(仅仅大致合乎最低标准)。不过,很显然,"典范"不是一个离散的范畴,一个达尔文主义种群可以以各种各样的方式(不同维度)变得更加显著,或者变得不那么显著。我将引入一个空间框架来表征这些可能性。这部分论证更富思辨性,但我的目标是要表明,典范事例只占据了这个空间的一部分,边缘事例则占据了另一部分的空间。最小概念挑选出了一个包含着典范的巨大领域,这个领域的边界是模糊的,首先是混入了边缘事例,其次还混入了根本不具备达尔文主义特征的事例。

到此为止的论说中假定了一个关键的概念——生殖(reproduction)。生殖概念位于达尔文主义的中心,但它被重重迷雾包裹着。最明显的、我们最熟悉的生殖事例涉及一个新个体通过有性方式的诞生,这个新个体在生物学上与其亲代(parent)相似,但在遗传学上又不同于它们,它的生命是从一个单细胞的阶段发展而来的。不过,还有许多不那么明显的事例。如果一个植物长出一根匍匐枝,这根匍匐枝导致了一个类似原有植物的新结构,并且可以独立存活,那这是生殖还是原有个体的生长?"集合的"实体("collective"entities)——例如社会群体(social groups)、共生结合体(symbiotic associations)——也造成了许多问题。蜂群也会像蜜蜂一样生殖吗?野牛群也会像野牛一样生殖吗?像地衣这样紧密联系的共生体包含着它们自己的达尔文主义个体吗?生殖着的东西是地衣的一部分还是整个地衣呢?

这个问题不应该被视为非此即彼的问题;两者都可以生殖,因而两者都在各自的层面上参与了达尔文主义过程。在中间几章,我以梯度的方式(a gradient way)处理了生殖问题本身,并再次运用了空间工具,赋予了各种各样无规则的事例以秩序。我的目标是捍卫如下观点:"生殖"既有非常明确的形式,也有更加边缘的形式,有时我们很难将之与生长区别开来,有时它们之所以不明确,乃是因为生殖着的东西本身很难说具有个体的地位。达尔文主义种群之所以可能是边缘性的,原因之一就是,与生殖关系相关的个体本身就是边缘性的。考虑到我们熟悉的那些事例,考虑到"边缘性的"这个术语的日常含义,生殖的"边缘"*事例不是指看起来奇怪的事例。生殖的边缘事例起着与更加明确的事例不同的演化作用。

这就给了我们处理有关选择的"层次"或"单元"的某些旧难题——部分地是生物学的旧难题,部分地是哲学的旧难题——的新方式。许多选择过程似乎可以在多个层面进行描述,是否应该,以及如何在这些描述之间作出取舍,就成了一个难题。例如,

---

　　*　"边缘"本来只是指空间的特定区域,但在日常语言中,我们却常常把"奇怪""异常"等含义加在它上面。——译者

什么时候(如果有的话)生物体组成的社会群体不是组成了这些群体的个体,而是被选择的单元?如果答案是"绝不会",那么,对生物体的选择是否应该被视为实际上是对个体基因的选择?当我们的生物学对象被组织成部分和整体的层级构造时,我们如何确定,选择是在哪个层次发挥着作用的?

我对所有这些问题的研究进路是,分别探寻每个层次的东西在多大程度上符合作为一个达尔文主义种群的标准。例如,如果一个系统包含着基因、染色体、细胞、生物体、群体,那我就会把分析框架以统一的方式运用于所有这些层次。这可能看起来显而易见,就该这么做,然而人们通常的做法却不是这样。我将讨论,为什么会发生如此这般的情况。继而,我将论证,早先章节里的观念将使我们能够以一种新的方式处理在不同层次长久以来困扰着我们的一些问题。当我们处理这些问题的时候,我们必须要努力对付的是,达尔文主义种群的那些边缘性的和局部的事例所扮演的角色,以及这些事例和典范事例之间的渐变关系。

中间几章所发展的空间工具有两个作用。一个是上文强调的,它提供了把不同事例进行归类的一种简洁方式。达尔文主义种群存在着众多方面的差异,赋予其秩序的方式之一就是,选出一些至少可以大致被量化记录的参数,把这些种群表征于一个抽象的空间里,每个特点都对应着该空间的一个维度。不过,空间表征还有一个更加动态的应用。当一个种群发生了演化时,发生变化的不仅是其成员的生物特征。演化的后果是,该种群如何演化的方式——进一步的变化出现的方式——也发生了变化。生物可能会演化出更加保真的生殖,也可能会演化出更加不保真的生殖;种群的结合可能会更加密切,也可能会更加松散;世代之间的边界可能会更加显著,也可能会更加模糊。亲代和后代之间的关系本身既可能变得很明显,也可能变得很模糊,还可能发生转变,甚至完全失去关联。因此,正如我们可以把种群理解为占据着达尔文主义空间中的不同点,我们也可以同样把某些种类的变化描述为在这个达尔文主义空间里的运动。

除了存在着单个种群的运动,还存在着新的达尔文主义种群从旧的达尔文主义种群里诞生的情况。这给了我们一种思考演化里的许多"大转型"——特别是低层次的东西结合、合作,最终形成了更高层次个体所组成的种群——的方式。两种最显著的转型是,各种原核细胞(例如细菌)(以吞噬的方式)结合演化为真核细胞,以及单细胞生命演化为多细胞体。*

我力图用这里阐明的框架帮助我们思考这样一些转型,特别是这些转型的中间阶段。于是,我们常常会发现具有边缘性地位的达尔文主义种群——例如,在某种程度上类似于生物体,但又并不全然就是生物体的集合体。我们在水生生物里可以看到大量这样的种群,在水生生物里,细胞和简单的生物体以各种方式部分地结合成集合体,包括海藻、珊瑚、海绵。

从达尔文主义的观点看,随着这种转型的发生,一个种群最　9

---

* 约翰·梅纳德·史密斯和奥瑞斯·塞兹莫利著有《演化中的大转型》(John Maynard Smith, Eörs Szathmáry, *The Major Transitions in Evolution*, Oxford: Oxford University Press, 1995)一书,描述了演化中的多个"大转型"。该书被视为"自费舍尔的《自然选择的遗传学理论》(Ronald Fisher, *The Genetical Theory of Natural Selection*, Oxford: The Clarendon Press, 1930)以来关于演化的最重要著作"。由于该书的目标读者群主要是专业研究者,因而预设读者已具备大量的生物学知识。后来,他们又面向更广泛的读者群撰写了《生命的起源——从生命的诞生到语言的起源》(*The Origins of Life: From the Birth of Life to the Origins of Language*, Oxford: Oxford University Press, 2000)一书。——译者

初可能显得是一个边缘事例——它是一个集合体,只能说是在宽泛的、宽松的意义上进行着生殖,它几乎不能算作个体。然而,后续的整合可能会逐渐增强,直到这个东西在更高的层次上展示出一种明确的生殖模式,在这个更高层次上发现的诸多性状也成了可遗传的变异。这个集合体就变成了一个典范事例。随着这个情况的发生,原先较低层次的种群就会趋于被推离典范的地位。这就是我们熟悉的主题:要成功地维护更高层次的组织,较低层次的东西(例如细胞)相互之间的竞争就需要受到抑制。对竞争的抑制是通过限制较低层次东西的独立演化活动来实现的。一个达尔文主义种群可以使得其他种群"去达尔文主义化"(de-Darwinize)。

在最后一章,我更详细地考察了一些有争议的话题:生物演化里的"基因之眼观点"(the "gene's eye view"),以及关于文化变化的达尔文主义视角。我对这两个论题的讨论都再次直接地、统一地运用了早先所辩护的分析框架。这意味着,基因被以唯物主义的方式处理为生物体的微小部分,它们具有特别的因果属性,有能力被可靠地复制。它们构成了非常不同寻常的达尔文主义个体,这些个体的生殖活动和作为达尔文主义个体的地位既依赖于细胞层面的活动,也依赖于生物体层面的活动,特别是性活动。我抵制如下观点,即基因在某种严格的或终极的意义上是达尔文主义演化的基本单元,但我也讨论了一些特别的现象,在这些现象里,基因之眼观点似乎是理解的关键。

我继而讨论了文化变化。用达尔文主义的术语来处理文化,这个诱惑几乎与生物学中的达尔文主义同样古老。根据达尔文主义的术语来思考文化变化,这需要进一步的探究,需要延伸生殖概念。虽然许多人已经努力把文化现象直接地纳入达尔文主义的框架,但这是另一个领域,充满了局部的、边缘性的事例。文化变化的有些特点是达尔文主义的,但还有很多不是。我试图说出这里的区别所在。本书结尾附录的大部分是对之前章节的补充。最后一节是个例外,它对总体图景的某些部分进行了形式化,它是独立的。

1.3 种群思维与能动者和本质的吸引力

种群思维;我们很容易走偏的地方;民众生物学的生物体模型;说明的心理学;演化过程作为演化的产物。

上一节概述了本书主要的正面命题。本节则要介绍一系列更加具有批判性的论证,以及这些论证与一个更大图景的关联,对自然选择的处理就植根于这个图景。

10

我先就我对复制子进路的批评再多说几句。我在上一节说过,这个进路的很多陈述都旨在契合一种思考演化的"能动"方式。演化被视为有意图、策略和日程的东西之间的竞争。这种描述可以适用于许多生物体;例如,生物体可以被说成是"在斗争,以增进其基因在未来世代中的再现"。但现在,它常常被运用于基因和其他复制子本身。复制子行动着,以增进它们自己的复制。

对演化的能动视角总是令人不安地混合着隐喻性的东西和文学性的东西。下文将会讨论这种思考方式的不同形式,但对利益和日程的所有讨论都伴随着一种特别的心理力量。这种思考方式运用了一系列特别的概念和习惯：我们航行于社会世界中的认知工具。大卫·海格（David Haig）是一位热衷于对基因和演化采取"策略"进路的生物学家，他认为，毫不夸张地说，这是我们思考演化问题的一种聪明的方式。正如演化心理学家们已经论证了的，我们的心智在社会-策略领域非常强大（Cosmides and Tooby 1992）。我们对能动者和日程的思考不同于对抽象的逻辑和因果关系的思考，我们对前者的思考要更加敏锐。对演化的策略视角是一种科学地运用我们心智高级能力的方式。

当我们运用能动框架时，我们是在以特别的方式思考，在这一点上我赞同海格，但我不认为这样思考是件好事情。特别是当我们从根本上思考演化的时候，能动的视角可能会误导我们。而一旦我们拿起这些心理工具，就很难放下。它们有一种引人入胜的、几乎令人上瘾的叙事吸引力，趋于把我们引向特定的道路。再说一遍，这个说法适用于所有的能动演化观，而不只适用于那些诉诸复制子的能动演化观。然而，引入微小的、隐蔽的能动者，这个做法有种特别的力量。它可能会导致一种危害很大的形式，理查德·弗朗西斯（Francis 2004）戏剧性但非常确切地称之为"达尔文主义妄想症"。达尔文主义妄想症是这样一种思考倾向，即它根据理由、谋划和策略来考虑一切演化产物。日程就是一个有力的解释项。一旦有可能根据一个宏大的原理来理解一个现象，我们就会变得不太愿意接受不那么宏大的原理。一个日程可以被代之以另一个日程，但我们所追求的就是这种理解。把日程应用于经验事实，这可能是间接的、有条件的，但日程使得事物对我们"有意义",它是任何对动力因的单纯编录都提供不了的。

　　我这里所使用的能动思维图景可以与罗伯特·威尔逊在一 11
个相关的语境中详细阐述的图景做个对比(Wilson 2005)。对威
尔逊来说,任何因果上主动的、物理上有界的个体都是一个"能动
者";一个碳原子或一块砖头都有这个资格,一个基因或一个生物
体也是如此。对他来说,这个概念可以用来分析因果描述是如何
在科学中更加广泛地发挥作用的。威尔逊也提出,在所有的因果
思考中,"认知"隐喻都扮演着一个隐蔽的角色。这甚至适用于对
无生命事物的因果描述,虽然大致说来它在那些情况下的作用没
那么大。相比之下,我运用的图景对"能动"思维的理解要比威尔
逊的理解更深入,它认为"能动思维"更专门适用于一些特殊的领
域。它并不是所有因果讨论都不可或缺的部分,而且我认为,它
在演化思维中是麻烦之源。

　　因此,本书的主题之一就是,归类和解释的某些直觉习惯是
如何与达尔文主义理论给予我们的世界图景相关联的。达尔文
主义的核心概念已经得到了发展,使我们能够科学地处理一个特
殊的领域。然而,思考这个领域的老旧方式依然存在着,它们在
非正式的语境中,以及哲学和生物学中还发挥着很强的影响。

　　恩斯特·迈尔在一个经典的讨论(Mayr 1976)中声称,达尔
文的关键性贡献在于,"用种群思维取代了类型思维"。种群思维
是一个有争议的、模糊的概念(Sober 1980, Lewens 2007, Ariew
2008),但我认为,迈尔的观点里存在着一些非常重要的东西。

　　迈尔的许多讨论都集中于物种内部的变异所扮演的角色。
迈尔说,早前的"类型"观点倾向于把物种内部的变异视为理想

"类型"（types）在世界中实现时的不完善性。他把这些观点追溯到了柏拉图。相反，种群思维则仅仅把"类型"视为概念工具，而把种群本身视为群（grouping）和种（kind）的基础，它充分注意到了种群内部变异的因果重要性。

强调个体变异，这并不是偏离理论化的一个失败步骤（"每个事物都是独一无二的，因此一般的理论总是失败的"），而是根据有关生物系统实际上如何运作得更好的理论来重铸生物学的主题。一个种群乃是一个物质的对象，受制于世系和其他因果关系，它在任何时候都是内在地可变异的，并且随着时间的流逝一直在发生变化。生物体分成了标志分明的、可辨识的"种"，我们可以直截了当地把它们命名为不同的物种（species），这是种群过程的一个偶然后果。一个标志分明的种可能从明天开始就分离或分解，如果当地的情况把它推上那条道路的话。

在迈尔的意义上，种群思维实际上是我们成功地把握生命世界大尺度结构的方式。然而，我们很容易就会偏离它。它不仅对局部的历史原因来说是个后来者*，它在思想发展史上也是个后来者。迈尔说，达尔文用种群思维取代了类型思维，但更确切的说法是，达尔文展示了如何用前者取代后者。类型思维非常顽固，这是一场必须要反复不断打的仗。种群思维反对一套心理习惯、一个概念工具包，我们在处理生命世界时很自然地就会倾向于使用它们。

在提出这个主张的时候，我使用了近来好几种经验心理学的

_____

＊ 在任何一个局部，种群都是后出现的东西；总是先出现极少的具有变异特性的个体，然后才出现变异特性高频呈现的种群。——译者

原理,特别是关于"民众生物学"(folkbiology)的著作(Medin and Atran 1999; Griffiths 2002),还结合了我们更加熟悉的来自观念史的考察。这个古老的概念工具包至少由三个要素组成,它们有时得到了明确的辩护,有时则以一种更加隐秘的方式发挥着作用。

第一个要素是生物体的本质主义因果模型。根据这个模型,每个生物体都有一种类型或根本的本质。那个本质在生物体的可观察特点中得到了表达。根本的本质与表达的偶然性这两者所扮演的角色常常承载着一种规范性;当内在的本质没有得到忠实表达的时候,一定是什么东西出错了。

第二个要素是索伯(Sober 1980)所谓的种群变异和变化的自然状态模型。物种被视为表达了一种类型的诸个体的集合。由偶然变异导致的种群扰动引起了一种回复力或趋势,它反过来推动着种群更好地实现那个类型。相反,从达尔文主义的观点看,种群当前的遗传和表型结合物始终是进一步变异和变化的基础。如果种群一直被当地的诸多原因推动着偏离早先的状态,那么,并不存在什么返回之前形式的内在趋势。这使得一个物种的演化是开放的,而不受制于任何"固定的可能性领域"。

第三个要素是对生物活动的目的论观点。这和前文讨论过的能动框架有关,但要更加宽泛。

目的论已经成为生物学哲学里的一个巨大话题;这里我指的是我们根据意图、目标和恰切的功能等来看待生物活动的一种倾向。人们通常假定,一个有智能的设计者或一个对象的使用者的意图,可以成为用一种直接的方式进行的目的论描述的基础。问题在于,这些术语是否能够以及如何能够被运用于显然缺乏智能的情况。在亚里士多德那里,目的论的思维模式是对自然世界进行完整处理的基础。那个观点在科学革命的过程中很大程度上被"机械论"哲学所取代,至少,在物理学领域是如此。可以理解,这些观念在生物学中持续了更长的时间。它们展示了与达尔文主义观点的一种飘忽不定的关系。有时,达尔文主义被视为摧毁了目的论观点的最终原理;但在另一些时候,达尔文主义则被视为建设性地驯化了这些观念——达尔文主义表明,它们对生物过程具有一种有限而切实的应用。

13　　　我们常常可以在 20 世纪后期的生物学哲学著作里看到不那么好斗的态度(Buller 1999)。一种微弱形式的目的论描述可以建立在一种达尔文主义的观点之上。例如,达尔文主义者可以说,身体某个部分的功能是它所做的那个使它得到自然选择青睐的事情。在此微弱的意义上,功能就是那个结构"打算"去做的事情。这是"打算"的一个非常紧缩的含义。在这种达尔文主义的观点看来,对意图和目标的任何谈论都仅能被视为隐喻性的,除非谈论基于某个有智能的设计者或使用者的意图。

　　最近,有些哲学家想要重新赋予关于生物活动的目的论观点一个更加显著的、生动的地位(例如 Thompson 1995)。这一做法常常基于如下观念:以目的论的方式打量事物能产生一种特别的理解。通过使用充满了规范性的意图和本质等概念,我们能够发现自然现象的"意义"。我同意,这些哲学家运用的直觉是真实的;我们发现自己会把独特的归类和说明习惯运用于生命世界,其中就包括了本质主义的理解形式和目的论的理解形式。然而,这些直觉是在几个世纪里把我们导向错误的一套习惯和观念的一部分,就理论化而言,要发展达尔文主义的观点,我们就得克服这些直觉。尽管我们感觉,打量事物的某个特殊方式产生了理解,但我们不应该总是根据这种感觉的表面价值来判断它,这种感觉不是问题的终点。

因此,本书在批判方面的一部分背景就是:我们的心理存在着一些根深蒂固的方面,它们持续不断地影响着我们对生物世界的思考,甚至在我们做科学和哲学研究的时候,它们也在影响着我们。当我说"我们心理的根深蒂固的方面"时,我指的是某种典型的、跨文化的人类心理状况的混合物,其上还有一层源于西方思想史的偶然特点的包裹物。这并不令人惊讶:生物学领域在很长时间里都与我们有着极其直接的实践关系。它与意图、目的等民众心理学概念最直接适用的社会领域也相毗邻,且有部分重叠。而且,生物学领域足够复杂,以至于值得我们运用简洁的图式和模型赋予该领域以秩序。相应地,本书的另一个目标是,扩展并重新评估迈尔用种群思维这个概念所部分表达的生命世界观的力量。这包括了对迈尔观点的延伸——他那个传统中的其他一些人(例如大卫·赫尔)不一定接受的延伸。我也将在本书的最后部分考察种群思维失效的地方;自然主义的观点并不包含要把所有的集合体都视为种群的企图。但在以下几章,我常常会强调种群思维的效力。在本章的最后,我将更具体地讨论这一观点,强化它与上面所描述的一套旧习惯的对比。

让我们回到迈尔的观点,他对比了思考种群和物种内变异的种群思维方式和类型思维方式。从类型的观点看,这种变异反映了一个类型通过杂乱的经验世界所呈现出的不完善性。物种之间的变异是分类和说明的基础;物种之内的变异反映了形式在世界里现实化的不完善性。不过,正如列万廷已经指出的,达尔文主义的演化机制把物种间的变异转变成了物种内的变异。不同种的生物体之间引人注目的差异、使一个特殊的物种显得与众不同的性状,这些都在种群内的变异里有其根源,它们以某种方式被逐渐传播和强化,最终产生了大尺度的变化。

这里的达尔文主义机制指的是在种群内部造成了变化的一揽子因素,变化与种群的分片(fragmentation)和分离(splitting)结合在一起。通过分离,一个种群变成了两个有着不同演化路径的东西,积累着各自对偶然事件和局部环境的响应。这造就了所有的种群。假设我们"缩小"这个图景,那么,每个种群的内部结构就会消失,我们也会看到这些事物在时间中不断地延展。这就产生了在本章第一节另一个得到了阐明的达尔文主义核心观念:生命树。这个观念说的是,把一切生物——所有个体以及所有物种——的祖先和后裔关联起来的那个网络,最后会回溯到某个单一的根源。

单一的根源这个事实是偶然的,树形结构也只是一个近似的说法,特别是考虑到生命的早期阶段。不过,一旦我们发现和描述出了这样的结构,它就成了一个极为有力的观念。假设你在看一个山坡。你看到一棵橡树、一棵柏树、一只蚂蚁、一只鸟、一只青蛙、一片草地。你就可以立刻推断出关于你看到的所有这些生物的共同祖先的诸多事实:橡树和草的共同祖先比橡树和柏树的共同祖先以及草和柏树的共同祖先都晚近;鸟和青蛙的共同祖先要早于鸟和蚂蚁的共同祖先,也早于青蛙和蚂蚁的共同祖先;最后,在十亿年前或更早之前,橡树、青蛙和你自己有着共同的祖先。以这种方式回溯,生物体就形成了不同的世系,生物体内的细胞也是如此,每个细胞都来自一个细胞的分裂(或是细胞的受精融合),每个细胞膜都通过持续不断的生长和分裂之链而产生于一个更早的细胞膜。

人们谈到生命树时,有时把它当作一个单纯的隐喻,然而,这么做是在过于廉价地兜售这个观念。生命的表征近乎一棵树,我们可以把它看作如同地铁交通图那样,是对真正事实的抽象表征。与地铁交通图一样,生命之树的表征并不仅仅是一个有用的工具,它通过与它试图表征的真实事物的抽象对应来发挥作用。这个表征是一个不完全的表征;还有许多异常、交叉、例外。生命仅仅大致是一棵树,不过,由此可以得出许多推论。

本书的焦点是种群内的演化。但种群内的演化是在生命树的脉络中得到考察的。由此导致的思维倾向(mindset)可以通过重新审视种群思维有关物种和其他生物学范畴的看法而得到阐明。

关于生物的种,我们从演化论得出的显然令人诧异的结论是,物种本身不是固定的类型。而另一个令人诧异的结论则是,我们所发现的相似的和相区分的种类也存在着变异。有些生物(例如人和黑猩猩)分成了显著的、(目前)界限明确的很多种。这个事实——形成了某种类型的集合体,而不仅仅是集合体里的生物体是某种样子的——是局部的达尔文主义因素导致的结果。其他生物体就没有形成这个意义上的种。在橡树那里,物种的界限通过复杂的杂交网络(webs of hybridization)消融了——这就是植物学家们所说的橡树的"杂种群"（hybrid swarms）。有几种生物里存在"环物种"（ring species），当地相似和杂交的生物之链在尽头出现了显著的不同，且无法杂交。无性生殖的生物又有所不同，它们形成的个别世系原则上有着独立的性质，虽然如此，它们形成的东西还是类似于物种里的不同种——因而称呼它们的术语为"准物种"（quasi-species）。因此，随着我们来到生命树的不同部分，我们所看到的就不仅有看起来各不相同的生物，还有看起来各不相同的种，每个种都有自己的历史学、生态学和遗传学。除了存在生物本身的变异和演化之外，还存在种的变异和演化（Dupré 2002; Wilkins 2003）。

同样的思维方式可以用于由自然选择导致的演化本身。演化过程以及不同演化过程之间的差异可以得到抽象的刻画。不过，这些过程在地球上所采取的形式是演化造成的生物（以及环境）的后果。在这个意义上，演化过程本身是演化的产物。它们沿着生命之树变异，其方式与生物和种沿着生命之树变异的方式一样。格伦·阿德尔松（Glenn Adelson）恰当地称这种对待演化过程的态度为"关于达尔文主义的达尔文主义"（Darwinism about Darwinism）。

由此，我们得到了一个特别的生命世界图景。这个世界里包含的内容之一就是一大批达尔文主义种群。在不同的层次上都有多种类型的种群，包括强大的、微不足道的，以及边缘性的种群。它们产生了生命树，但又与构成生命树的生物一起演化，它们以各种方式受到抑制、修改、增加，既通过内因性的变化，也通过其他种群的演化。再一次地，达尔文主义的图景在旧的人类心理习惯——对生物现象的一系列旧反应——看来是奇怪的,这些反应是我们实践地处理有生命事物的历史的产物,是我们自己置身于达尔文主义过程之中的产物。

第 2 章 自然选择及其表征

2.1 概括和配方

"经典的"传统；抽象所扮演的角色；魏斯曼、列万廷和里德利；配
方形式的概括；两条理解路线。

　　探究由自然选择导致的演化的方式之一是，抽象地概括出对
演化过程来说根本性的东西。这个传统根源于达尔文最初的讨
论，但在最近变得更加突出。我先来描述它，再来接续它。

　　达尔文的《物种起源》并不是这样开头的。相反，他从经验现
象出发，然后才努力地逐渐达到理论陈述。直到《物种起源》的中
间部分，特别是结尾部分，他才开始作出概括。最明确的概括出
现在此书的最后一段。在此，达尔文把由自然选择导致的变化看
作某些简单的自然"规律"的结果。

　　　　就最广泛的意义来说，这些规律是：伴随着生殖的生长；
　　　几乎包含在生殖之内的继承；由于外部生活条件的间接和直
　　　接作用以及由于使用和不使用所引起的变异；如此之高的生
　　　殖率所导致的生存斗争，以及由此导致的自然选择，自然选
　　　择导致了特征的差异和改进较少的形式的灭绝。（1859/

1964:489－490)

在诸如此类的概括中,达尔文强调了两个东西。一是演化所需条件的相当抽象的性质。例如,他没有提到生殖和继承的机制。他强调的另一个特点是演化过程的某种不可避免性。如果特定的前提条件得到了满足,演化变化就会不可阻挡地发生。

然而,达尔文在《物种起源》里的概括比现代的概括更加具体,现代的概括常常力臻极简。奥古斯特·魏斯曼最早给出了一个这种风格的概括(1909:50):[①]

> 我们可以说,一旦理论的以下三个基本条件得到了满足,选择过程就会逻辑上必然地发生:变异、遗传,以及生存斗争,选择过程在所有物种里都伴随着巨大的淘汰率。

18

自那以后,出现了许多这种风格的概括。理查德·列万廷(Richard Lewontin)的概括或许是被引用得最多的表述(1970:1)。

> 在当今的演化论者看来,达尔文的方案包括了三个原则……:
>
> 　1. 一个种群里不同的个体具有不同的形态、生理和行为(表型变异)。
>
> 　2. 不同表型在不同环境下具有不同的存活率和生殖率

---

　① 我要感谢卢卡斯·瑞佩尔,他让我注意到了魏斯曼(August Weismann)的这个概括。古尔德(Gould 2002: 223)引用过魏斯曼的一段话,在这段话里,魏斯曼挑出"把选择原则扩展到有生命单元的所有等级"作为他最重要的想法。

（有差别的适应度）。

3. 亲代和后代之间存在着关联，亲代对后代有贡献（适应度是可遗传的）。

这三个原则是由自然选择导致的演化这个原则的具体表现。一旦这些原则成立，一个种群就会发生演化变化。

列万廷后来又给出了另一个表述，它以某种方式提供了一个更好的讨论起点(1985:76)。

由自然选择导致的演化的充足机制包括三个命题：

1. 一个物种的成员之间在形态、生理及行为等方面的性状上存在变异（变异原则）。

2. 变异是部分地可遗传的，从而个体与其亲属更加相似，与无关的个体则不那么相似，并且，后代特别相似于其亲代（遗传原则）。

3. 不同的变异型导致不同数量的后代，或者是直接的后代，或者是更遥远的后代（有差别的适应度原则）。

这三个条件就是由自然选择导致的演化的充分必要条件。……这三个原则所适用的一切性状都有望发生演化。

在当代的讨论（比如列万廷的讨论）中，抽象这个目标尤其显著。理论家或许会在一开始描述演化过程在生物个体组成的种群中如何发生，但他们随后就会指出，这些演化的成分在其他领域也可能会被发现。比生物体小得多的东西，例如染色体或基因，比生物体大得多的东西,例如社会群体,或许也都满足理论的要求。魏斯曼自己看到了这种可能性,于是就在他关于变化在生物个体内部如何发生的理论中运用了它们(1896)。赫伯特·斯宾塞(Spencer 1871)和另一些人看到了达尔文思想之应用的更大可能性。把达尔文主义扩展超出其最初的领域,这个想法几乎和达尔文主义本身一样古老。

列万廷的概括也强调了演化过程以一种特别的方式所具有的内在可靠性。他们以导致变化的配方这种形式对演化过程给出一个概括。变异、遗传率和适应度差异就被呈现为三个成分。如果我们把它们混在一起,就会导致演化变化。达尔文和魏斯曼的意图相似:他们都是要表明,达尔文主义的中心存在着一个简单的机制。这个机制具有一种因果透明性,它的运作(如果条件得到了恰当满足的话)是不可避免的。变化作为结果有着魏斯曼所谓的"逻辑上的必然性"。

不过,现代的表述与早先的表述还是有些不同。"生存斗争"在达尔文和魏斯曼的表述中非常突出,但在列万廷的表述中则消失了。早先的作者们对"继承"(inheritance)和"遗传"(heredity)的含糊讨论在现代表述中被统计学语言所取代。遗传始终是达尔文理论概括中的弱点,我们在上文援引的他的概括里看到了这个弱点。继承在相关的意义上并非"几乎包含在生殖之内的"。下面这种情况是完全有可能的:每一代里都存在着生殖,变异在每一代也可靠地一再出现,然而,亲代与后代在这一变异上却不相似。

诸多的概括并不只是出现在理论性的讨论中。它们在导论性的介绍中也被用于传达核心的达尔文主义观念,并在回应来自外部的攻击时用以展示演化论的连贯性。我举的最后一个概括的样本来自马克·里德利(Mark Ridley)的教科书《演化》(1996:71-72)。

> 要理解自然选择,最容易的方式是把它抽象为一个从前提到结论的逻辑论证。这个论证的最一般形式需要四个条件:
>
> 1. 生殖。生物必须生殖,以形成新的一代。
> 2. 遗传。后代必定倾向于与其亲代相似:大概说来,"相似必定产生相似"。
> 3. 种群成员间个体特征上的变异……
> 4. 生物体根据其所具有的一个可遗传特征的状态而在适应度上的变异。适应度是演化论里的一个术语,指相对于种群的普通成员所留下后代的数量来说,一个个体所留下后代的平均数量。……
>
> 对一个物种的任何属性来说,如果这些条件都得到了满足,则自然选择就会自动发生。如果有任何一个条件没有得到满足,则自然选择就不会发生。

我将把这种表述指为对由自然选择导致的演化的"经典"概括传统。这些概括常常有三个成分:变异、遗传以及生殖结果上的差异,虽然有时候它们像在里德利的著作中那样得到了更细致的分解。这些概括追求因果透明性,常常被表述为导致变化的配方。

它们描述的机制在短期内仅仅只是改变了诸特征在一个种群里的分布。这些概括允许如下事态,即继承可能很不可靠——亲代和后代之间的相似性趋势可能非常微弱,但变化仍能够发生。现代的概括没有提到有关长期变化的任何事情,也没有提到所预言的变化是否会使生物"更好地适应"其环境,不过达尔文的概括不是如此。

20

这些概括的大方向是正确的。然而,现存的表述的确存在问题。对这些力图作出简洁概括的表述批判性地乱喷一通,再更加宽泛地狂侃一通,这么做是不合适的。不过,对它们进行一番细致的考察倒是提供了一个很好的出发点,它们的失败是富有启发性的。再说一遍,它们通常的目标是,通过列出一套成分,并指出它们是如何相互作用而导致变化的,并以此来描述达尔文主义过程。不过,就现状来说,标准的概括既没有涵盖全部事例,也不足以预言变化。在下一节以及附录里,我将描述表明了这一点的各种事例。我也将对这个情况作出诊断。标准的概括存在诸多问题,因为它们试图一次性地执行两个理论任务。这两个任务是,(1)描述由自然选择导致的演化的所有真正的事例,(2)描述一个因果透明的机制。这两个工作都值得做,但一个单独的表述很难同时做到这两者。回顾以往,现存的概括可以被视为两边都不讨好。

2.2　出生、死亡、理想化

因果问题和构成问题;适应度和离散的世代;选择和遗传的相互作用;理想化和理解。

在具体考察各种概括之前,有必要先考察一下与它们试图扮演的角色有关的某些含糊性。第一,概括通常的目标是,给出由自然选择导致的演化的"充分必要条件",或者只是"充分条件"。不过,这可能意味着概括的任务是,描述将会造成由自然选择导致的演化——在此我们知道由自然选择导致的演化是什么的条件;也可能意味着概括的任务是,给出使得某个事物成为由自然选择导致的演化的一个事例的条件。任务可能是回答一个有关演化的因果问题——演化是如何发生的? 也可能是回答一个构成问题——演化是什么? 一旦作出这个区分,我们就会看到,概括通常试图同时回答这两个问题。它们描述一个情形,在此情形中,某种变化应该会发生,而这整个变化过程则被等同于由自然选择导致的演化。概括常常以这种形式给出导致变化的配方。

一旦我们根据配方来思考,就会出现一个更进一步的含糊性。这些表述通常被解释为,只要我们有了变异、遗传率,以及种群里某个特定性状的适应度差异,那么,这个性状就会继而发生变化。不过,有些表述也可以被解读为,只要一个种群具有如下特点,即它一般性地趋于表现出变异、遗传率和适应度差异,那么有些性状就会变化。我在本章最后要捍卫的观点更接近第二种思考方式,虽然诸多的概括本身通常不是这么被解读的。我将先以前一种方式——特定性状的方式——来解释这些概括。

不过,还存在着另一种不确定性。如果有人说,他们是在概括由自然选择导致的演化,那么,他们显然是在试图描述一个变化过程。然而,对自然选择的一个概括可能包含了一些在其中不存在变化的事例,因为,一个种群被认为在一个特定的点上受到选择——倘若没有选择的话,这个特征本来会发生变化,可是它并没有发生变化。此外,通常的配方解释的是前一种情况,有时语言也表明了这一点,不过我们最好还是从后一种情况出发。

本节我将讨论两组成问题的事例。第一组与生殖和"适应度"有关。第二组与遗传有关。

很显然,自然选择与个体生殖数量多寡上的差异有关。许多概括和其他讨论都详细说明了衡量生殖差异的方法;一个个体的适应度就等同于它产生的后代数量。有时,适应度被说成是"预期的"而非实际的数量;有时,得到使用的是一个相对的而非绝对的尺度。那些区别不影响这里的初步讨论。有时,例如在列万廷1985 年的概括里,更久远的后代也被考虑了进来,但这里我将先把久远的后代放在一边,首先来处理个体通过其产生后代的数量而得到衡量的适应度,一个类型的适应度是该类型的个体所产生后代的平均数量。

这看起来是一个显而易见的进路,不过,计算后代的数量这一做法常常是不充分的。举个最简单的例子,假设有一个种群,其个体有 A、B 两种类型,它们最初数量相等。每个个体都会产生与亲代类型相同的两个后代。后来的所有个体也都是如此。不过,A 类型个体循环过程的速度是 B 类型个体循环过程的速度的两倍,因为前者的新陈代谢更快。因此,更多 A 类型的个体产生了,这两种类型的分布频率变化了。虽然这里存在变化,但个体产生后代的数量或者不同类型平均产生后代的数量却没有差别。差别与单位时间里产生新个体的速度有关。

可能有人会反对说，这是一个非常不寻常的事例，因为种群在不受限制地增长。这个情况将不会持续很久。但对论证来说，这个特点无关紧要。现在，假设一个种群以同样的方式增长，存活然后分裂，只不过随着种群变得更大，它消耗了更多的资源，增长也变得更慢。每个个体在生殖之前都面临死亡的可能，A、B 两种类型个体的死亡概率一样，但它随着种群整体密度的增加而增加。在这种情况下，将会出现演化变化。不过，这两种类型在存活个体产生后代的数量上没有差别，与在一个给定时间里出生的个体能否活到生殖的时候也无关。[2]

任何根据个体产生后代的数量来衡量适应度差异的对自然选择的概括，都将排除诸如此类的事例。这不是演化论本身的问题。这种情形还有一些精致的模型。这就是"有年龄结构的种群"模型，在这些模型里，存活和生殖得到了更详细的描述。举个简单的事例（类似于我上面所举的那个例子），在这个事例中，每个类型（A 和 B）都用一个"$l(x)$ 表"（它指明了那个类型的个体在多大程度上会活到年龄 x），以及一个"$m(x)$ 表"（它指明了那种类型的个体在 x 年龄会有多少后代）来描述。从这些数值出发，我们可以计算出每个类型各自不同的"生长速度"，可以描述为什

---

② 这里是这样一个例子的一个基础模型。每个类型的预期适应度是 $W = 2(k-N)/k$，这里，k 是一个常数，N（总是小于 k）是一个个体出生时种群的总体规模。这个公式同时描述了 A 和 B 两种类型，N 对于同时出生的 A 类型个体和 B 类型个体来说是一样的。不过，由于两种类型的生殖速度有差异，因此这两种类型的分布频率会变化，至少直到 N 达到一个平衡值，此时它等于 $k/2$，在这个时候，演化变化停止了，因为生殖时间对全体的数量没有影响了。如果种群在从低于 $N = k/2$ 的点增长，那么 A 类型的分布频率就会增加，直到最后"停止"。如果种群从高于 $N = k/2$ 的点萎缩，那么 A 类型的分布频率就会减少。

么 A 类型会比 B 类型增长得快。③

我们看到的是,许多讨论都在进行着心照不宣的理想化。它们把自然选择的所有事例都看作仿佛其中的情形是,各个世代是非重叠的、同步的。这常常被称作"离散世代"演化模型。这些是要分析的最简单事例。有些生物种群的世代的确是非重叠的、同步的。这些生物包括诸如罗勒(basil)这样的一年生植物、许多昆虫,以及别的一些生物。不过,大多数生物的生殖并非如此;人类显然也不是如此。当然,演化是一个在时间中发生的过程。在某些事例中,时间扮演的角色是如此简单(只是生物的生命循环),以至于无需明确地提到它。然而,一个忽略了时间的概括只能被视为在描述大多数事例中的演化过程的一个想象的、更简单的相关者。

当我们把一个个体的适应度考虑为它产生直接后代的数量时,这个论证就是最简单的。当"久远的"后代被包括进来的时候(就像在列万廷 1985 年的概括中那样),情况就不太清楚了。久远的后代可以作为时间的一种指标。例如,在我上面所举的事例中,A 类型的频率相对于 B 类型增加了,这是由于它有着更快的生殖速度。这意味着,一段时间之后,最初出现的 A 类型个体将会比最初出现的 B 类型个体有更多久远的后代(曾-曾-……孙),

23

---

③　为了找到一个类型的增长率 λ(一旦种群达到了一个稳定的年龄分布),我们求解关于这个类型的以下方程:$1 = \sum \lambda^{-x} l(x) m(x)$。例如,假设时间是以天来衡量的,A 类型的个体总是活一天,并在那一天最后分裂为两个,而 B 类型的个体则总是活两天,然后分裂。那么,A 类型个体每天的增长率是 2,B 类型个体每天的增长率则是 $\sqrt{2}$。这些数值可以被用来预测,A 类型在整个种群中分布频率的增加将会快于 B 类型分布频率的增加。(Crow 1986: ch.6)。

因为 A 类型个体在那段时间内产生了更多的世代。在我的第二个例子中，我假设，早期死亡的可能性会随着时间的流逝而逐渐增加。这样，虽然任何一对同时出生的 A、B 类型的个体有着同样的预期后代数量，但 B 类型个体后代出生的时段要比 A 类型个体后代出生的时段生存形势更加严峻，这样，B 类型个体的孙辈（以及曾孙辈）就会比 A 类型个体的更少。

讨论适应度时提到孙辈，通常是为了挑出某些特别的事例，在这些事例中，与一个性状有关的优势并没有表现在直接后代的数量上，而是表现在了孙辈的数量上。一个例子就是费舍尔（Fisher 1930）对为什么性别比例通常是大致 1∶1 的解释。产生了更少见性别的个体或许不会倾向于有更多子代，但它们会倾向于有更多孙辈，因为它们更少见性别的后代将会是交配中的被需求方。相反，在上面的事例中，久远的后代是 A 类型个体和 B 类型个体在其自身生命中展示出来的那些特点的长期指示器，它们以更快或更慢速度产生后代的能力的长期指示器。

下一个提议或许看起来是显而易见的。由于许多种群都是有年龄结构的，因此，我们显然应该从演化论的这部分内容中借用适应度这个标尺。我们可以说，演化变化是被适应度差异所驱动的，不过，这里对适应度的理解有所不同。然而，具备年龄结构的种群模型有它们自己的简单假设。在离散世代的事例中容易处理的东西——例如有性生殖——在有年龄结构的模型里变成了难以处理的东西。上面描述的"增长速度"作为适应度的一个标尺并不总是可用的。本节里的这些简单的问题事例只是奇形怪状的冰山一角。布莱恩·查尔斯沃斯（Brian Charlesworth）详细阐述并广泛考察了这些模型,在他看来,根本就不存在可以被视为一个类型的"适应度"的单一参数,能够以某种方式预测所有事例中的变化(1994:136)。④

　　这表明了什么? 情况看起来非常不同于实用的基础性观点。从实用的观点看,共识似乎是,通过假设一个离散世代的模型,或者在某些事例中假设一个有年龄结构的模型——这两个模型分别都作出了简单的假设——通常就能够对一个事例达成良好的大致描述(Crow 1986: 175)。建模者可以根据便利性以及要处理的事例的细节来拣选不同的工具。作出这样选择的能力是与科学的这个部分相联系的"工艺知识"(craft knowledge)部分。然而,如果我们的目标是说出,由自然选择导致的演化是什么?"适应度"在演化过程中扮演了什么角色? 那么,人们习惯性地作出的理想化处理就会产生问题。

　　我现在进入第二组问题。这些问题涉及遗传所扮演的角色。回顾一下上一节,我们看到,达尔文和魏斯曼以一种非形式的方式谈到了"遗传"和"继承",而列万廷则通过使用一个统计学的概念"遗传率"(heritability)推进了讨论。我将以一般的方式用"遗传"来指诸多现象,包括亲代—后代之间的相似、性状的继承,而用"遗传率"来指一组统计标尺(附录里讨论了它们)。这些概念描述了,从某个时候一个种群中亲代的状态出发,可以在多大程度上预测其后代在一个特定性状上的状态。

24

---

　　④　我应该完整引用查尔斯沃斯的主张,以清楚地表明什么是他说的,什么不是他说的:在一个有年龄结构的有性种群里,"没有任何单一参数可以被视为一个基因型在任意选择强度下的适应度"(1994: 136)。有关这个冰山的更多东西,请见 Beatty and Finsen(1989)以及 Ariew and Lewontin(2004)。

通过引入遗传率达成了什么，理解这一点非常重要。如果我们想要一个配方，一个预测公式，那么，我们就需要某个衡量亲代—后代关系的精确标尺，而不仅仅是含糊地谈论遗传。我们也希望这个标尺对继承机制来说是中立的。所需要的似乎是一个统计学的概念。所使用的概念必须要能够使我们处理"持续不断地变化着的"性状，例如身高。考虑演化的最简单方式是，假设一个种群被分成了不同的类型，就像上面的 A 类型和 B 类型。但这并不总是可能的。假设一个种群在身高上存在变异，但没有两个个体有着同样的身高，并且个体之间的差距是均匀分布的。现在，假设高个子个体生殖的后代比矮个子个体生殖的后代多，并且高个子个体的后代也往往高于平均身高。就是说，亲代和后代在身高上存在着某种关联。那么，这个种群的身高就能够演化。由自然选择导致的演化不需要在一个种群里存在着不同的"类型"；即便亲代和后代这两个世代中的每一个在演化着的性状上都是独一无二的，演化也是可能的。

这使得遗传率看起来是个可以使用的恰当概念。遗传率伴25 随着程度。亲代可以只在很小的倾向上与后代类似。如果是这种情况，那么即便在适应度上存在巨大的差异，也只会存在很小的变化。遗传率决定了一个种群会如何"响应"适应度差异。

问题是，存在着各种各样的事例，在这些事例中，可能存在变异、遗传率和适应度差异，但不存在演化变化。在讨论它们的时候，我将假设世代是离散的，我也会作出许多其他简单假设；问题并不来自此前讨论的理想化。问题来自如下事实：遗传率是一个过于抽象的概念；它抛弃了太多信息。结果，就有可能"取消"了适应度差异和继承系统所扮演的角色,从而就以某种方式没有导致任何净变化。

这里,我将给出一个非常简单的例子,它以一种生动的,虽然不现实的形式表明了各种现象。假设一个种群包含矮个子个体(身高＝1)、中等个子个体(身高＝2)以及高个子个体(身高＝3)。中等个子的个体比两个极端个子的个体更加适应。如图 2.1 所示。遗传率很高,但亲代和后代在不同世代的数量是一样的。这是因为,偏好中等个子的选择被仅仅在中等个子的个体里发现的继承中的离散趋势抵消了。

这个事例只是随意举出的,但它展示的原则是真实的。驱使人们使用遗传率概念的想法是:如果存在着亲代与后代相似的某个趋势(无论是通过什么机制),那么,一个种群将会通过世代的变化来响应适应度差异。不过,在"亲代—后代相似"这个一般事实之下的特定遗传模式有可能会消除适应度的影响,而不是把它们传给下一代。

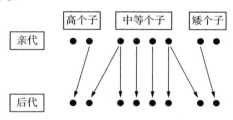

图 2.1　一个无性种群里的稳定化选择⑤

这里不存在任何深层的难题。在图 2.1 的事例中,遗传的模式已经趋于造成变化了,而适应度差异则在另一个方向上推动。　26

---

⑤　该图可能会给你一个错觉,较少的"左右两侧的"个体似乎趋向于中间群体。

正如我们附录里会看到的，不是所有成问题的事例都有这个特点，然而，有关的事情常常会发生。对细节的考察会消除任何悖论的出现。不过，从一个基本的观点看，的确有一些东西需要我们去对付。我们的目标是，把特征、遗传率，以及适应度差异上的变异看作成分，当这些成分结合起来的时候，就会必然导致变化；这些成分就是使得演化"得以进行"的东西。当我在上一句话里说"必然"的时候，这并不意味着宣称没有任何其他因素能够干预阻止变化。不过，遗传率这个必要条件曾被设想为概括了继承的模式所需要的东西。那个观点现在看起来太简单了。

　　同时考虑本节所讨论的两组问题，如下是对我们所面临情况的一个诊断。标准的概括常常是科学理解的两种不同进路的折中产物。为了理解某类现象，我们可能会分别或同时做两件事。一件是，努力对该现象所有事例的重要特点给出一个严格的真的描述。另一件是，对一类事例（通常是一类相对简单的事例）给出一个详细的描述，然后把这些事例用作理解其他事例的基础。我们对简单事例给出的确切描述据知并不（直接地、严格地）适用于复杂事例。理解是通过我们已经明确地分析了的简单事例和更加复杂的事例之间的相似关系而达成的。通过与得到了很好理解的事例之间的相似而得到阐明的那一类事例有可能是模糊的、开放的。

　　在这第二个策略里，得到直接描述的事例可能是经验性事例的一个简单子集，也可能是一组通过想象一些因素消失了而得到的虚构事例。这个想象的活动就是我在本节早先所指的"理想化"。无论怎样，简单事例的作用就是作为其他事例的模型，因此,它可以被称作以模型为基础的理论化策略（Giere 1988；Godfrey-Smith 2006；Weisberg 2007）。一个人可能同时运用这两个策略,但每个策略的目标对单一的描述所发挥的作用是不同的。

这里,涉及年龄结构的问题是一个非常有趣的事例。某些实际的种群的确具有离散的世代。但另一些种群（例如我们人类的种群）则具有复杂的年龄结构,在长时期里,它们的生育时间不一。当有人把离散世代模型用于讨论人类演化时（例如,当他们用它来解释不同的性状在稳定均衡中的保留时）,他们是在把真实的人类种群看作贴切地相似于一个想象的、具有离散世代的种群。出于实用的目的,这么做常常很有效。它就像是用一个忽略空气阻力影响的模型来描述事物是如何坠落的。

附录里将会再次讨论各种概括以及它们与成问题的事例之间的关系。这些配方公式会碰到不同的困难"组合拳",而具体是什么"组合拳"则取决于它们各自的措辞。不过,我们还是可以这样来概括整体的图景。对达尔文主义过程的许多概括都试图同时做两件事。一是说出由自然选择导致的演化是什么。二是展示达尔文主义机制里的一种因果透明性,也就是说漫长历史上的各种主张都有的那个形式："如果你有了这几个简单的成分,那么变化一定会发生。"经典的概括是本书的起点;它们的路线大致是正确的。但目前为止给出的表述往往是上面描述的折中产物。随着概括变得越来越明确,它们起到的作用越来越像配方,它们就开始遗漏很多事例了。随着它们变得越来越无所不包,它们作为配方就失效了。

2.3 适应度、漂变和因果性

选择和因果性;逐个性状 vs.生物整体分析;与适应度相关的属性;
演化论的组织;作为错误的偶然变化。

对演化的现代处理的一个核心部分是,区分由选择导致的变化和由"漂变"(drift)导致的变化——由于存活差异和生殖导致的变化,后一种变化仅仅反映了变化的发生。选择和漂变之间的关系是极其复杂的数学模型讨论的话题,讨论它的哲学文献也在不断增加。在下一章,我将对此区分提出一个新的处理方案,我将出于其他理由而使用一个在那里得到了详细阐明的框架。不过,现在有必要就这个框架说几句,因为,正是要给出一个概括的努力才产生了种种问题。

考察问题的最简单方式是,看看本章开头援引的列万廷的表述。列万廷(1985)说,如果"不同的变异型产生了不同数量的后代(直接的世代或久远的世代)",那么就会存在由自然选择导致的变化。然而,某个变异型(或许是 A 类型)比另一个变异型(B类型)产生了更多的后代,这个单纯的事实似乎并不意味着自然选择在发挥作用。因为我们都知道,两者的差异可以被归于偶然。B 类型的许多个体可能在生殖之前就被各种偶然事件(雷击、地震、地方性的流行病……)杀死了。A 类型的个体在雷电和流行病的威胁下表现得更好,这个事实有可能反映了它们所具有的某些自然优势;然而,这个事实也有可能并不反映它具有的某些自然优势。有可能只是运气的问题。

所以,经典的概括似乎是不完整的,除非它们在由于表型特征所赋予的优势而导致的生殖差异和由于仅仅偶然而导致的生殖差异之间作出某种区分。不过,究竟如何作出这一区分? 由于几个原因,这一点并不清楚。一个原因是如下这个事实:因果性概念在此看起来是核心概念,但它在哲学上是个棘手的概念,许多科学家对待它也很慎重。(这种慎重在里德利的概括中就很明显,这个概括要求适应度差异"根据"[according to]表型——那些分句中的这一句不稳定地平衡着因果语言和统计语言。)第二个原因是第 3 章将会讨论的一个疑虑。当我们讨论"随机的"或"偶然的"一类变化时,我们难道不是实际上在说,导致生殖差异的原因是复杂的、细微的、我们目前尚不知晓的?"漂变"是否是自然中的一类变化的名称? 抑或它只是我们用以反映自身知识局限性的一个标签?

28

　　本节的讨论将是一个初步的讨论。首先要做的是,区分描述演化过程的两种方式。我们可以用逐个性状的方式来描述演化,也可以通过把整个生物体考虑为一个单元,而非把它们分解为各个"性状"的方式来描述演化。我们先来考虑逐个性状的方式。对于在一个种群里变化的任何特定的性状来说,我们可以问:性状的变化是由于选择作用于那个性状,还是作为另外某个过程的副产品而出现的? 这个问题是有意义的,因为某个特定的性状可能对影响着该性状的演化过程并没有因果影响。例如,可能存在着对性状 T_1 的选择,并且 T_1 和 T_2 之间由于发育或遗传系统而有一种关联,这就导致了 T_2 里的变化。T_2 本身在这个过程中可以不扮演任何因果角色;它可能是通常永远不会被看见的某个内在结构的颜色,而 T_1 则是这个结构的某种功能属性。索伯(1984)

用以下这个说法描述了这个区别:有可能存在对某个东西的选择（selection *of* something），但不是针对这个东西的选择（selection *for* someting）。在这个事例中，T_2 频率上的变化在某种意义上是"偶然的"，虽然不是"随机的"。这些都不是漂变的事例，而是"相关反应"（correlated response）的事例。还有其他一些方式，在其中，一个性状在种群里的频率发生变化，但却没有选择作用于它。例如，突变制造某个性状的新事例的速度可能要比消除它们的速度更快。或者，具有某个性状的迁移者可能进入了种群。

一个性状的频率有可能会纯粹由于偶然事件而发生变化，因为这个性状的承载者"碰巧"有了更多的后代，这可能么？让我们继续讨论内脏器官的颜色（它通常永远不会被看见）这个例子，假设有个种群所有个体的这个内脏解剖看来都要么是一种颜色（红色的），要么是另一种颜色（蓝色的），再假设颜色的差异不具有任何功能性的后果，也不与任何功能上重要的特点相关，然而，这个性状有一个简单的遗传基础。现在，假设红色个体的后代比蓝色个体的后代多，这导致了红色在种群中频率的增加。假设一个决定论的（或近乎决定论的）世界，那么，生殖速度上的差异会有某个因果说明。这个蓝色个体被雷电击中了；那个蓝色个体被一辆行驶的汽车撞上了。在这些事件里，红色/蓝色表型与导致变化的原因无关，但每个红色个体和蓝色个体都有某个东西是它做得好或者做得坏的原因。这个东西或许是看起来纯属偶然的一些属性，或许它正好在合适的时间位于一个合适的位置。然而，如果我们足够宽泛地构想一个个体的全部"特征"，那么，个体的生殖结果就是它的诸多特征的后果。

因此，如果一个概括是以特定性状的方式提出的——该概括包含着通过针对 F 的选择而导致的变化——那么，我们就要面对以下事实，即任何性状都可能通过有差别的生殖和遗传率而发生变化，但它本身却没有受到有针对性的选择。因此，这种概括必定包含着一个要求，要求赋予 F 一个合适的因果角色。这个额外的要求不难表述。通过针对 F 的选择而导致的变化所要求的，就不仅是 F 中的变异、遗传和不同的生殖速度。它还要求，F 的变异对于生殖结果上的差异是部分地有因果影响的（Hodge 1987; Millstein 2002）。然而，如果一个概括不是打算说通过针对 F 的选择所导致的变化包含着什么，那么，是否需要一个像这样的东西，这一点并不是非常清楚。尽管如此，我还是先把这个论题放下，因为下一章会再次讨论它。

在本节剩下的部分，我将讨论一些更加一般的问题，它们与适应度、因果性和演化论的组织有关。

讨论适应度的本质的文献相当多。本书接下来的部分将不断地使用这个语词，因此，我将就应该如何理解它先说一点。讨论适应度的许多文献都试图说出，一个生物或一种类型的生物的适应度实际上是什么。达尔文主义被视为在致力于如下思想，即适应度是某种统一的、确定的属性，它虽然很难分析，但却是演化变化的真正驱动者。这不是我的进路。为什么我有着不同的想法，前面已经介绍了一些理由，但为了使问题更加清楚，我在此将讨论近年来分析适应度的最杰出的进路——"倾向观点"（the "propensity view"）（Brandon 1978; Mills and Beatty 1979; Sober 1984），并把它作为铺垫。

倾向观点认为,适应度是一个个体或一个特定类型的个体"预期"的后代数量。它不同于"现实的"适应度,即实际产生的后代数。在计算"预期"值的时候,使用了物理概率(physical probability)这个有争议的概念,它成了争议的焦点。人们希望的是,如果这样诉诸概率的做法是可以得到捍卫的,那么,倾向观点就可以对驱动着由自然选择导致的演化的生物属性作出说明。适应度衡量的是,在给定的环境以及种群当前的构成等条件下,一个生物体的生物属性倾向于带来的生殖成功的水平。这使得我们可以把适应度看作生物对其所处环境的总体适应水平的反映,我们也可以理解,变化能够通过偶然事件而走向与适应度差异所预测的相反的方向。

然而,正如我们看到的,如果目标是把生物的那些驱动着演化的属性孤立出来,那么,追踪后代的数量(无论是"预期的"还是"实际的")这个做法常常是不够的。例如,在许多情况下,测定生殖的时间和测定生殖的数量一样重要。在这个领域已经发现了很多奇怪的效应。通常,更早地生殖要比更晚地生殖"更好"……但如果种群萎缩的话,情况就不是这样了(请见 Charlesworth and Giesel 1972; Ariew and Lewontin 2004; 以及上文的脚注 2)。即便在简单的离散世代事例中,一个有着较低平均适应度的类型也可能击败一个有着较高平均适应度的类型,如果那个有着较低平均适应度的类型也有较低方差(variance)的话(Dempster 1955; Gillespie 1972; Frank and Slatkin 1990)。因此,即便倾向观点所使用的那个有争议的概率任务是可以达成的,作为结果的那些属性的重要性也很有限。

对此情形的一个回应是,要努力就一个生物真正的适应度是什么提出一个更加精确的标尺,它或许是一个更加复杂的"倾向",但我认为这个倾向是不必要的。相反,我们最好说,存在着一组与适应度相似或相关的属性,它们在某种意义上全都牵涉到生殖结果。不同的属性在不同的情况下是相关的,下述情况表明了这一点:我们在不同的形式化模型中看到了形形色色与适应度相关的属性。有几个人已经提出了这一思想的多个版本。⑥ 我认为该思想最好这样来表述。对一段时间内的一个种群来说,存在着与存活和生殖相关的一个事实总体,这些事实是该种群如何演化的原因。这个总体包括了关于年龄分布和种群增长的事实,也包括了一种特定的个体什么时候以及如何易于多产的事实。传统上,关于适应度的事实被视为这个总体的一种"浓缩",它包含了预测变化所必需的信息。然而,在不同的事例中,这个信息总体的不同元素就变成了在算出将会发生什么的时候所必需的东西,并且,所需的信息常常远远超出了任何可以被视为总体适应性的量化标尺的东西。因此,说存在着一组"与适应度相关的属性",这不是在走向关于演化如何进行的一种温和的因袭主义(a soft-minded conventionalism)。相反,它是要承认,对"适应度"的讨论涉及对各种因果因素的完全详述的一种压缩,而这样的压缩有着诸多的局限,不同的事例以不同的方式展示出了这些局限。

---

⑥　这些人包括贝蒂和芬森(Beatty and Finsen 1989),戴和奥托(Day and Otto 2001,这是一个温和的版本),还有克里姆巴斯(Krimbas 2004,这是一个更加温和的版本)。也请见注释 4 引述的查尔斯沃斯。有些人会说,与存活相关的属性必须被包括在内,因为它们自身就算得上这样的属性,而不仅仅是因为它们影响了生殖。2.6 和 5.4 这两节将会讨论这一点。

对待适应度的态度可能与演化论的组织的一般图景有关。非常宽泛地说，我们可以把演化论视为包含着关于诸多基本过程的众多抽象模型的一个集合，外加把这些模型与现实生物及地球生命史上的曾有生物所具有的各种特点联系起来的大量中层理论。众多模型的集合构成了一个拼凑物，各个模型有连接有重叠，每个模型都以不同的方式处理演化的复杂性（Potochnick 2007）。通常，要以一种可理解的方式来表征一组因素，就必须把其他因素作为背景。这个"把……作为背景"部分地就是在忽略事情，但部分地也是在理想化事情——想象一些特点消失了。模型的拼贴物以及相应的评述表达了我们对演化过程的动态理解，表达了我们对什么会导致什么的知识。当我们试图对演化作出一个基础性的描述时，我们通常会抓住这个拼贴物的某些特定的、看起来有用的部分，把它作为对所有事例的描述的基础。回到本章的主题：演化的一个好配方所做的将恰恰是这个；它会抓住拼贴物的某个部分，这个部分以一种非常透明的方式表明了达尔文主义机制的运作。它将表明，轮子如何能够转动，看起来不显著的那些事例的集合如何能够具有大规模的后果。然而，这不意味着，模型一旦得到了描述，就能够概括所有的事例。

这里，我已经强调了适应度所扮演的角色，不过，我还要再作些说明。一个模型可能会把停滞（stasis）假设为一个缺点，而把选择视为侵扰并造成变化的一股力量。这个假设很清楚，也很便利，但我们没有理由认为它反映了自然中事物的情况。如果我们问，对自然中的一个种群来说，这个假设的"缺点"是什么，回答无疑是，这个种群通常会发生某种偶然的变化。某些个体将会比另一些个体活得更久、生殖更多后代。至少在短期内,有些性状将会变得更加常见。我们无需引入自然选择这个理论概念来指明这一点;这是杂乱的自然世界的一个预期特点,而不是达尔文所发现的东西(Kitcher 1985)。我们预料的是一个长期的结果、低层次变化的无声作用。达尔文主义的理论以及它的某些竞争理论所提出的一组组主张乃是关于如下问题的主张:这个偶然的变化是否会,以及为什么会导致某种显著的东西? 本质主义的"自然状态"模型会坚持认为,一个种群可能会稍微有点变化,但它将倾向于回到先前的、恰当的情况。达尔文主义则截然不同,它认为,给定了这些低层次事件中的某些倾向性,我们就能够预期种群会走向某个地方,并且,种群常常会产生某种新的东西。

2.4　复制子框架

道金斯、赫尔和其他人的表述;不需要复制;类型和数量性状;性。

　　本章到目前为止讨论的所有观念都属于我所谓的"经典"传统。另一种概括已经出现一段时间了,那就是道金斯、赫尔、丹尼特、海格和其他一些人所偏好的复制子框架。[7] 这两种进路之间的关系一直不甚明了。有时,它们被看作大致相等的进路,只不过复制子观点给了我们一个更加简短、更加丰富多彩的描述。以

32

---

　　[7]　请见 Dawkins (1976, 1982a), Hull (1980, 1988), Hull et al. (2001), Lloyd (1988, 2001), Dennett (1995), Maynard Smith and Szathmáry (1995), Sterelny et al. (1996), Haig (1997)。梅纳德·史密斯和古尔德以同时赞成这两种进路而著称(Gould 2002: 609, 615; Maynard Smith 1988)。正如我们将会看到的,这是可能的,虽然就我所知,这两位作者都没有详细讨论这两种进路之间的关系。

另一些方式来看,它们则是相容的,我下面将会讨论这些方式。尽管如此,复制子观点常常被提出来作为一个对自然选择如何运作的完整分析,取代了其他众多观点,(大致)包括上面讨论的那些观点。在此,我将先如此这般地对待复制子观点,但当我们根据那些术语来理解它时,它将会受到相当有力的批评。不过,复制子进路背后的某些思考在更加有限的语境中的确扮演了一个有用的角色。当我在本书后面提出自己的观点时,来自这些文献的一些论题将会再次出现。

最初的复制子观点认为,由自然选择导致的所有演化事例都包含着复制子的活动。这个角色始终必须要有某个东西来承担,这是原则问题,虽然在不同的情况下不同的东西都可以承担这个角色。在大多数讨论中,还必须要有某个东西扮演另一个同样重要的角色,即互动子(对赫尔来说)或载体(对道金斯来说),我们要到第 6 章才会讨论它。

那么,复制子是什么? 道金斯把拷贝(copying)这个概念当成了理所当然的,他在一个更完整的定义中说:"我们可以把复制子定义为宇宙中的一个东西,它与自己的世界(包括其他复制子)以某种方式相互作用,从而导致了自身的拷贝"(1978:132)。赫尔说,复制子是一个"在复制中直接地传递了其结构的东西"(1980:318)。后来,梅纳德·史密斯和塞兹莫利给出了一个很不一样的定义:复制子是"只有在附近预先存在着一个同样种类结构的情况下才会出现"的东西(1995:41)。他们补充说,在这个宽泛的范畴中,一个遗传的复制子可以以多种不同的形式存在,这些不同的形式在复制中得到了传递。我在本章对复制子的讨论将主要集中于道金斯和赫尔的观点。我把梅纳德·史密斯和塞兹莫利给出的定义看作精神上不同的定义,将在后面的章节中讨论它。

经典的进路可以被看作把生物个体作为起点,它引入了一种可能性,即其他东西可以扮演相似的演化角色。这些东西可能比生物体更小,例如染色体,也可能更大,例如集落或群体。经典概念涵盖的原初领域是个体生物,但它们或许不是唯一的领域,又或许不是最重要的领域。相比之下,复制子观点把基因——等位基因——作为起点。道金斯在 1976 年认为,对演化采取一种"基因之眼的观点",在许多理论问题(特别是利他问题)上对我们都很有帮助。他认为,一旦我们看到这些分析是如何起作用的,我们就会看到对演化的一种新的基础性描述的可能性,我们也会看到不同的事物在原则上可以扮演基因在我们更加熟悉的事例中所扮演的那种角色。我们可以确定,基因不是唯一可能的复制子,因为真正重要的是复制子这个角色。

我将针对复制子分析提出两个论证。第一个论证认为,复制子分析没有涵盖全部的事例(Avital and Jablonka 2000; Godfrey-Smith 2000)。第二个论证批评了复制子观点的许多(虽然不是全部)版本里都有的"能动"概念。

第一个论证很简单。虽然细节有时候不清楚,但复制子应该是某个得到了准确或忠实拷贝的东西,它在漫长的演化时间中能够形成这样的拷贝世系。复制子应该不是百分之百准确的拷贝,因为那会阻止新的变异型的出现,不过,复制过程应该是高度保真的。在 2.2 节,我介绍了一个种群事例,在这个种群里,存在着身高上的变异,存在着与高度相关联的生殖优势,存在着适度但不完全的身高遗传率。首先,假设复制是无性的,因此,每个个体都只有一个亲代。高于平均身高的个体产生了高于平均身高的个体,但高度上的变异是相当平均地分布的。没有两个个体——无论是同一个世代的个体还是不同世代的个体——有着同样的高度。于是,这个情况下的生物体并没有"复制"它们自身;它们没有"传递"它们的结构或类型。不过,演化无疑能够发生。当较高的个体生殖的后代比较矮的个体生殖的后代更多时,当较高的个体往往拥有较高的后代时,这个种群的身高分布在一段时间之后将会发生变化。

　　复制子分析通常并不假设整个的生物体是复制子。相反,它的主张是,得到继承的个体间差异应该是由这个系统里某个地方的复制子造成的。不过,现在假设,在某些持续变化着的性状(例如身高)的事例中,遗传机制并不涉及较低层次上的"拷贝"。我们看到,任何地方都存在着不同程度的相似,但没有任何变异"得到了忠实的传递"。我们无需假设,所讨论的生物体里没有任何东西得到了拷贝;我们只需假定,在个体间传递这些差异的机制不涉及得到拷贝的东西中的差异。这里存在着一些可以想象的特定的可能性,包括一些文化继承过程(第8章),以及细胞层面的继承系统。⑧ 不过要点是,在该较低层面被想象的东西是什么无关紧要,因为我们需要的只是,生殖导致在会出现演化的层面

────────────

　　⑧　以这种方式抵制关于"拷贝"结构的描述的真实已知例子很有限,但包括了单细胞生物里的一些"结构遗传"系统,还有基因表达层面的遗传变化,以及植物和其他生物中的染色体结构的遗传变化(Grimes 1982; Hollick et al. 1997; Moliner et al. 2006)。关于对"表观"遗传系统的一般性综述,请见 Jablonka and Lamb (1995)。文化遗传提供了一个更简单的例子,在这种遗传中,观念或行为不是原封不动地得到传递的,而是通过对一个观察者的影响,作为某个连续变量的不同相似层次而得到传递的(第8章)。

的亲代—后代的相似。这与该相似模式以什么特定的机制为基础没有关系,只要这个模式出现了就行。

　　附录里会讨论"相似"的有关含义。大致说来,所需要的是,亲代的状态与后代的状态有关系;亲代和后代必须要在某种程度上是可以相互预测的,或者,它们要比无关的个体更相似。这个亲代—后代的相似并不总是足以造成变化——正如前面讨论的那样,适应度差异和继承模式有可能会相互抵消。不过,当弱化的亲代—后代相似与选择结合起来的时候,常常就足以造成变化了。

　　在这一点上,一种可能的回应是,为了得到显著的或持续的演化,必须要有复制子,即使某个演化可能没有它们。下一章将会讨论这个想法,不过首先需要指出的是,它是在改变复制子分析的目标。最初的主张是,由自然选择导致的任何演化过程在原则上都必须要有某个东西扮演复制子角色,而不是只有"重要的"演化过程才必须如此。在本章,我只考虑"任何……"这一问题。

　　复制子分析对高保真拷贝的坚持还有一个更加微妙的特点,这个特点很重要。通常给出的两种复制子定义都有一个特点,这个概念实际被运用的方式也具有该特点,这就是,每个复制子都是某个特定类型的复制子,这个类型通过拷贝得到了可靠的传递。不同类型的复制子相互竞争,演化变化则被理解为各种类型的拷贝在频率或数量上的变化。这是考虑演化的最简单方式,本章常常这么使用它。("有 A、B 两种类型,A 类型变得更加普遍,因为……")考虑我使用了在高度上变异的那个例子的方式之一就是指出,"把种群划分为不同的类型",还有类型的忠实传递,这些都是没有必要的。一个个体与另一个个体在身高上可以或多或少地相似,但无需有一个得到或没有得到传递的类型。不过,类型常常(并非总是)呈现为复制子观点不可或缺的部分。复制子被假设为构成了"拷贝的世系";类型在时间中以因果关联着的物质个例的形式得到了传递。相比之下,我将充分重视上面描述的简单现象:演化在每个事物都是(以及被处理为)独一无二的情况下的可能性。

这个观点是一种"演化唯名论"。明确地说:把个体分组为不同的类型,这对达尔文主义种群来说绝不是根本性的。这样的分组是便利的工具,但我们总是可以选择使用更精致或更粗糙的分组,忽略个体之间更少或更多的差异。随着分组变得越来越精致,每一组可能只有一个个体。这并没有使演化描述崩溃;有可能通过使用排序或度量(就像我们在处理身高时那样)来描述一个种群里的相似性,而根本就无需把它分组为不同类型。⑨

---

⑨ 演化变化必定是类型的事情,这个观念不止局限于复制子观点。"选择理论是关于基因类型(genotypes)的理论,而不是关于基因个例(genotokens)的理论。"(Sober and Lewontin 1982: 172)这些主张中有一部分主张的基础是如下思想,即如果不分成不同类型,演化描述就会崩溃。"自然选择是这样一个过程,复制子通过该过程而改变了它们在一个种群里相对于它们的等位基因的分布频率。如果所考虑的复制子太大了,以至于是独一无二的,那么就不能说它有一个会发生变化的'分布频率'。"(Dawkins 1982a: 88)这就是为什么不需要把种群划分为类型的形式化模型——例如,普莱斯方程(后文 A.1)——是重要的。迈尔看到了一种演化观点,它把演化视为"保存优秀类型,抛弃低劣类型",他将这种观点当作自己反对的类型论思考模式的一部分(1976: 159;也请见 Nanay,即出)。

从形式化的观点看,把一个种群划分为不同类型或类别,这是根据其成员之间关系来描述该种群的一个特别事例(自返的、对称的、传递的"等价关系"把一个种群分为不重叠的类别)。我们倾向于根据类型来思考,甚至当基础的关系网络抵制我们这么做的时候,我们也如此思考。在其他演化语境中也可以发现这里发现的这个主题,这些语境包括:群体作为选择的更高层次单元的问题(下文 6.2;以及 Godfrey-Smith 2008)、种群作为物种内部单元的问题(Gannett 2003),以及物种本身的问题(Franklin 2007)。

　　在这一点上,复制子观点的有些支持者可能会坚持认为,根据类型的高度保真的拷贝和忠实的传递来表述,仅仅是出于便利的考虑。在只有不同程度相似的情况下,依然可能存在复制子。或许,一个东西如果是在某种程度上与它自己相似的事物的原因,那么这个东西就可能是一个复制子。⑩

　　这是在开始返回经典观点。不过,提出复制子框架的方式使得所需的返回寸步难行。通常,表述复制子观点的方式假定了复制是无性的。在"传递结构"这样的语言所依据的图景中,一个复制品只有一个亲代、前体(precursor)或模板(template)。但在演化脉络中产生新东西的许多方式都是有性生殖的;它们涉及两个亲代或前体的活动。不仅像我们这样的多细胞生物是如此,甚至病毒也可以是有性生殖的。如果两个病毒感染了一个细胞,它们的遗传物质可以混合产生新的病毒(Foissart et al. 2005)。如果一个东西是两个亲代的后代,并且这两个亲代又是显著不同的,那么,它最后与这两个亲代中的任何一个都不会太相似,但与种群里的其他个体比起来,它依然可能和这两个亲代更相似。再一次地,不同的生殖速度可以导致演化变化。

　　从这个观点出发,我们可以把复制子分析看作从经典观点涵盖(或者被假定涵盖)的事例中挑选出一个特别的事例。在经典观点讨论的种群里,存在着生殖和遗传。遗传的可靠性可能很低,每个个体可能存在着不止一个亲代。复制子观点挑选出了这些现象的一个子集:有着高保真遗传且是无性生殖的种群。在现

36

---

　　⑩　赫尔(1981)或许就是这么想的,格弗雷-史密斯(Godfrey-Smith 2000)提出的一个分析就有这个结构。也请参见 Nanay(2002)。

实的世界和抽象的原则中,这都是更大类别的一个重要子集,但它仅仅是一个子集。适应度有差异的复制子对于由自然选择导致的演化来说(在某些特别的事例中)是充分的,但它们不是必要的。

2.5 能动者和利益

能动的演化观;涉及持存的谬误;复制子作为一个模型事例。

现在,我转到针对复制子进路的另一类异议。不过,本节所批评的这些特点并不是这种观点的所有版本都具有的。它们在道金斯、丹尼特和海格的版本中非常突出,但在赫尔、梅纳德·史密斯、塞兹莫利、斯特林(Stevelny)和其他一些人的版本里则根本就看不出来。[①]

在许多版本中,复制子进路都旨在啮合一种看待演化的"能动"方式,在这种视角中,我们把一个演化过程中的东西看作是在追求着目标,有着关切,使用着策略的。支持和反对这种谈论方式的人都同意,它源自我们通常讨论完全有智能的能动者的方式,它是那个框架的某种隐喻性的、类比性的延伸。该在多大程度上认真对待这种语言,支持者们内部存在着差异——无论它是一个显而易见的隐喻,可以在麻烦出现的时候轻松拿起,又迅速放下,还是一种有着隐喻根源的描述形式,它的功能都是挑选出

[①] 赫尔等人(2001:514)明确地把他们的复制子版本区别于诉诸利益和目标的复制子版本。相比之下,劳埃德(2001)捍卫的则是这样一个版本,它力图分析并通俗化对演化过程的"受益者"的讨论。我认为,这些概念始终是无益且有害的。

一个重要的自然类别,该类别包含着一个微妙的"针对性"(directedness)的形式,在能动者整体和基因的事例中都可以看到它。我在这里并不担忧这个(非常有趣的)差异,我将假定,能动语言打算扮演的角色是纯粹启发性的。相反,我的观点是,探究演化的这个方式有力地塑造了人们的思维,比人们以为的还要有力。当我们以这种方式思考一个领域时,我们放任了一类特殊的心理习惯,调用了一类特殊的工具。我将论证,这么做的结果往往不好。

理查德·道金斯有个著名的观点,很多东西都不能成为"选择的单元",因为它们过于短暂(1976:34)。

> 在有性生殖的物种里,生物体作为一个遗传单元太大、太短暂,以至于没有资格作为自然选择的一个有意义的单元。个体组成的群体是一个更大的单元。从遗传学上说,个体和群体就像空中的云或沙漠里的沙尘暴。它们是暂时的聚集或联合。它们在演化时间中不稳定……

对道金斯来说,我们是根据持久存在的事物的活动来讲述演化故事的。在由自然选择导致的演化过程中,诸多东西的分布频率在长时段里发生着变化。因此,我们可能会视之为选择"单元"的许多东西实际上都不够格,因为它们太短暂了。他单刀直入地说:"当每个东西都只有一个拷贝的时候,通过在这些东西之间进行选择,并不能出现演化!"(Dawkins 1976: 34)

然而,这个主张并不正确。让我们回到涉及高度上的变异的那个例子,假定无论这个种群是有性生殖还是无性生殖。无论在同一个世代还是在不同世代,都没有两个个体身高是一样的,身高间隔是平均分布的,从而不存在任何"团块"(clump)。每个个体都是独一无二的;每个实体都只有"一个拷贝",然而,由自然选择导致的演化是完全有可能的。

的确,如果我们想要用能动框架来描述演化——在这个框架里,延伸到足够长时段的过程是根据某个东西对目标的追求而得到描述的——那么,那个东西必须要至少以拷贝的形式而持久存在。否则的话,它就不能够或不会意识到自己的目标。因此,在把种群过程塌缩为能动者活动的框架里,道金斯是在表述一个真正的限制条件。不过,那是一个反对能动框架的论证——它论证的是,它不能够适用于所有事例,而不是只有出现了某些长期持存(long-term persisting)的东西,演化才可能发生。

因此,能动框架赋予演化的不仅是那些明显目的论的特点——我们可以迅速地说,这些特点只是我们隐喻性地赋予的。它赋予的还有微妙的结构特点。能动框架根据特定东西在表面变化中的持存(persistence)来处理演化过程,而不是根据新东西(它们与早先的实体存在一些相似性,也存在另一些不相似性)的相继创造来处理演化过程。

我推测,这里或许有一种有趣的心理现象在起作用。如第 1 章所勾勒的,我在本书中力图捍卫并扩展一种"种群的"演化观点。当我们在考虑呈现出明显的适应和设计现象的复杂系统时,我们似乎在心理上很自然地就会运用一组不同的概念,根据某类持存的、好似能动者的东西来组织我们的思考。复制子框架的一个吸引力就是,它把大量的暂态(transients)从演化的中央舞台剔除了,它支持一组隐蔽的、连贯的和持存的事物,这些事物能够成为能动性属性的发生地。这些属性赋予了演化过程一种秩序和可理解性。

人们发现了得到忠实拷贝的 DNA 序列的世系,这一发现在经验上当然非常重要,在许多语境中它的确位于中央舞台。但一些思想实验在这里是很有启发性的。假设人们最后发现,在像我们这样的生物的生命循环中,DNA 在物理上并不持存。假设 DNA 出现在了受精卵中,它是用来形成发育所需的最初一批蛋白质分子的,后来它会被当成食物分解。一个生物的大部分生命中都没有 DNA,它的生命通过蛋白质活动的一个复杂的催化网络而展开(包括以某种方式制造更多的蛋白质,协调它们的活动)。当到了制造性细胞的时候,DNA 是从一组关键的蛋白质"逆转录"而来的,并被用于创造下一代。DNA 依然还会是继承的载体,但它的来去会像这个生物的其他部分那样来来去去。

从蛋白质到 DNA 的"逆转录"被广泛认为是不可能的,我也不是说,这样一种生命形式在现实世界的生化条件下是可行的。但像这样的情节是有用的心理工具,它推动着我们反对如下这种思考倾向:某个东西必须持存,而不是得到阶段性的重构(Oyama 1985),某种持久的能动性必需持续存在于独一无二的事物行列之下,持续存在于暂态和短命的东西之下,这一点对演化过程来说是根本性的。

这就结束了我对复制子观点的初步讨论。我还想对不属于受到上述批评之列的版本做几点最后的评论。有人可能会说,虽然复制子分析没有涵盖所有事例,但它给我们提供了一个好模型。早先我承认,这类模型可以产生真正的理解,但我论证了,在经典的概括中存在着各种隐蔽的理想化。在捍卫复制子观点的时候,难道我们不能够同样这么说吗?我的回答是,是的,考虑复制子可以给我们一个好模型的事例。对演化的有些形式化处理就使用了一个被称作"复制子动力学"(replicator dynamics)的数学结构来展示基本的过程,而没有声称这个分析严格适用于一切(Nowak 2006;请见后文的附录 A.1)。复制子可以提供一个有用的模型,但模型的一个关键特点是,我们可以运用多个模型。另一个非常富有启发性的模型事例是有着量化特征的演化现象,例如身高。这些事例提醒我们,任何遗传机制都会满足要求,演化可以在没有重复的事物所组成的一个种群里发生。

最后,我在上面提到了如下事实,即有人可能会主张,虽然演化可以在没有复制子的情况下发生,但这些事例微不足道,也无关紧要。要产生重要的东西,演化就需要复制子。这正是我对复制子要问的下一个问题,也是下一章的论题之一。

2.6 概括出来的最小概念

最小意义上的达尔文主义种群;相应的变化范畴;达尔文主义个体;没有生殖的选择。

下面是把到目前为止所阐述的思想整合起来的一个方式。最小意义上的达尔文主义种群是因果关联着的个体事物的集合,在这个集合里存在着特征上的变异,该变异导致了生殖结果上的差异(个体生殖多少、快慢上的差异),并且,该变异在某种程度上是得到继承的。继承则被理解为亲代和后代之间的相似,这是由于亲代所扮演的因果角色导致的。

这里具体说明的不是一个导致变化的配方,而是一个"布局"(set-up),即事物在其中可能得到安排的方式。不过,用以具体说明布局的那些特点由于以下事实而是突出的:它们对于特定种类变化的出现来说是首要的。因此,它使用的那些要素来自经典的概括,但这些要素不是用在一个配方里,而是出现在一种馏出物(a kind of distillation)里。任何达尔文主义种群都会有这些属性,外加其他属性。一个系统的行为是由变异、遗传、适应度差异的特定形式,以及种群的其他特点决定的。例如,一个特定的亲代(或一对亲代)不能使它们后代的特征与它们的特征相关或共变(covary)。共变是关乎种群全体的事情。亲代能够做的是,产生或影响其后代,使它们至少以某些方式与亲代相似。那个关系的演化后果取决于亲代和后代所在的种群。不是所有的达尔文主义种群都得要是变化着的,一个达尔文主义种群也能够通过非达尔文主义的过程而发生变化。不过,由自然选择导致的演化在广义上是一大类由于变异、遗传和生殖差异等特点的某种特定展示连同其他诸多因素而导致的变化。这个进路把传统进路中的成分与复制子观点中的结构特点结合了起来:首先得到描述的是布局或配置(a set-up or configuration),然后是一系列模型(它们常常包括理想化处理),最后是这些系统是如何活动的。

上面的说明在哪些事物集合可以被算作种群这一点上有很大的包容性。必要条件被表述为"因果关联",它力图作为"位于一个普遍的因果互动——生物之间互动,以及生物与环境因素之间互动——网络之中"的速记(shorthand)。它力图成为一个弱必要条件,允许间接的关联。这里对达尔文主义的有些说明采用了一个严格的标准。另一些说明则根本没有施加任何约束条件(虽然这些约束条件被认为出现在了背景之中)。当同一个种群里成员身份的标准明确时,这些标准就倾向于要求这些东西必须属于同一个物种,必须位于同样的地区,或者,必须不能够在物理上过于分离(例如,Millstein 2006,吸收了 Futuyma 1986)。这里,我把第二种要求算作最小必要条件,但没有把第一种要求算作最小必要条件。这一点将在下一章再次进行讨论。

"达尔文主义个体"这个术语将被用于一个达尔文种群的任何成员。进一步说,提出达尔文主义种群这个观念,并不是针对某个特定的性状。把生物分解成诸多的性状,这在一个分析中是后来才有的处理。首先被认识到的是有着各种特征——可重复的特征和独一无二的特点——的个体的集合。

我已经追踪了上文讨论的两个进路都含蓄地否认的一个线索,它们都否认由自然选择导致的演化可以没有生殖而发生。被排除的是以下想法,即单纯由于存活率差异(没有生殖)而导致的变化可以被算作由自然选择导致的演化。传统概括对这个问题的处理常常非常笨拙。有两个事例需要考虑:一个是能够生殖的事物中存在有差异的存活但不存在生殖的事例;另一个是根本不能生殖的事物中分类(sorting)或遴选(culling)的事例。前一个事例中的问题是,由于有差异的存活而导致的变化本身是否足以被算作达尔文主义的变化? 还是说,它只是被算作达尔文主义变化的一个更大过程的阶段之一？许多正式的演化模型都非常注意有差异的存活和"生存能力"（viability），但在那些语境中，生殖被假设为背景的一部分。在后一个事例中我们被要求的是，把达尔文主义的描述扩展到缺乏该理论所处理的那些现象所具有的一个核心特点的事例之上。我们可以篡改一个围绕变化的部分达尔文主义描述，把它用于缺乏生殖的事物集合中的变化，但这是该理论的一个非常矫揉造作的扩展。这两点似乎都涉及措辞的安排，别的倒没什么；对于这些想法，我将在下一章结合那里的一些思想就此话题提出一些更加实质性的说法。

第 3 章　变异、选择和起源

3.1　超越最小概念

典范事例和边缘事例；分布解释和起源解释；在一个抽象空间中表征种群。

上一章详细阐述了一种"最小的"达尔文主义种群概念，以及与之相关的变化范畴。这些概念是宽泛的、包容的。在最小的含义上，有些"达尔文主义"过程几乎是微不足道的。另一些过程则能够造就我们所知的最复杂事物。这个事实是我对标准的三要素概括不满的原因之一（Sterelny and Griffiths 1999）。一个仅仅列举了变异、遗传和适应度差异的概括，并没有把让我们耳目一新的事件与对一个种群里的固定类型作出分类的乏味过程区别开来。最小概念没错，但它应该作为——如其名称所暗示的——一个起点，一楼。因此，让我们接着考虑一类描述演化过程的概念，其中有些概念的要求更高。

为了刻画这些关系，我将在措辞上区分典范的达尔文主义种群、最小意义上的达尔文主义种群以及边缘的事例。典范有着巨大的科学重要性。这些典范是重要的新事物能够出现于其中的、演化着的种群，是造成复杂适应结构的种群。典范无需产生像我们这样的事物——细菌里抗生素耐药性的演化就是这个意义上的一个典范事例。"可演化的"（evolvable）这个术语有时就被用于具有这些特点的种群（Dawkins 1989; Kirschner and Gerhart 1998）；它们有能力产生新东西。

此外，最小意义从第 2 章里讨论的广泛事例中做了挑选。典范事例的确算是最小意义上的；它们是符合最小标准的那些事例的一个子集。

最后，边缘事例并不明显地满足最小要求，而只是大概地接近它们。所以，这些事例不是最小类别里的"乏味"事例，而是有着部分达尔文主义特征的现象。我在第 2 章的开头说过，许多概 42 括的目标都是描述自然选择的"根本"特征。"根本的"（essential）一词在此是以一种低调的方式得到理解的，但它的内涵是一个明确的范畴，有着相当明显的界限。然而，达尔文主义的脉络是转型和中间型的脉络。我们应该预期，标准的概括所描述的过程会逐渐变成各种边缘性的、局部的事例。

我有时也会以一种模糊的方式谈到"更好的"达尔文主义种群以及与之相对的"更坏的"达尔文主义种群，谈到更"清晰"的事例和不那么"清晰"的事例。这里，"更好的"（等等）意思是更接近典范事例；"更坏的"意思是更接近边缘事例。这是"更好的"在此唯一的含义。它近似于"真细菌"（eubacteria）和"真核细胞"（eukaryote）这些生物学术语里的希腊文前缀"eu"（真正的、良好的），它没有承载道德的或规范的含义。在这个意义上，我们也可以谈论黑色素瘤和种族灭绝的"更好的"事例。

为了把握典范事例和其他事例之间的关系，在达尔文主义过程可以被纳入其中的两种解释之间作出区分，也会很有帮助，我将称这两种解释为分布解释(*distribution* explanations)和起源解释(*origin* explanations)。

　　当我们作出一个分布解释的时候，我们假设了，一个种群里存在着一系列的变异型，我们解释了，为什么它们有那样的分布，或者为什么它们的分布变化了。某些变异型可能变得常见，某些变异型则可能变得少见。某些变异型早先曾经出现过，现在它们可能从种群里消失了。分布解释说明的是上面那种事实。相比之下，起源解释指向的则是如下事实：一个种群终究还是已经包含了一个特定种类的个体。它与存在多少这样的个体无关，与哪些个体具有所讨论的特征也无关。这个解释的要点仅仅是告诉我们，某些东西是如何无中生有地出现的。因此，现在我们是在解释变异型的最初出现，当我们作出一个分布解释的时候，我们把这些变异型视为当然的东西。①

　　自然选择在分布解释中可能很重要，这是显而易见的。选择在起源解释中也扮演着一个关键性的角色，这却不那么显而易见。在一种近似的或直接的意义上，新的变异型是通过像突变或重组这样的过程而进入一个演化脉络的。与对已经存在的事物

43

①　这个术语表修改自卡伦·尼安德(Neander 1995)的术语表。尼安德在与艾略特·索伯(Sober 1984,1995)争论自然选择能够解释什么时，区分了"创造"解释和"持存"解释。索伯否认了，自然选择能够解释个体的特性。尼安德则认为，选择可以被纳入对一个单独性状的最初"创造"的解释，它重塑了突变出现的背景，索伯则似乎排除了这一点。

我扩展了尼安德的这两个概念，并重新命名了它们。对所有种类分布事实的解释要比对"存留"的解释更宽泛。尼安德把她对"创造"解释的处理与基因包含性状的"程序"这个思想联系在了一起，这是没有必要的。除了这些细节，我同意尼安德的核心论证。(关于精细化的论证，以及对这场争论的回顾，也请见 Forber 2005。)

进行分类相关的选择可以以某种方式产生新的事物,这么说可能听起来有些奇怪。但自然选择可以以某种方式重新塑造一个种群,使一个既定的变异型更有可能通过直接的变异来源,而非通过别的方式得以产生。选择是通过以下方式做到这一点的:它在通向某个新的常见(而非少见)特征的道路上造成诸多中间阶段,从而就增加了一个给定的突变事件(或类似事件)足以产生所讨论特征的方式的数量。某些种类的新事物可以无需经由选择而很容易地通过演化过程而产生出来,但另一些种类的新事物——复杂的适应结构——却不能够通过这样的演化过程而产生出来。

分布解释和起源解释之间的区别将用以使典范的达尔文主义过程精确化。当选择被纳入起源解释的时候,有比最小概念所确定的更多东西在发生。这不是说,分布解释是肤浅的——它们有许多根本就不肤浅。分布解释是那些选择在其中扮演了一个角色的演化解释的一部分。不过,复杂的新结构的产生是显著的达尔文主义过程的一个标志。

这也是达尔文主义最有争议的部分之一。创造论者和其他极端反达尔文主义者在许多情况下会承认,选择在各种分布解释中扮演了一个角色。不过,他们会坚持认为,这就是故事的全部;自然选择所做的仅仅是,对预先存在的东西进行挑选。(请见Pennock 2001。)更引人注目的达尔文主义主张是,选择和产生了变异的随机或无方向过程相配合,可以产生一些复杂的新东西。正如斯蒂芬·杰·古尔德所说(1976,2002),有争议的主张是,自然选择创造了适应,也保存了它们。

到目前为止,我已经处理了典范事例和边缘事例(等等)之间的关系,我把它们视为一类概念。不过,需要做的更有教益的事情是,构造那个概念家族,确立其元素之间的关系。在空间表征形式的帮助下,可以做到这一点。我的想法是,选出一系列可以被量化表征的特点。每一个特点都对应空间的一个维度。一个种群根据它某个时候在每个维度上所得的数值,占据空间中的一个点。这样,我们就可以问,例如,典范事例是否聚集在了空间的一个部分,边缘事例是否聚集在了空间的另一部分。最小标准应该是挑选出了空间的一个巨大区域,覆盖了典范事例,并逐渐变为边缘事例。然而,一旦我们有了空间中的这套关系,特定范畴(典范的、最小的、边缘的)的重要性就会消失。给空间中的重要区域贴上标签,这很有用,但这些区域之间的边界区将会变得模糊,变得局部任意。

44

因此,通过本章,我将挑出一些特点作为维度,给每个特点一个符号(H、V、C 等等),然后讨论这些特征如何能够——压缩了很多细节——用一个单一的数值来表征。这使得我们有可能用空间术语来概括一些讨论。

3.2 变异和遗传

可靠的继承和"误差灾变";颗粒继承;弗利明·詹金的消息;重访复制子。

首先,我将考察两个因素,它们的重要性显而易见,并且也得到了很多讨论:遗传的可靠性(the reliability of heredity)和变异的提供(the supply of variation)。这一节将包括一些我们熟悉的信息(对它们我将迅速地揭过),还有一些重新思考和重新整合。

有着高保真继承系统的演化过程不同于遗传在其中是杂乱、不可靠的那些演化过程。在前文中,我强调的是比较亲代—后代相似性的尺度。不考虑种群在多大程度上可变,也不考虑亲代和后代倾向于有多大程度的不同,一个亲代的状态在一定程度上可以预期后代的状况吗? 这关乎适应度差异是否会产生变化。不过,现在,我们关心的是绝对的可靠性。当继承在绝对的意义上是非常不可靠的时候,那么,一轮演化的产物就会倾向于在下一轮演化中消失,它们也不会在之后再次出现。结果是,"积累"变化的可能性微乎其微,因为,演化过程包含着对现存结构的细微修改的连续增加。

这个事实对生命起源解释带来了一些有趣的问题(Eigen and Schuster 1979; Ridley 2000)。早期生命模型里的"误差灾变"(error catastrophe)来自以下事实:在一个继承系统能够变得合理地可靠之前,需要生物上的许多复杂性。然而,那些复杂性必定本身是通过自然选择而演化出来的。它如何能够演化出可靠地继承它自己所需要的那个机制? 高保真的遗传需要协调的、精细的化学作用,但这样的作用所需要的酶倘若没有出现高保真的遗传,是不可能演化出来的。这里需要一个精致的自举过程(a delicate boot-strapping process)。

性别的存在也使这个故事复杂化了。当每个个体只有一个亲代时,对继承"可靠性"的讨论是简单的。然而,如果一个个体有两个在某个性状上不一样的亲代,那它就只能够与它们中的一个非常相像。每个生殖事件的"输入"都是一对个体,尽管产出的是单个的个体。在这种情况下,后代可能只类似于一个亲代(例如一个个体自身的性别),也可能是亲代值的混合或平均,还可能完全是另外的东西。

45   在这一点上,基因机制的某些特点变得重要起来。正如通常所说,显著的演化过程依赖于离散元素的继承——依赖于"颗粒"继承("particulate" inheritance, Fisher 1930)。基因高保真地在世代间传递,但它们笨拙地不断产生新的结合。突变产生了新的基因,但出现突变的背景则是非常忠实的复制、对早先演化过程中的那些协调良好的产物的保存。这个事实并不是直接可见的,因为,在像我们这样的一个有性种群里,所有个体都包含着独一无二的基因组合。因此,由于性别,像我们自己这样的种群在生物体层面的继承可靠性就很低,但在基因层面的继承可靠性却很高。

    我假定,这个说明的核心是对的,但让我们进一步考虑一些细节。首先,我反对如下想法,即作为有性生物体的我们是该意义上的低保真的继承者。可靠的基因拷贝伴随着生物体层面继承上的杂乱,这种情况是有可能的——事实上,这就是在制造误差灾变。但在保存着演化塑造出来的基本架构的人类种群这里,不存在任何问题。我们作为生物体,有着相当可靠的遗传,虽然这种遗传和倘若我们克隆我们自己或我们种群时相比不那么可靠,也更加复杂,后者的遗传变异更少。我们不是天上的云或沙漠里的沙尘暴,不是由基因拼凑在一起的摇摇欲坠的瞬态,在我们种群里,诸特征通过性别呈现为可靠保存、消失和重获的混合,在某些事例中呈现出幸运的、不可重复的模样。遗传物质片段的最可靠拷贝是获得这些生物体层面属性的机制的一部分；此外，既有忠实的低层基因拷贝和精确的蛋白质合成，但这又没有生成整个生物体，这样的遗传模式在像我们这样的种群里可以看到。

下面是证明这一点的另一个方式。当人们强调"颗粒"遗传所扮演的角色时，常常会说到一个异议，它是由一位名叫弗利明·詹金（Fleeming Jenkin）的苏格兰工程师在 1867 年反对达尔文的理论时提出的。詹金提出，在达尔文关于诸性状如何在有性生殖中"混合起来"的诸多假设的前提下，由自然选择导致的演化最终会失去势头。该论证的要点通常关乎混合遗传中出现的"变异消失"。下面这段话就是詹金对他的观点引人注目的种族主义阐述：

假设一个白人漂流到了一个居住着黑人的岛上，他与一个强大的部落建立了友好的关系，并且已经熟悉了他们的风俗。假设他拥有主流白人强壮的体力、精力和能力，假设这个岛屿的食物和气候与他的体格相适宜；赋予他我们能够想到的一个白人相对于土著人的一切优势；我们承认，在生存斗争中他长命的机会要远远大于土著首领；然而，即便这一切都成立，我们也无法推论出，在有限或无限世代之后，这个岛上的居民将会是白人。我们的海难英雄或许会成为国王；他会在生存斗争中杀死很多黑人；他会有很多妻子和孩子，而他的很多臣民则会至死都是光棍；一个保险公司承保他生命的保费或许会是他们最欢迎的黑人投保人保费的十分之一。我们这个白人的诸多特质当然会强烈地趋于令他高寿，

46

但他还不足以在无论多少世代后把他的臣民的后代变成白人。我们可以说,白肤色不是优越性的原因。的确如此,但我们可以简单地用它来展示,在人数众多的群体中,属于一个个体的特质必定会逐渐消失。在第一代,会有几十个聪明的黑白混血青年,他们的平均智力远高于黑人。我们可以预期,在一些世代里登上王座的会是一个多少有着黄色皮肤的国王;但会有人相信,整个岛屿会逐渐得到一个白色,甚至黄色皮肤的种群吗?会有人相信,岛民们会获得精力、勇气、机制、耐心、自控、坚韧等等特质(我们的英雄就是凭着这些特质杀死了岛民们的众多先人,当上了众多孩子的父亲)吗?会有人相信,生存斗争事实上会选择出——如果它能够选择什么的话——那些特质吗?(1867:155—156)

詹金的例子在此关注的不是变异的消失——他可以补充说,新的变异型会不断地产生,而无需改变他的主要观点。困扰詹金的是,一个特殊的受偏好的表型一旦被性别分解了,就会衰退。② 于是,现代达尔文主义者的主要回应就不是说,存在着某个较低的层次,在这个层次上某个东西作为一个单元得到遗传,并且尽管有性别也永远不会消失。主要的回应是指出整个生物体层面的一个令人惊讶的事实。这就是,正如一个"白人"和一个"黑人"可能在种群里通过孟德尔遗传产生一个"黑白混血人",两个"黑白混血人"也可能结合在一起产生一个"白人"。这个事实在基因

---

② 关于把遗传和变异的稳定保留结合起来的形式化模型,请见 Boyd and Richerson (1995)。詹金在上述引文之前也认为,甚至一个高度受偏好的新性状也有可能因坏运气而消失。这里他举的例子不是上述引文里的例子,而是一只野兔的挖掘行为。

和减数分裂的特点中存在着一个机械论的基础,但这个事实是关于整个生物体层面的遗传的。

我正在做的是,把我们考虑的达尔文主义种群里的遗传模式(无论它是什么)从关于那些模式的机械论基础的事实中分离出来。在有些事例中,这个基础包含着另一个达尔文主义种群在一个较低层次上的活动。不过,在 n 层面的演化模式是在 n 层面的继承模式的结果,而导致那些模式的 $n-1$ 层面的机制的本质,则是一个独立的东西。

根据上文的讨论,让我们再看看复制子。我在上一章说过,复制子对于由自然选择导致的变化来说不是必需的。我继而指出,复制子观点的支持者可能会说,尽管这严格说来是真的,但演化要产生任何显著的东西,就得需要复制子。梅纳德·史密斯和塞兹莫利(1995)提出了这种论证。特别地,他们认为,在显著演化的产生中,关键的因素是无限遗传的复制子的存在,它们以细微的变异传递着,它们也能够以相当众多的形式存在。他们认为,地球上有几种事物能够扮演这样一个角色。一个例子是可以通过模板过程(template processes)复制的分子,另一个例子是某些种类的文化传播的结构。大致说来,地球上的这两类无限遗传的复制子分别被发现于核酸和人类语言中。

目前,我将专注于核酸。像复制这样的东西是非常重要的生物过程,这是毫无疑问的。我说的复制和道金斯以及其他一些人说的是一个意思:在像 DNA 这样的分子里发现的高保真拷贝。如果存在复制,那么,至少在低调的意义上就一定存在复制子——被复制的东西。但到目前为止,这仅仅意味着 DNA 片段

47

被复制了。这些片段可能有着各种各样的长度，没有特殊的边界，在任何显著演化的意义上也无需是离散的单元。换个说法，我们已经知道，遗传物质的复制是极其重要的。遗传物质的片段是得到了可靠拷贝的，它们通过性混合形成新的结合体。但一个人即便接受了这些过程的重要性，也依然可以不承认复制子是演化的单元——不承认存在着这样的东西，更不要说承认它们是重要的东西。后面有一章会讨论上述承认的性质。

到本节目前为止，我已经强调了，继承需要可靠性。不过，如果遗传是完美的，就不会有新变异的来源。一个种群若没有不间断的变异来源，是不能够有什么作为的。在生物学的脉络中，这基本上不是个问题，但在某些种类的文化演化中，它可能就是个问题，原则观点是重要的。一个典范的达尔文主义种群有着可靠的继承机制，但它又不是太可靠。

在本节的结尾，我想指出一些关于演化的进一步观点，其他人（例如，Amundson 1989; Sterelny 2001; Gould 2002）已经清楚地讨论了它们。通过自然选择导致的演化的典范事例不仅需要"变异"，还需要特殊种类的变异。如果所有可得的变异都包含着表型可能性空间中的巨大跳跃，那么，积累的选择就会再次是不可能的。至少，某些变异必须是幅度上细微的。它还需要探索生物体目前状态的许多不同方向；它不能够过于"偏向"（biased）。近来的讨论也考察了提供变异所具有的另一个特点。列万廷（1985）提出，显著的适应演化需要性状的"准独立性"（quasi-independence）；一个生物体的不同特征不能是紧密耦合的（一个特点的变化意味着许多特点的变化）。特性 X 的变异应该要有各种各样的因果路径,只有一部分包含着从 X 到 Y 和 Z 的关联变化。现在,这常常与生物体组织的一种"模块化"(modularity, Schlosser and Wagner 2004)联系在一起,也与诸如基因活动的间接性——把一个基因与它的表型结果联系起来的那个长长的、可多样修改的因果链条(Kirschner and Gerhardt 1998)——这样的特点联系在一起。

我们还可以用很多方式来表示变异的"丰富性"或它在演化上的重要性。虽然如此,我在这里将只引入一个符号来作为一个种群中变异的简单尺度;我将用"V"来表示在某个时候出现的变异的数量。"H"这个参数则被用来标示可靠的继承和不可靠的继承之间的区分。

3.3 起源解释和生存斗争

生存斗争;当集合体形成种群;性别和竞争;起源解释和绝对的规模。

达尔文对自然选择的描述与许多现代概括(包括我的"最小概念")之间存在着一个值得注意的区别,这就是,现代概括不再包括"生存斗争"。我们已经不再讨论资源的稀缺和多于可能存活数量的后代的产生。复制子框架的许多介绍也省略了这个思想。为什么会这样? 现代的作者们通常认为,一旦我们抽象地思考,生存斗争对于自然选择来说就不是根本性的了。例如,列万廷在 1970 年讨论他的概括时就主张,"生物体之间为了稀缺资源的竞争不是论证的不可或缺的部分。甚至两个菌株在营养过度的环境中成对数(logarithmically)增长的时候,如果它们有着不同的分裂时间,自然选择也可以发生"(1970: 1;也请见 Lewens 2007: 60)。

我们可以看到抽掉这个要素的理由,但它造成了许多直接的难题。继续来看列万廷的例子:如果说,一个培养皿里以不同速度分裂的两个菌株形成了一个通过自然选择而发生着变化的种群,那么,如果这两个菌株在不同的培养皿里呢? 如果第二个培养皿在城镇的另一端呢?

所以,细菌的例子揭示了一个更加一般的问题。我们习惯于在变化着的种群边界已经以某种独立的方式被标示出来的脉络中去考虑自然选择。许多讨论都把这个边界的设定当成了理所当然的东西。③ 在第 2 章,当我引入最小概念的时候,我列入了一个要求,即达尔文主义种群里的实体要与一个普遍的因果网络相关联。显然,这么说还远远不够。它或许足以排除某些极端的事例,但它看起来既模糊又太包容。例如,根据这个标准,不同物种的生物体可以被包括进同一个达尔文主义种群。

我的进路是,继续对最小概念保持宽容的态度,但把这个问题看作指明了把典范的达尔文主义种群与别的达尔文主义种群区别开来的另一个特点。发生了典范达尔文主义过程的种群以特定的方式紧紧"黏合"(glued)成了自然的单元。这与下述思想是相容的:最小的达尔文主义标准也可以适用于捆绑很弱的集合体。

我将讨论两个扮演了捆绑角色的因素,我不是在声称,它们

---

③ 例外包括 Sober and Lewontin (1982),以及 Darden and Cain (1989)。

就是全部的因素。第一个是许多生物学家都会立刻引用的：性别。个体被捆绑于一个真正的种群内的方式之一就是通过一种有性生殖的模式。第二个因素是生态的因素。许多生态的因素在此都是相关的，但我将集中考察在达尔文主义的脉络中特别重要的一个因素：生殖竞争。为了使这些标准变得生动，我将更详细地考察起源解释。

我先来重述关于达尔文主义的一个旧问题。一方面，似乎自然选择是一个完全消极的东西——一台过滤器或一台收割机。选择只能够偏好某些既存的实体，不能够把任何新的东西带进世界。另一方面，对于达尔文主义解释新的、复杂的、无需智能照管的生物结构的起源来说，自然选择又被认为是必不可少的东西。选择的"消极"特征是如何能够做到这一点的呢？或许有人会回复说，答案是，要着眼于长时段。然而，把众多的消减或过滤放在一起，就能够导致这个"积极的"角色么？

要解决这个问题，我们需要把选择考虑为一个包裹中的一个元素，这个包裹包括了直接的、相近的新变异来源。这样，我们就注意到，当存在选择的时候，以及当不存在选择的时候，这些变异来源能够带来什么。

我将设定一个框架，在这个框架里只有标准的遗传机制在活动。在这个脉络中，"直接的"新变异来源是突变（mutation）、重组（recombination），以及新性状的承载者从外部的迁徙（migration）。让我们集中考察突变。突变引发新的基因变异；但突变是从既存的基因型中引发出这些变异的，并把它们带入一个脉络中，这个脉络还包含着别的基因型特点和表型特点。这两个事实是选择扮演"创造"角色的关键;选择塑造种群的方式是,使得基因和性状的结合变得更有可能出现,倘若通过间接的变异来源,这些结合是不大可能出现的。它是通过改变新的突变出现于其中的种群层面的背景来做到这一点的。④ 研究文献里包含了许多这样的例子(尤其请见 Dawkins 1986);这里我将举一个非常简单的例子。

要确立人的眼睛的基因型,就要把许多等位基因放在一起,它们每一个最初都是局部突变过程的产物。(这里,我忽略了人类当中眼睛基因的变异。)考虑一个遗传物质的集合 Y,只要基因在活动,那么,产生一只人眼所需要的一切,这个 Y 都具有,除了最后一个突变。这样,如果新的变异 M 出现在了 Y 里,人眼的演化就最终完成了。最初,Y 在种群里很稀少——它是从另一个前体产生出 Y 的单独突变事件的产物。选择能够让眼睛更有可能通过使背景 Y 变得更常见而出现。这增加了独立"插槽"的数量,这些插槽里的一个单独的关键突变事件给了我们眼睛。

因此,选择通过改变变异的"相近"来源活动的背景而影响了新性状的产生。我这里的例子只关注一个单独的突变事件,但这是一个积累演化事例的片段,它通常遍布许多这样的步骤。这就是一个看起来"消极的"过程如何能够对眼睛和大脑的起源来说是根本性的原因。本章前文援引了古尔德的一个说法,即自然选

---

④ 莱斯曼(Reisman 2005)表明,这些论证低估了情况。这个争论中的文献假定了一个非常简单的突变图景——只包括了点突变(point mutation),并把所有的转换概率(transition probability)看作同等的。然而,在有些种类的突变中,遗传背景强烈地影响了新配置的出现,例如染色体倒位(inversion)和基因重复(gene duplication)事件。现存的基因后果还会对突变概率有其他各种精微的影响。

择"创造了适应",也保存了它们,他的意思就是这个。

不过让我们更细致地考察这个故事。我说过,产生眼睛的遗传基础的可能性是通过"选择"而得到提升的。选择被说成是通过改变突变出现于其中的一系列背景,从而使得各种性状的组合更有可能出现的。然而,严格说来,这里的关键是改变背景的绝对数量,这些背景是会产生某个重要东西的下一个突变的正确类型。出现眼睛的概率的提高,依赖于合适"插槽"的绝对数量,而不是依赖于这些插槽相较于不合适插槽的相对数量。不过,选择本身通常被看作改变了一个种群里的相对数量;绝对数量被剔除出去了(Millstein 2006)。

对这些起源事件来说,重要的是绝对数量。鉴于此,选择只有在影响了绝对数量的时候,它在起源解释中才是重要的。通常,它的确影响了绝对数量。但这两者可以分开。我说过,如果 Y 是一个离人眼所需的遗传要求只有一步之遥的变异,那么,选择可以通过使 Y 更常见而更有可能产生眼睛。然而,原则上,我们可以通过增加合适的 Y 承担者相较于不合适的 Y* 的相对数量,也可以通过同时增加 Y 和 Y* 的数量,来使得眼睛更有可能产生。全局性的种群增长在这个脉络中和选择一样好,实际上,前者甚至要更好一些。全局性的种群增长通常是一个非常暂时的过程,但它不影响这个最初的观点。

类似地,对 Y 的选择也可以以多种方式降低眼睛产生的概率。我们先假设一个既有 Y 事例也有 Y* 事例的种群,然后再引入选择。Y 做得比 Y* 更好,不过选择的形式在此是,Y 的事例要比上面讨论的情况中更少。Y 相较于 Y* 来说虽然已经变得更常见,但就绝对数量来说却更加不常见。这样,偏好 Y 的选择在原则上就可能降低演化出眼睛的概率。类似地,引入一个 Y 在其中针对性地被选择出来的新制度,这与增加 Y 的实例的绝对数量是一致的。

我现在把这些观点与上文的"生存斗争"联系起来。演化包含着竞争。但竞争既可以在很弱的意义上,也可以在很强的意义上被理解。假设我有两个后代,你有一个;我的后代比你多。但我有两个后代而不是一个后代,这就阻止了你有两个后代而不是一个。该情况有可能成立,也有可能不成立。我的绝对适应度和你的绝对适应度之间可能有一种依存关系,也可能没有,这样,我填充了的下一代的那个插槽,乃是你没有填充的插槽。当我们有强意义上的竞争关系时,每个个体的后代数量之间就存在一个因果依存关系。这样,如果我在选择下是成功的,这就不仅意味着我的后代数量比你的后代数量多,还意味着我的后代数量要比选择不偏好我的时候的后代数量更多。

"胜者"能够产生比在其他情况下更多的绝对数量,仅仅在这个意义上,诸类型之间的竞争才是重要的。⑤ 这里的关键关系通常不是演化模型所关注的东西,不过,这个正确的概念出现在了生态学的模型中,它的符号通常是 α_{ij}。假设有两个种群在增长。一个种群随着增长,有可能会降低它进一步增长的速度(或许是由

---

⑤ 纳内(Nanay 2005)论证了有限资源和选择的解释角色之间的另一个不同的联系。他认为,当(且仅当)资源是有限的时候,类型 A 的个体在时刻 t 之前的世代中的成功,为类型 A 出生于时刻 t 的新个体创造了更多的机会。这个论证没有包括突变所扮演的角色,只是包括了存留所扮演的角色。对此观点的批评,请见施特格曼(Stegmann,即出)。

于拥挤）；这是"依赖于密度的"种群增长（"density-dependent population growth"）。但一个种群的增长也可能会影响另一个种群的增长速度。α_{ij}这个符号表征的是种群 i 增加一个个体对种群 j 造成的影响。当 α_{ij} 和 α_{ji} 都是 0 的时候，两个种群之间没有相互作用。当两者都是 1 的时候，j 种群增加一个个体对 i 种群造成的影响就等于 i 种群增加一个个体对 j 种群造成的影响，反之亦然。出现其他值和不对称也是有可能的。

　　参数 α 通常表征两个种群通过竞争被绑在一起的程度。我借用了这个思考方式以及相关的符号，在此把它们用于一个种群内部。我将把 α 看作衡量一个种群内部个体之间生殖竞争程度的标尺——增加一个个体的生殖成功在多大程度上会降低另一个个体的生殖成功。很显然，一个种群里的所有对比在这一方面并非都一样。（例如，交配［mates］是一个特别的事例。）但我认为，由自然选择导致的演化的典范事例出现于 α 接近于 1 的种群中。

　　这样，强意义上的竞争在我的讨论中就扮演了两个角色。第一，它在起源解释中扮演了一个角色。假设我们挑选出两种类型的生物体，它们在同一个培养皿里或在世界上的不同地方，彼此之间没有因果关联，我们追踪它们的相对生殖速度。这两个速度之间的关系并不影响任何起源解释。当我们挑选出两种类型的生物体，它们为了某个单一的资源而在竞争着，第一种类型相对于第二种类型做得好还是坏，这个事实就会影响到第一种类型在绝对的意义上做得有多好，因此，它们的竞争的确影响到了起源解释。

第二,这样,我们可以看到,当生殖着事物的一个集合体形成了一个确定的达尔文主义种群时,竞争就是与产物数量相关的。性别给了我们关于这个问题的一个答案,但不是所有生物体都是有性的。无性生物体事例中的分类和分组有很多难题。我不认为诉诸竞争可以解决所有这些难题,但它的确有帮助。当我们考虑种群时,一般的生态学是一个"黏合的"(glueing)因素,但竞争是一个特别达尔文主义的黏合剂(Ghiselin 1974; Templeton 1989)。⑥ 这里讨论的这两种黏合剂之间还有一个更深入的关联:性别在起源解释本身中扮演着一个重要的角色,因为,性别使出现在两个分离世系之中的性状能够被整合进某个单一的生物体(Muller 1932)。

对达尔文主义种群中的"因果关联"的含糊讨论现在通过讲清楚最相关的互动模式,已经变得更加明确了。这样,一个物种里就可以发现许多典范的事例。不过,基本的达尔文主义概念可以得到更加广泛的应用。它们必定能够得到更加广泛的应用,因为,许多生命与物种这个概念的关系都不稳定(Franklin 2007; O'Malley and Dupré 2007)。这里的标准表明了,为什么物种边界不清楚或明确跨界的一些事例依然能够表现得像典范事例。

关联性要衰减到什么程度,从而诸事物的一个集合不再被视为根本上形成了一个达尔文主义种群? 存在着一个向着边缘事

---

⑥ 在此,生态属性把生物体"捆绑"进一个种群的方式与"人口统计学的可交换性"(demographic exchangability)这个概念有关,坦普尔顿(Templetm 1989)把这个概念用作他的物种的"凝聚"(cohesion)观点的一部分。区别是,坦普尔顿的概念针对的是特殊的问题,它仅仅依赖于生物体的"内在生态容量"(intrinsic ecological tolerances),而不依赖于它们的位置以及现实的互动模式。相比之下,这里使用的概念的应用受到了生物体生活处所的影响,也受到了它们模样的影响(请见细菌培养皿的例子)。

例的逐渐改变,而不是一个截然的界限。我们在标尺的"更好"一段也可以发现渐变(gradations)。部分隔绝的两个次级种群能否被看作一个单一的演化单元,这有时候是不清楚的。我们也可能想知道,如果我们异乎寻常地划下宽泛或狭窄的种群界限,这对分析会有什么影响。当划分界限的方式排除了一个种群的相关成员,或囊括了最好被视为局外者的生物体时,其结果就是一个不怎么典范的集合体。例如,当某些关键性的事件看起来是"私下"(off-stage)发生着的时候,就表明了这一点。这标志着界限划得太狭窄了。

3.4　适应度和内在特征

生殖差异对内在特性的依赖;在显著演化过程中所扮演的角色;体细胞。

接下来介绍的因素更加新颖。这个特点将会符号化为 S,它表示一个种群里生殖结果上的差异依赖于种群成员的内在特点(相对于外在特征)的程度。

"内在的"(intrinsic)这个术语在哲学上是有争议的,但主要的思想是简单的,我将假设它是可以使用的。一个事物的内在特点是不依赖于其他事物的存在和排列的东西(Langton and Lewis 1998, Weatherson 2005)。事物的内在属性的一个例子是它的化学组成。外在特点则依赖于其他事物的存在和布局;外在特征的例子有:位置,与某人的表亲关系。因此,大致说来,外在属性是关系属性,不过,有些特别的事例使得"外在的"(extrinsic)这个术语优于"关系的"（relational）这个术语。在历史上，内在属性常常被认为比外在属性更加实在或更加自然。我认为这个思想是完全错误的，不过，我们可以抛弃这个思想而保留区分本身。

S 在这里扮演了多个角色。第一，它为我对典范达尔文主义过程的说明提供了另一个组块。第二，它将是前面承诺的对选择和漂变之间关系的非正统处理的一个部分。第三，*S* 在我对选择的层次和演化转型的讨论中也将扮演一个角色。所以，这个概念把几个问题关联在了一起。

这三个角色里的前两个可以通过一个使用了一个众所周知的例子的思想实验来介绍。假设有一个种群生活在一个决定论的世界里，这样，种群里所有的生和死就有完整的原因。结果是，为什么 *a* 类型任何个体的后代都要比 *b* 类型任何个体的后代多，对此就会有一个完整的（常常是复杂的）因果解释。想象我们搜集了对一段时间内种群里的生殖相似和差异的全部解释。这个解释将会包括个体的内在特点所扮演的某个角色，以及它们环境的特点所扮演的某个角色。不过，所有的事例在诸因素的分解上并不都是同样的。种群里生殖上的差异可能主要是由于生物体的内在特点。或者，种群里的那些内在特点扮演的角色微不足道，而外在因素才倾向于决定差异。

下面就是后一种情况的一个实例。想象两个非常相似的个体，一个个体有着漫长而旺盛的生殖生涯，另一个个体则在生殖之前就遭到了雷击。这里的生殖差异主要是基于外在的因素——在这里，两个个体与雷击有关系。虽然我刚刚说过，两个个体是"相似的"，这意味着它们是内在地相似的。它们在外在属性上是不同的(这就是为什么一个死于雷击,另一个活了下来)。
这是 S 所表征的那类事物;我们关注的差异是,由于雷击而导致
的 a 比 b 生殖得多,以及由于 b 具有某种遗传疾病而导致的 a 比
b 生殖得多这两者之间的差异。用适应度的语言来说,S 是种群
里"现实的"适应度差异与内在属性之间的关联程度。它们永远
都不会完全归因于内在特性,但这里的归因程度存在一个区别。
当生殖结果主要依赖于诸如位置——依赖于谁在恰当的时间位
于恰当的地方——而这些外在的差异又不是其他内在特征的产
物时,S 值就会很低。

　　这个观念不是说,高 S 值事例发生在某种真空之中。环境以
及种群的状态共同决定了,哪些内在的特征值得具备,哪些不值
得具备。再一次地,两种情况的区别在于,一种情况是,给定一个
环境情境,内在的特征造成了差异;另一种情况是,给定一个环境
情境,内在的特征没有造成差异。例如,成功是由于伪装(camou-
flage)或好的交配鸣叫(mating call),这算作高 S 值,虽然究竟什
么才算是伪装或好的交配鸣叫,则依赖于不同情境。

　　选择"S"这个符号是出于几个理由。它对于生物学家们来说
是一个与适应度相关的符号,但它也令人想起随附性(superve-
nience)这个哲学概念。"当没有哪两个东西在属性集合 Y 上能
够区别开来,而又不是在属性集合 X 上也能够区别开来的时候,
属性集合 Y 就随附于属性集合 X。用标语的形式说就是,'不可
能有 Y 属性的差异却没有 X 属性的差异'。"(McLaughlin and
Bennett 2005,符号做了改动)内在的和外在的这两者之间的区别
在对随附性的讨论中常常非常重要。这里,S 衡量的是,在生殖成

功上造成差异的东西在多大程度上大致地随附在种群成员的内在特征之上。（如果随附看起来是可疑的，那就转而想想依赖性。）

S是衡量一个种群里的变化在多大程度上具有典范的达尔文主义特征的一个标尺。在两个极端的事例和更加中间性的事例里都可以看到这一点。先来看极端的事例，涉及雷击的那个例子是对通过"漂变"导致的变化的一个标准展示。不过，在非极端的事例中也可以看到 S 所扮演的角色。这部分同 S 与发生着变异和遗传的过程之间的相互作用有关。再一次地，位置成为一个很好的例证。乍看起来，继承一个东西的位置似乎是不可能的。如果是这样的话，位置上的差异在达尔文主义过程中就不可能构成变异的一个来源。然而，在与这里相关的继承的意义上，继承你的位置是有可能的（Odling-Smee et al. 2003; Mameli 2004）。亲代和后代在它们的位置上常常是有关联的。继承一个高适应度的位置是有可能的；一棵树可以从另一棵树那里继承位处山的向阳面的特征。不过，这个继承的变异的重要性是有限的。一个种群可以近乎字面意义地"探索"（explore）一个物理空间，如果位置是可遗传的，并且与适应度联系在一起的话。它可以沿着环境品质的梯度移动；它可以登上山峰，或是居于水边。但就生殖成功是由位置本身决定的而言，它不是由那些个体所具有的内在特点所决定的。如果外在特点对实现适应度来说是最重要的东西——如果内在特点不那么重要——那最有可能发生的就是物理上的漫游了。

突变和重组使得一个种群能够"搜索"（search，更加隐喻性地)基因属性和表型属性的一个可能空间。突变过程微妙地改变了内在特征,突变变化的某些次序导致了一些全新种类的生物组织。但这只有在这些可遗传的内在差异的确导致了生殖差异的时候才会发挥作用。

因此,内在属性的演化角色不同于外在属性的演化角色,除非外在属性是内在属性的后果(例如偏好[preferences])。再一次地,说这个并不是要否认,环境属性在演化中(不论以明显的方式还是以不明显的方式都)很重要。明显的方式是生态的方式。不明显的方式包括环境变化在通过对生物体的"塑性"响应而产生新的生物形式的时候所扮演的角色,以及在揭示先前隐蔽的基因变异的时候所扮演的角色(Schlichting and Pigliucci 1998; West-Eberhardt 2003)。

在此我将讨论 S 所扮演角色的另一个例证,并由之引出主题。考虑你身体里的细胞。细胞通过分裂再生着。它们在分裂的时候也改变和继承了许多特点。此外,有些细胞再生的速度要比其他细胞再生的速度更快,有些细胞则根本就不分裂。这样,我们就会预期,当一个细胞获得了一个会导致更快分裂速度的特点时,那种类型的细胞在你的身体里会变得更加常见。这是对无性生殖的实体和可靠继承的通常的达尔文主义预期。然而,只有在突变或类似突变的过程能够产生具有这般能力的变异型的时候——某些可遗传的属性使它分裂得更快的时候,这样一个过程才可能发生。当这些变异型真的出现的时候,在极端的情况下,结果就是我们所谓的癌症。

一旦我们把我们的细胞考虑为一个达尔文主义种群,令我们

56

惊讶的是,这种情况的发生是那么少。罕见部分是因为,你身体里的细胞是从一个统一的基因型(受精卵)分裂而来的,它们几乎没有时间通过突变探索可能性空间;部分是因为,细胞会在能够修复突变的时候修复它们。这两个因素抑制了变异。不过,还有另一个因素抑制了 S。决定一个细胞是否分裂的,主要是它在与其他细胞的关系中所处的地位,这些事物用信号淹没它,控制它的营养,在它活动异常的时候干扰它。细胞的适应度与其内在特征的联系并不密切。这一点的最重要体现就是"生殖系"细胞(卵子和精子的前体)和"体"(somatic)细胞(你身体里其他所有细胞)这两者的适应度在长时段上的巨大差异。生殖系范围之外的细胞能够在数个世代中赢得一个达尔文主义的竞争,但仅仅是在几个世代中。正如人们常说的,体细胞在原则上演化到头了。而特殊的生殖系细胞虽然有可能在事实上演化到头,但地球上的所有人都来自没有到头的生殖系细胞。在同一个人体内,成功的生殖系细胞和体细胞之间的这个巨大的生殖差异不是出于两者的内在特征。它主要是位置的问题。你肝脏里的细胞几乎完全不能做什么来改变它的内在特征,从而给它一个更长远的演化未来。⑦ 如果它突变为一个不同的基因序列并繁殖,这可能会带给它几个世代的后代,否则的话它是不会有这些后代的。但它能做的仅此而已。

我们的身体是由达尔文主义种群构成的,但这些种群的演化活动不是典范的达尔文主义种群。部分原因是如下事实,即由我

---

⑦ 几乎是如此。请见 Burt and Trivers(2006),特别是关于犬类生殖道肿瘤的论述。也请见袋獾肿瘤的例子(Perse and Swift 2006)。这些癌细胞已经成为可传染的。

们身体里这些重要的部分构成的种群有着很低的 S 值。这个特征是演化的产物。在其他生物体里则不一样。

3.5　连续性

57

引入 C；赖特、加夫里勒茨和适应度地形；热激蛋白。

　　我在本章要考察的最后一个特点已经得到了广泛讨论。我将用符号 C 来表示它，以代表列万廷（1985）使用的术语"连续性"（continuity）。当生物体表型的微小改变导致了其适应度的微小改变时，演化着的种群就展示出连续性。[8] 列万廷在引入它的同时还引入了一个相关条件——"准独立性"（quasi-independence），3.2 节讨论了后者。当一个生物体的特点能够相互之间相当独立地变化时，就存在准独立性。因此，准独立性与适应度无关，而与哪些变异是可能的有关。连续性关心的不是哪些变异是可能的，而是变化和表型之间的关系、变化和适应度之间的关系。列万廷提出，有力的演化过程既需要连续性，也需要准独立性。

　　我将根据"适应度地形"（fitness landscape）来讨论 C，虽然这不是根本性的。休厄尔·赖特（Wright 1932）引入了"地形"（landscapes）观念，它表示生物体的属性和适应度之间的关系。我们设想，有几个维度表征生物体（有时是种群）的属性，另有一

---

　　[8]　这里，我简化了列万廷的思想。他说，一个生物体表型的微小改变导致了它在机能以及与其环境的关系上的微小改变，这会包含对适应度的微小改变，此时就存在连续性。

个维度表征适应度,我们把它直观化为高度。这样,山峰(如果有的话)就相当于高适应度区域,山谷就相当于低适应度区域。这个地形可以用来表征遗传属性和它们的适应度或表型属性。无论怎样,当相似的生物体属性与相似的适应度值相关时,就有一个"平滑的"地形。随着平滑部分抬升为一座山峰或起伏的群山,就出现了适应度上的差异。当相似的生物体属性与不同的适应度值相关时,就有一个"崎岖的"地形,就产生了参差不齐的陡峭区域。

这个地形隐喻既充满了争议,也硕果累累(对此的回顾,请见 Pigliucci and Kaplan 2007)。在本书中,处理继承的方式通常没有假定基因的出现。因此,"适应度地形"描述的是个体的一般特征与适应度之间的关系,而不一定是遗传特征与适应度之间的关系。适应度地形的形状始终依赖于相邻的东西——依赖于算是"临近的"可能状态。一个地形要有一个特定的形状,就必须要存在有关相对接近和遥远诸如此类非任意的事实。当所有的个体特征(不只是遗传特征)被包括进来的时候,这就是一个很强的假设。不过,当这个假设有意义的时候,适应度地形的平滑度就对应于 C。

关于适应度地形上的平滑度的重要性,有一个标准的故事。一个有着良好变异来源和高保真遗传的演化过程,将会倾向于攀上地形中的山峰。种群不会倾向于就坐落在山峰之巅,而是在山巅周围形成一块云。登上的山峰不一定是那个地形中的最高峰,而是首先吸引种群的局部山峰。在一个崎岖的地形中,登上的山峰通常不是特别高的山峰,因为,地形中的许多地点对于较低的山峰来说都是关闭的,它们通向更高地方的道路被山谷阻隔了。没有特别的机制发挥作用(选择、迁移、漂变恰到比例的混合),一个种群就不能够通过一个山谷抵达其他山峰。

这个标准的故事现在以几种方式陷入了争议。加夫里勒茨(Gavrilets 2004)论证了,我们熟悉的、被可怜地卡在低矮山峰上的种群的演化"问题"(需要难以置信的微妙机制来改变它们),乃是以低维方式考虑变异的一个人工产物。如果我们现实主义地考虑现实生物体中变异的多维性,适应度地形上的所谓"山峰"就会倾向于通过跨接的山脊连接。加夫里勒茨并不是不同意由崎岖地形导致的演化阻碍在原则上的可能性;他不同意的是如下主张,这个问题常常会现实地出现。我在本书中对 C 的使用不需要偏袒那种争论中的哪一方。加夫里勒茨和其他人会同意,如果地形有许多真正孤立的山峰,那显著的适应演化就会更加困难。

对"地形"的讨论也暗示了一个种群所面临形势的固定性(fixity)。这是争议的另一个来源。如果我们仔细地使用这个观念,就可以得出如下思想,即随着生物体的演化,它们也能够改变种群在其上移动的那个地形。对有些人来说(对我不是如此),这使得对适应度地形的讨论变成永远都是误导人的。当然,这意味着,我们该小心地使用这个观念。

正如这里所理解的,我们无需通过地形隐喻来理解 C。我把它看作一个粗糙的标尺,用来衡量一个种群里相似的生物体在多大程度上有着相似的适应度。演化改变了一个种群的适应度地形,这个事实有助于引入一个我要强调的东西。C 对于一个处于特定环境中的特定种类的生物体来说,不是一个固定的生命特

点,而是会随着种群的演化而发生变化的。近来对各种生物体里
"热激"蛋白(特别是被称作 Hsp90 的蛋白)的研究,为此提供了
一个很好例证。

　　热激蛋白(heat-shock proteins)有助于细胞在不利的温度条件
下产生常规蛋白。因此,它们是对抗环境变异的缓冲器。不过,
研究发现,它们也是对抗某些种类的遗传变异所造成影响的缓冲
器。当正常的热激蛋白在诸如果蝇或芥蓝杂草(mustard weed)这
样的模式生物体(model organisms)*中缺失时,一系列通常不可
见的遗传变异就会以不正常的表型显露出来(Rutherford 2000)。
在热激蛋白存在的时候,有些突变不会引起戏剧性的后果,而在
热激蛋白不存在的时候,这些突变则会引起戏剧性的后果。因
此,一个完整的果蝇基因型能够产生正常模样的果蝇,在热激蛋
白缺失的时候,这个基因型就被许多细微的变异型包围了,它在
那种情况下就不能够产生一个正常模样的果蝇。用地形隐喻来
说,当热激蛋白缺失的时候,产生正常果蝇的基因型被许多深洞
包围着。当热激蛋白存在的时候,这些洞则被消除了。

　　因此,当诸如热激蛋白这样的细胞工具演化的时候,它们提
高了 C 值。很少有生物体是适应度低,但其微小变异型却是适应
度高的。当这样的装置缺失了,C 就被降低了。C 不是生命的一
个固定事实,而是一个演化可调的特点。

---

　　* 模式生物体是指受到广泛研究,人们对其有深入了解的生物体。从对这些生物体
的研究结果可以概括出一系列模型,并推广到其他领域。——译者

3.6　重思选择和漂变

漂变作为一种力量或一种对无知的反映；作为低 S 值低 C 值的漂移；重建种群规模所扮演的角色。

在本节，我将运用上面勾勒的思想重新考察选择和漂变之间的关系。我在上一章勾勒这两者的大致区别时曾承诺了这个讨论。

再说一遍，漂变是通过意外或偶然事件而随机出现的演化变化。它在演化论里常常被视为一个不同于自然选择的因素。在选择中，变化不是通过偶然事件发生的，而是作为某些生物体超出其他生物体的优势的后果发生的。

我将把关于这一区分的观点分为两类，其中一类观点远比另一类观点流行。我将把第一类观点视为"标准的"观点，它至少表面上接受上述情况。漂变本身被看作一个演化因素，客观上区别于选择。这第一类观点中有些把漂变看作一种"力"（Sober 1984）；另一些则把它看作一个原因而非真的是一种力（Stephens 2004）。最近有人提出，必须根据统计学术语而不是因果术语来理解漂变。漂变是一种演化过程中的"统计错误"（Walsh et al. 2002）。

或许有人认为，这些就似乎是所有的选项了，然而，上述观点都共有一个思想，即选择和漂变是演化过程的两种截然不同的特点——截然不同的演化"因素"（在这个术语的宽泛意义上）。第二类观点我将称之为"非正统的"观点，它否认这一区分刻画了自然中的任何真实的事物。相反，"漂变"必须被视为仅仅是一个用以描述以下事例的非正式标签,在这些事例里,鉴于我们不完善的知识和缩小了的观察点,生殖差异的原因看起来古怪而神秘。当我们认为,为什么种群里有些个体比其他个体后代多,对此存在着一个可识别的原因时,我们讨论"选择"。对于一个能够看到所有因果细节的人来说,不会存在任何差异,自然就用不着运用"因果"或"力"这些概念。(对此的讨论请见 Beatty 1984,对此的捍卫请见 Rosenberg 1994。)

对非正统观点的最有力论证一直是,标准观点是内在古怪的。相信漂变是一个截然不同的演化因素的人通常不会否认,一个种群里的所有生死都有原因。漂变的地位问题不会被认为取决于自然在物理层面是否是决定性的。我们可能会发现,生死所依据的有些因果过程要比其他一些过程更古怪,但我们能够据此就把漂变视为一个客观上不同于选择的因素吗?

对正统观点的最有力论证基于如下事实:存在着一个关于漂变如何活动的理论。漂变在小种群里非常重要,在大种群里则不那么重要。选择和漂变之间的关系可以被量化:如果说 s 衡量的是一个基因点位上不同(纯合子[homozygous])基因型之间的适应度差异程度,N_e 衡量的是种群的"有效规模"(effective size),那么,当 $4N_e s$ 远小于 1 的时候,漂变就比选择重要。我们甚至可以操纵(manipulate)漂变(Reisman and Fober 2005)。在一个受控选择试验中,我们通过操纵种群的规模,可以可靠地改变结果。因此,说对"漂变"的讨论仅仅反映了我们的无知的人得应付如下事实,即漂变至少真实到足以成为演化过程的可操纵部分。根据任何合理的标准,漂变本身难道还不足以成为一个因果因素？

我将提出一个看待此问题的不同方式。有些线索已经摆在了桌面上。在我对 S 的讨论中，我使用了一个包含着雷击的例子。当两个相似的个体之一由于受到雷击而没有生殖的时候，这就属于低 S 值的事物。被雷劈死也是漂变的一个标准例证。[9] 当红色个体比蓝色个体生殖得更多，因为红色个体更善于伪装的时候，这就是选择。当红色个体生殖更多，因为所有的蓝色个体都被雷劈了的时候，这就是漂变。

这暗示了 S 和漂变之间的一种关联。但外在属性所扮演的角色并不总是像雷击事例中那样显而易见。在有些"漂变"事例中，外在属性看起来根本就没有扮演什么特别的角色。生物体的生殖结果可能会受到内在偶然事件的影响，也可能会受到外在的、类似雷击这样的事件的影响。所以，让我们也为 C 引入一个角色。我说过，C 关乎的是适应度地形的平滑度问题。通常，我们把这看作适应度和我们熟悉的生物属性之间的关系。但外在属性（例如位置）可以影响适应度，当 S 值低的时候，它们的影响更大。因此，让我们把 C 视作——至少暂时——在描述（现实的）适应度和关于一个生物体的一切事情（内在结构、出生地、从一个位置移动到另一个位置的历史、与它相互作用的其他生物体等）之间的关系。这样，当一个个体由于雷击而死亡时，这就是一个低 C 值低 S 值的现象。倘若这个个体那天做了点不一样的事情，当雷电劈下来的时候，它本可以在别的地方。雷击既是外在的，

61

---

⑨　斯克里文（Scriven 1959）是这个传统里常常被引用到的人，虽然他使用的例子是炸弹。

也是变化无常的。

当我们考虑由于漂变而导致的变化时，在那些最明显的事例里，使得种群发生变化的那些事件既是反复无常的，又不是过于依赖内在属性的。也就是说，那个时期的种群既有着很低的 C 值，也有着很低的 S 值。我明白，这么说是在以一种极端精细的方式看待 C 所描述的关系，这种方式非常不同于我们熟悉的对适应度地形的讨论。不过，如果我们接受地形崎岖这个常见的现象，把它扩展到一类限定的事例，又把外在属性和内在属性包括进来，并假定 S 值是低的，那么，这样一个系统里产生的演化变化就会看起来像是漂变。

看起来最像漂变的是低 C 值低 S 值的事例。不过，只有低 C 值的事例——在这些事例中，微小的内在偶然事件就会影响生殖后果——也可能看起来像是漂变。在更加微弱的意义上，低 S 值但没有伴随低 C 值的事例也可能看起来像是漂变。假设生物体的一种类型碰巧生活在潮湿的环境中，而另一种类型生活在干燥的环境中，前者活得更好。如果这两种类型的外在差异在两者的生殖差异上没有扮演任何重要的角色，那这就可以被称作"漂变"，即便环境扮演的角色更强有力。如果你坚持认为，这最后一个事例不是漂变，那也行。最明显的事例具有低 S 值和低 C 值。在某种程度上，低 S 值可以导致低 C 值。一旦内在差异被假定为对生殖差异无关紧要，那么，种群将会受制于各种各样的混乱和偶然事故。

在这些段落里，我已经就如何使用"漂变"这个术语提出了一个主张。这并不意味着，我关注的焦点是这个语词本身。我是在试图描述促进和推动着有关漂变的讨论的那些情况的真实特点。我是在替换通常的区别；我的想法不是说，漂变"能够根据" *S* 和 *C* 来解释。通常所理解的漂变是一个很成问题的范畴。这尤其是因为，我们熟悉的讨论漂变的方式包含着一种相互区别。据说，变化可能是同时由于选择和漂变，但两者是不同的因素。我认为，这里存在的不是两个"截然不同的因素"，而是 *S* 值和 *C* 值的渐变之间的区别。这些参数的活动方式不依赖于对漂变的区别处理，它们在本书中扮演的角色通常不包含这里有关的极端值。对漂变的处理是额外的东西。一旦我们根据 *S* 和 *C* 来考虑其他原因，我们就可以注意到，包含着这些参数的极端低值的变化就会具有一个非达尔文主义的特征，它看起来就像是漂变。

62

　　在继续推进之前，我将重新考察一下对"标准"观点的最佳论证。这个论证认为，关于漂变的理论得到了太多的良好证实，操纵漂变有着太大的可能性，大可以把漂变视为真实的因果因素。该挑战的一个版本也适用于我。如果漂变真的仅仅是具有低 *S* 值低 *C* 值的变化，那么，为什么它在小种群里有着特别的重要性？为什么它能够以特殊的方式被数学地描述？

　　我没有专业知识来对完全一般的漂变作出数学描述。不过，我可以表明，为什么（上面使用的）一类事例适合于一个根据采样及其结果的描述。当 *C* 值极端低的时候，该情况就有着几乎混乱一团的特征。一个个体的特征全集导致了一个特殊的生殖结果，但那些特点的微小改变就会有一个不一样的结果。斯特雷文斯在庞加莱提出的一个想法的基础上已经表明了，这个特点（以及另一个特点）如何能够使得一个系统服从使用概率框架的描述

（Poincaré 1905/1952; Strevens 1998）。这样，假设我们可以把发生在某些事件间隔期间内的雷击考虑为从种群里排除了一个随机的样本，考虑到雷击的罕见性，这将是一个小样本。小样本倾向于不代表它们所来自的种群——至少，它们的代表性比不上大样本的代表性。所以，雷击在繁殖之前就从种群里排除了一个很小的潜在地不具代表性的样本。不过，如果种群本身比较小，那么，排除一个小样本将会倾向于对其属性造成差异。如果种群很大，那么，排除一个小样本就没有什么影响。通过排除样本来（直接地）影响一个大种群，唯一的方式就是排除一个大样本。不过，大的随机样本倾向于代表它们所来自的种群，因此，再一次地，这对性状的频率没有什么影响。这就是为什么与样本关系密切的因果过程在小种群（而不是大种群）里是重要的。许多类似于漂变的过程都可以根据以下方式来考虑：从种群里取样，再对样本做点什么（删除、保留、放大……）。

总结如下：漂变不是一种生物世界中的一种"力"，不过它也不是仅仅反映了我们的无知。如果说漂变是什么的话，那它就是非常低的 S 值和 C 值——通过通常的原因而导致的变化，但在这种变化中，极端精微的生物体之间的区别扮演着特殊的角色，外在的差异制造者也扮演着特殊的角色。

63

3.7 达尔文主义空间

H、C 和 S 的空间表征；被忽略的可能性；空间上的运动。

我在本章已经讨论了种群的一系列与典范、最小含义，以及边缘事例有关的特点。其中有五个用了符号来表示。它们是：

　　H 遗传的保真度

　　V 变异的丰度

　　α 生殖方面的竞争性相互作用

　　C 连续性，或适应度地形的平滑度

　　S 生殖差异对内在特征的依赖度

　　这个列表显然是不完全的。选择强度（适应度差异本身的大小）还没有得到讨论；种群规模，以及一个达尔文过程可持续的时间，这些也几乎没有得到讨论。这些东西显然都很重要。另一些明显的、更加有争议的因素是：种群结构；把种群划分为次级群体，或其他形式的空间组织（Wright 1932）。还有一个因素就是"生态位建构"（niche construction），生物体的活动和它们必须与之作斗争的环境之间的因果反馈（Odling-Smee et al. 2003）。性别的独特贡献也没有得到很多讨论。在一定程度上，这是因为，我选出的那些特征都是我有话要说的。在另一些情况中（种群结构、生态位建构），忽略源于如下事实：我关注更加粗糙的区分。

　　即便做了很多忽略，我们所拥有的因素列表还是很长的。在空间框架的帮助下，还是可以赋予某种秩序的——代价是进一步的简化。我将要使用如图 3.1 的一个插图，它是一个表征了 H、C、和 S 的空间。

　　这个图可以被解读为把高维空间"投射"进三维空间。这个操作很容易让我们想到二维空间和三维空间之间的关系。想象一个透明的三维立方体，它包含着很多可见的、分布于其间的点。如果你接着想象自己从一个方面直接看着这个立方体，你将会看到一个二维的平面,原来的一系列点可能会变得无法区分了,因为它们只是在你不能够看到的那个维度上有不同的值。在本书的图中,更多维度的信息消失了。在许多情况下,考虑图 3.1 的方式要假设,这个图在许多看不见的维度上有高值,这样,我们就可以集中关注少数几个关键因素所扮演的造成差异的角色。(标记为"人类细胞"的那个位置是个例外,因为这些细胞的 V 值和 S 值都很低。)

64

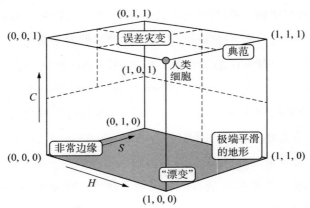

H:遗传的保真度

S:现实的生殖差异对内在特性的依赖度

C:持续度(适应度地形的平滑度)

图 3.1 根据(H, S, C)对诸多事例的达尔文主义空间表征

我论证了,H、C 和 S 的高值与典范的达尔文主义过程相关联。从($1, 1, 1$)那个角出发,我们看到,一个特点可以有三种方式发生变化,把我们带离典范。如果遗传的保真度足够低(低 H 值),我们就会得到"误差灾变"。或者,如果适应度地形变得过分崎岖，从而表型中的相近变异型有着非常不同的适应度，那么，适应演化就会趋于停滞（低 C 值）。最后，一个种群可能处于下述情况：生殖差异与内在特征上的差异是非耦合的（低 S 值）。在这个图上，"人类细胞"这个标签的标注方式不一样，它指的是一个区域的占有者，而不是那个区域本身。

我们也可以考虑从那个顶部角偏离的另两种情况。非常低的 C 值和非常低的 S 值相结合的偏离——混乱加上外在因素的支配——产生了与漂变相关联的现象。两个未被占据的角落对应于其他单一维度的高分；它们看起来并不特别显著，当然，我可能是错的。$(0,0,0)$ 那个角是这样一个区域，在这个区域里，典范的所有三个特征都消失了——遗传崩溃了，微小的变异型就有非常不一样的生殖成功率，生殖成功率的差异并不怎么依赖内在的特性。

把这些特征量化，这么做有多大意义？在每个事例中，量化可能有许多种方式；问题是这么做要能增进知识。H 可以是亲代的性状在后代中重复出现的平均概率。这假设了计算性状的某种方式，但也可能是，计算的许多方式都出现了相似的数值。V 可能是用像熵（entropy，它考虑到了，存在着多少变异型，它们有多常见）这样的东西来衡量的，或者，在某些事例中，是用像变异（variance）这样的东西来衡量的。S 则不那么直接；这里，我们可以根据偶然性的平均程度（an averaged measure of contingency）来衡量，它追踪了内在的变量与现实的适应度差异的关系有多密切。C 自然是用像相邻结合的适应度值（the fitness values of neighboring combinations）之间的关系来衡量的。当压力作用于这些尺度时,它们会相继偏离精度(precision)。或许,它们只能用高值、中值和低值来刻画;或者,只有高值和低值。有些尺度可能允许更多的阶化(gradations)。

这个空间试图成为一个启发式装置。达尔文主义种群的许多重要特点都不能够简单地用一个单一的数值来衡量;这并没有使它们变得不那么重要。不过,在空间进路适用的地方,它有一系列的好处。第一,它使梯度(gradients)和不同事例之间的部分相似性所扮演的角色变得生动。第二,它给了我们新的方式去考虑有着非达尔文主义特征的过程。为了看到这一点,请想象沿着各种各样的轴线往下看,它们偏离典范进入一些区域,在这些区域里,参数所具有的值是可能的,但是很少被讨论。这一点对于 H 和 α(这里没有画出来)来说是最清楚的。亲代和后代可能密切关联着,它们之间也可能没有任何可预测的关系,它们甚至可能没有任何关联。相似可以产生不相似(Haldane 1996)。这个可能性被笨拙地纳入了一些对自然选择的讨论之中,因为在这个事例中,适应度差异的确在种群里产生了一个间接的"响应",但这个响应给种群带来的,不是一个受到偏好的性状的频率或平均值的增加。文化传播有时可能具有这个特征(正如 Haldane 所指出的)。假设在有些领域,后代倾向于具有的性状是它们亲代的值的函数,但与亲代的值不相似。有时,据说 1960 年代嬉皮士的后代倾向于成为 1980 年代的保守派,这是由于他们亲代独特的特点。

沿着 α 轴往下看,我们看到了另一个被忽略了的可能性。竞争是把不同的生殖速度联系在一起的一个方式,但另一个方式则是列万廷(1955)所谓的"助长"(facilitation),它是一个类型生殖对另一个类型生殖的积极影响(负 α)。一个种群里的这样一些积极关系常常是类型上特殊的、存活短暂的。然而,它们在不同物种间的共生结合(symbiotic association)中是很常见的。此外,我们熟悉的达尔文主义事例存在于一个空间,这个空间也满是相反的事例和其他可能性。

　　到目前为止,我使所讨论的每个特点都显得"越大越好";范例被标记在(1,1,1)那个角。这应该只是大致正确。一旦我们超越这里所作的粗糙对比,就没有理由期待典范事例是与更高的值(相对于中间值或复杂的均衡结合值)相联系的。这在 H 的事例中是显而易见的。第一,前文已经指出,遗传在原则上可以是过于高保真的,以至阻止了新变异的出现。第二,在像我们这样的有性种群里,遗传的可靠度要低于倘若我们依靠的是克隆这样的无性生殖时的可靠度。当存在性别的时候,各种特征受偏好的结合不断被打破和重新找到;个体的怪状出现,消失,在一个新背景下重新出现。而在无性生殖的时候,一个受到偏好的结合可以不定限地持续存在。不过,这不影响可靠的遗传和过于嘈杂以至于积累演化不再可能的非遗传之间的区别。因此, H 的典范区域应该被刻画为遍布那个数轴的更大区域。有性生殖和无性生殖都可能是典范,不同种类的典范。它们产生了不同种类的演化"搜索"。选择可以把两种事例里的起源说明都考虑进来。

　　我在此处理"典范"这个范畴的方式既简单又统一,它显然可以在更大程度上被破坏。再说一遍,它的目的是标示出在微不足道的达尔文主义过程和重要的达尔文主义过程之间的一个最初

66

区分。一旦我们超越了这里所作的粗糙区分,各种重要的显著事例在上述空间中的处于什么位置,这个问题就成了一个开放的问题。

我将介绍空间处理承担的另一个启发式角色。一个种群随着演化,它不仅改变了构成该种群的生物体,也改变了该种群在未来将如何演化。这可以被视觉化为空间中的运动。这样的运动并非总是自我推进的;有时,一个达尔文主义种群的演化驱动了另一个达尔文主义种群的演化。一个例子是脊椎动物免疫系统的演化。在此,整个生物体的演化造成了一个附属于生物体的达尔文主义过程,这个过程被用来有效地适应生物体面临的病毒和细菌环境。整个生物体层面的演化为免疫系统的细胞组件塑造了像 S 和 H 这样的参数,赋予了它们与一个有力的达尔文主义过程相关联的诸多属性。不过,一个种群也有可能削弱或抑制另一个种群的达尔文主义属性,取消后一个种群的典范地位。复杂生物体里生殖细胞系以及生殖的其他特点就抑制了这个系统的一些关键部分的演化活动,或者把它们"非达尔文主义化"了。脊椎动物的免疫系统展示出一种有力的演化搜索,但体细胞的演化则通常以失败告终。

67　　在上一章,我批评了复制子观点,因为它诉诸能动的说明模式,这种观点以特定的方式与我们的心理相互作用。有些一样的信息同样适用于这里所使用的空间工具。一旦我们诉诸一个空间中的运动,我们就可能受到诱惑,根据内在的方向性来思考,或者根据由早先运动造成的某种势头(momentum)来思考。根本不存在任何目标,也不存在任何势头。

第4章　生殖和个体性

4.1 生殖作为一个问题

直观的生殖概念;与个体性的关联;问题事例。

　　生殖处于达尔文主义的核心。迄今为止,这个概念一直被认为是理所当然的。所有关于遗传和适应度的讨论都需要我们知道,一个生物体是否是另一个生物体的亲代。但生殖这个概念被众多的不确定性和令人困惑的事例包围着。这些问题以及它们对一般达尔文主义的意义,是接下来两章的论题。

　　我将首先来勾勒一个非正式的或"直观的"生殖概念,它接近于通常的含义。这不是因为我们一定要提供这样一个概念,或者必须提供一个差不多的概念。事实上,本章的焦点之一就是,我们的直观思维方式和许多生物现象的模样之间存在的张力。可以理解,我们直观的生殖概念是通过我们对熟悉事例的经验而被塑造起来的。在某些方面,这个概念很好地指引着我们,但当我们思考演化的时候,以及在另一些地方,它就陷入了麻烦。

　　最初的分析可以这么说,生殖包含着与其亲代同种的新个体的产生。这是一个肤浅但合理的开端。更确切地说,在生殖的事例中,存在着:(1)新个体的产生,(2)主要是通过某些特别的既存个体所扮演的因果角色,在此,(3)"亲代"个体与新的个体是同一个种类(宽泛地理解)。这样一个表述留下了很多没有回答的问题,但它的确确立了一些关键的对比:生殖可以与(1)同一个个体的生长进行对比,与(2)新个体无需具有确定的亲代就出现的情况进行对比,与(3)废弃物和人工物的产生进行对比。这些标准也是抽象的。在我们熟悉的事例中,生殖的实体是生物体,但这些标准也适用于生物体的部分,适用于生物体的集合体,或根本就不是生物的东西。

70   所有这三个标准最终都会导致问题。下一节将会引入一系列的问题事例,但我们可以首先来识别两个众所周知的困难。

(1)生殖 vs. 生长。什么时候新的生物物质的产生是新的个体的产生?这个问题对于植物和某些"克隆"生物体来说是最尖锐的,性在其中消失了。许多植物都会从地上的匍匐枝或地下的根中产生出新的生理单元(可以被视为新的生物体)。它们一般被(多多少少地)等同于旧植物。植物学家们已经争论了好几十年,如何算出以这种方式"生殖"的植物的适应度。

(2)集合的实体。什么时候更高层次单元的生殖不同于仅仅较低层次成分(这些成分也有特殊的组织)的生殖?一群水牛生长,然后分裂。那是兽群层面的生殖,还是仅仅水牛层面的生殖?如果我们说,它仅仅是水牛层面的生殖,那么,为什么不把这个还原论的态度用于我们自己,令我们说,一个新人的产生仅仅是细胞层面的生殖以及细胞的特定类

型的组织？因此,我们在这里遇到了一些问题:把一类实体
还原到另一类实体的问题、如何考虑自然中组织的不同层次
的问题和个体性的问题(Hull 1978)。

在纵览了问题事例之后,我将论证一种生殖观点,由于生殖是在
演化中出现的,因此生殖"弥漫"于演化所包含的东西中,具有梯
度和多向度特征,我们在第 3 章的分析中看到了这些特征。在生
命之树的不同地方,我们看到了许多不同的类似生殖的过程,看
到了新的生物物质从旧的生物物质中产生出来的许多不同方式。
这个情况的出现有着达尔文主义的原因,创造新生物物质所采取
的形式是生命之树不同部分的生态和历史的偶然性的后果。不
过,产生新物质的不同方式也有着不同的后果。演化过程的特征
强烈地受到种群所展示的生殖类型的影响。

4.2　生殖大观园

白杨、草莓、橡树;集落体和共生体;嵌合体和镶合体;嵌合集落体
葡萄;世代交替;形式的生殖。

这一节将讨论若干疑难事例、难题和富有启发性的怪事。我
选择它们是因为它们对我们直观地思考生殖的方式施加了不同
种类的压力。我会逐个作出一些分析,但不会太多。我的目标
是,让我们的思考深入到事例的多样性中去,然后再赋予它们以
秩序。

白杨、草莓、橡树

许多生物体(各种植物、动物和真菌)通过从旧的个体直接生长出看起来像是新个体的东西,从而创造了它们。随后,那个新的结构可能会分离出去,也可能会附着在原有的个体上。新个体通常被等同于(大致说来——请见下文)旧个体。这么做的生物体也倾向于有性生殖,虽然在一些事例中这很少见。

"美洲山杨"(Populus tremuloides)是著名的例子。看起来像是有数百棵甚至数千棵不同的树分散在许多英亩的范围内,但事实上,它们通过一个共同的根系相互连接在一起,它们全都是从这个根系长出来的(Mitton and Grant 1996)。在哈帕(Harper 1977)引入的术语表里,像这样的事例中有数百个不同的分株(ramets),但它们只有一个基株(genet),或者说,它们是遗传个体(genetic individual)。

我们在紫罗兰和草莓里也看到相似的现象,它们产生匍匐枝,这些匍匐枝产生了新的植物。在这些事例中,根系是分开的,是由新的分株重新产生的,细长的匍匐枝很容易断裂,其结果就是完全的生理分离。分离也可能是强加的,世界上所有的蛇果树("Red Delicious" apple trees)都是从生长于艾奥瓦州的一个蛇果树分离出去的分株(Pollan 2002)。它们全都是同一个"克隆体"(clone)的一部分。

许多海洋无脊椎动物(例如珊瑚、海葵、海鞘)也是这么做的(Jackson and Coates 1986)。在那些事例中,通常没有匍匐枝把新的结构连接起来。新结构的分离是通过旧结构的简单破碎而出现的。在有些事例中,一些特征表明,破碎是通过演化设计而出现的,它不是单纯的意外。

　　有些植物(例如蒲公英)的无配生殖(apomixis)现象有时也被纳入这同一个范畴(Janzen 1977)。这里出现的是有性生殖机制,而不是单纯的生长,新的生理单元是从一颗种子长成的。然而,再一次地,新的实体是亲代的"克隆"。在山杨和紫罗兰里,我们可以把一个巨大的、分散的遗传个体(扬森[Janzen]用的术语是"演化个体")与构成了这个个体的、生理上独立的单元区别开来。为一切乍看起来是新的个体生物体的实体——这些生物要么在物理上与其"亲代"是分离的,要么至少其运行很大程度上是独立的,且不管它们的遗传属性和确切的产生模式——命名一个术语,这会很有用。我将用"生理个体"(physiological individual, Cook 1980)这个术语来称呼这些实体。因此,接下来的问题就变成了,一个生理个体的克隆产生是否是生殖的事例,或者说,生物体层面的生殖在演化论的脉络中是否总是新的遗传个体的产生。

　　一些生物学家以及考察该问题的哲学家主张,严格说来,出于演化论的目的,只有基株应该被视为个体:"基株是种群的基本单元,自然选择作用于它。"(Jackson and Coates 1986: 8;也请见 Harper and Bell 1979: 30; Cook 1980)①新的生理个体的克隆产生应该被视为生长。这样一个观点或许看起来奇怪,但有一系列论证可以使它看起来很自然。

　　首先来比较山杨林和橡树,前者的分株通过一个根系连接在

①　库克:"不过,从演化的角度看,整个的克隆体乃是如同你我的一个单独的个体,它有一个独一无二的受孕时间,当它最后留存下来的茎由于年龄或意外而死亡时,它也将死去。"(Cook 1980: 91)关于这些问题(马尔皮吉[Malphigi]、歌德、伊拉斯谟·达尔文[Erasmus Darwin]……)的非常有趣的思想史,请见 White(1979)。

一起。橡树有一棵树干把它的地上分支和地下分支连接在一起，而山杨则有着不同的形态和不可见的连接。这些形态和可见性上的差异似乎不应该影响我们计算生物单元。因此，山杨和橡树似乎在同一条船上。接下来我们再看看紫罗兰。匍匐枝现在是细窄而脆弱的，它们很容易断裂，但产生分株的基本过程是一样的。因此，例如阿瑞欧（Ariew）和列万廷就总结说："如果一棵树是一个个体，那么一棵紫罗兰的所有分株的集合体也是一个个体。"（2004:360）这似乎会导致如下结论，即分株的产生始终是生长。无疑，那至少把无配生殖遗留在了一个单独的范畴，在无配生殖里，种子开始了一个新的生理个体的生命吗？扬森在一段令人难忘的文章里论证了相反的观点。

> 作为演化个体的蒲公英很容易被视为一个很长寿的多年生生物体。任何时候，它都是由飘向四周的东西（通过无配生殖产生的"种子"）构成的，生长（幼年期植物），分为新的部分（开花期植物），死去（所有年龄期、所有形态）。自然选择本可以产生各部分有着生理上的关联的生物体，但从作为演化个体的蒲公英特有的资源类型看，对这些部分作这样的安排是最好的……
>
> 实际上，作为演化个体的蒲公英是一棵非常大的树，它没有把投资花在树干、主枝或宿根上。（1977:586-587）

扬森把同样的原则用于在无性生殖和有性生殖之间循环的蚜虫（aphids）。从这种观点看，破碎和散布是一个大克隆体的一种策略。另一种选择是保持完整。选择哪一种,取决于所考虑生物体的生态,以及它们的发展资源(Oborny and Kun 2002)。

集落体和共生体

73

　　在本章开头列出的另一类问题与集合的实体有关。当然,在某种意义上,一切生物都是一个"集合的"实体,因为它是由许多部分组成的。在那些重要的事例中,至少一些部分有能力生殖,它们能够主要地通过它们自己的资源(而非通过整体的协调活动)来生殖。"集合的"在这里就是作此理解的。集合的实体的问题依然源于生殖和个体性之间的关系。在刚刚讨论的事例中,问题是,什么时候出现了一个新个体的产生,而非旧个体的延续。在下一组事例中,问题是,产生的实体究竟是不是一个真正的生物个体。我将用两种事例来展示这个问题:集落生物体(colonial organisms)和共生结合体(symbiotic associations)。

　　"集落"形式的组织是同一种生命实体组成一个群体,它在物理上关联着,但没有复杂的劳动分工,生命实体常常保留了一些独立存活的能力。有时,"诸部分"是单细胞;有时,它们是多细胞实体。绿藻群体(包括团藻)就是前一种集落体(Kirk 1998)。藻类细胞的集合体是通过无性生殖产生的,但它们相互之间保持着接触。根据不同的物种,它们形成块状或球状,通过细胞鞭毛的协调活动游到不同深度。在第二种集落体里,各部分本身是多细胞实体,珊瑚以及有些水螅纲生物(例如"葡萄牙战舰"[the "Portuguese Man O'War"]*)就是这样的集落体。细胞被紧紧地整合

---

　　*　这是僧帽水母的别名,其囊状部分酷似 16 世纪的葡萄牙战舰。——译者

为息肉和游动孢子,游动孢子又更松散地整合为可见的集落体。

这类集落体在一种极端情况下逐渐形成了多细胞生物体,在另一种极端情况下则逐渐形成了暂时的社会集群(social aggregations)。例如,海绵就通常被视为在整合算作生物体的路上笨拙地走得足够远。有些东西存在的时候整合得相当紧密,但只是暂时的。变形虫在生命循环过程中常常形成盘基网柄菌(Dictyostelium discoideum)这种"黏菌"(slime molds)结构。当食物丰富的时候,这些变形虫在土壤里作为独立的细胞生活。当食物紧缺的时候,它们就会联合在一起,形成一个由成百上千个细胞组成的蛞蝓(slug),它首先爬到一个适当的地方,然后形成一个竖直的"子实体"(fruiting body),把一些细胞作为长命的孢子散播出去(Bonner 1959; Buss 1987)。

在共生这种结合体中,亲代则是不同种类的生物体,它们常常来自不同的领域。地衣(lichen)是一个经典的例子,它是真菌和各种绿藻(和/或蓝藻)的结合。地衣恰恰介于独立的生物体和不同生物体的结合这两者之间,教科书对它的描述可能是误导人的。地衣扮演着一个特别的生态角色。它们能够在最残酷的环境中生活,以每年数毫米的速度扩展,常常为其他植物铺好道路。它们光合作用的部分通常能够单独存活。真菌一般不单独存活,尽管如果能够获得足够的营养的话,它们也可以被诱导存活。通过简单的破碎或形成特化的繁殖体(propagule,包含着两个亲代的样本),它们就可以进行生殖。但真菌也可以形成子囊体(ascomata)——子囊真菌(ascomycete fungi)的巨大可生殖结构,该结构会单独产生真菌孢子。孢子如果遇到了合适的藻类,就会形成新的地衣。

　　集结着的光合藻类或细菌作为食物供给多种动物,例如珊瑚和蛤蜊。在有些事例中,细菌在动物的卵中得到了传递。

　　不过,最广泛的共生体是真核细胞本身。[②] 在推测了上百年之后,人们现在明确了,线粒体(呼吸作用的地方)和叶绿体(光合作用的地方,在有光合能力的真核细胞中)都源于早先自由生活的细菌(Margulis 1970)。还有其他一些竞争者,包括细胞核本身(对此更有争议),但这两个明确事例的意义重大。线粒体的前体据信出现于距今 22 亿至 15 亿年前之间。后来,在距今 15 亿年至12 亿年前之间,承载着线粒体的细胞世系也获得了一个蓝藻伙伴,从而导致了蓝藻里以及后来植物里叶绿体的诞生。这些东西的更精确称呼应该是前任共生体,因为线粒体和叶绿体的大部分基因都败给了包含着它们的细胞的细胞核。但它们依然有着自己部分独立的生殖表。在二倍体细胞的细胞核 DNA 有两份拷贝,每个细胞周期通常只会复制一次,而细胞里线粒体的数量则是易变的,它们不断地生殖、死亡。因此,"一个细胞的生殖"就包含着部分独立、不断进行的线粒体生殖,这是它的一个部分,后者被多少随机地分配给雌性后代的细胞(Burt and Trivers 2006)。

　　随着我们知识的增长,这些"内共生"(endosymbiotic)事件的重要性显得越来越大,整个故事的奇异性也日益增长。现在看起来,有些真核细胞是通过吞没另一个真核细胞而获得叶绿体的。有些鞭毛藻类(dinoflagellates)则是通过吞没某些"二手的"吞没

　　[②] 在本节,我广泛使用了库切拉与尼克拉斯著作(Kutschera and Niklas 2005)里的一篇出色的内共生体生物学综述和该思想的历史。关于线粒体的例子,我也利用了莱恩(Lane 2005)和伯特与崔弗斯(Burt and Trivers 2006)的论述。

75 者而得到它们的叶绿体的。在这个令人目不暇接的序列的最后，有些形成暗礁的珊瑚则把鞭毛藻类和其他一些乘客——某些蓝藻细菌（cyanobacteria），它们光合作用的能力开启了这整个故事——包含在自己的细胞里。

当我们聚焦这些"紧密结合的"共生体（从地衣到真核细胞）时，我们可能会觉得，唯一自然的态度应该就是自由的态度。在这种态度里，集合起来的实体可以很容易地超越各个组成部分，具有它们"自己的"生殖能力。真菌生殖，藻类生殖，地衣也生殖。但共生体结合的紧密程度不一。珊瑚把我们拉回到海洋，所以我将通过另一个边缘事例来展示共生程度范围的另一端。在沙滩的小洞里，至少有十种虾虎鱼（gobies，小鱼）和虾个体形成了共生结合体。在许多事例中，我们可以看到这一对生物体一起把头探出洞。这里存在着虾层面的生殖和鱼层面的生殖，但集合体的生殖这个说法则似乎有点过分。不过，如果你觉得它们的情况有点奇怪或难以置信，那就鼓起勇气。

嵌合体和镶合体

我们习惯于把生物个体考虑为既是遗传上唯一的，也是遗传上一致的（Santelices 1999）。唯一性（uniqueness）导致了上述的问题；现在，我们来看看一致性（uniformity）。我从一个惊人的例子说起。当绒猴出生的时候，它们通常是异卵（两个受精卵）双生子。但它们不是普通的双生子（Benirshke et al. 1962; Haig 1999; Ross et al. 2007）。在怀孕期间，两个胎盘之间通常就建立了关联，因此两个胚胎也建立了关联。细胞互换，当每个生理上独立的个体出生的时候,它们的细胞是由每个受精事件产生的基因型的混合体。因此,降生产生了两个基因型和两个生理个体,但这两个基因型分布于两个生理个体。这里出现了生殖,这是毫无问题的,但问题是,该如何考虑生殖出来的实体? 如果我们沿着上文讨论过的扬森和其他人的思考——他们强调遗传上的同一性,那么,当我们根据演化术语来考虑的时候,这里产生的真正个体乃是两个空间上不连续的基因型。海格(1999)对这个事例作出了详细的理论分析,他赞同这样的观点。

这里,每个生理个体——每个绒猴形状的东西——都是一个嵌合体,遗传上不同的细胞的混合体。"嵌合体"(chimera)这个术语有时候被非常宽泛地用于不同基因型混合而成的生物体,但我将遵从一个较狭义的用法,狭义上的嵌合体区别于镶合体(mosaics)。镶合体的生命始于一个统一的基因型,它是通过突变和其他内在的遗传变异而导致的混合物,它没有(像绒猴那样)把有着不同来源的细胞整合在一起。(下文将会再次考察这两种现象之间的确切关系。)"生物体内部的遗传异质性"(intraorganismal genetic heterogeneity, IGH)这个蹩脚的术语可以用来覆盖这两种现象(Pineda-Krch and Lehtilä 2004)。

嵌合在绒猴那里的形式非常惊人,但它比我们以为的要更常见。在人类这里,怀孕在女性身体里导致了轻微程度的嵌合,它可能会持续几十年(Rinkevich 2004)。有时候,人是大规模地嵌合的,因为人是两个受精事件的产物,两个受精事件的胚胎融合,最终只产生出一个小孩。当最初的胚胎是不同性别的时候,常常可以看到这样的事例,因此,结果就是一个 XX/XY 的嵌合体,它非常显著。还有许多这样事例,在其中融合的胚胎是同一个性别,其结果则不那么显著。③

　　嵌合包含了融合(fusion);镶合则包含了内部的交换。镶合在不同程度上很平常。任何大型的、长寿的生物体都会发生持续的细胞流通。我们的生命之初可能是一个遗传上统一的受精卵,但随着细胞世系延长,它们就会发生遗传偏离。DNA的复制是一个高保真的过程,但突变不仅刻画了个体之间的关系。在像我们这样的生物体里,由于体细胞(不是生殖细胞)的绝对数量太大,它们里一定会发生许多基因拷贝的错误。有时,错误的结果非常有益,例如免疫系统里的适应;有时,错误的结果非常有害,例如癌症。但基因型在细胞世系里的偏离是生命的事实,生命越长久,这个事实越是稳步增加。

　　在此,返回本节第一部分对分株、匍匐枝和各种树的讨论,会是很有趣的事情。再次考虑一棵老橡树。它在千百年前分出了它的枝干,这棵树上的每一根枝干都代表了一个独立的演化世系。每根枝干的尖头都通过细胞分裂伸展为"顶端分生组织"(apical meristem)——它的生长点。随着枝干的伸展,分生组织细胞里的任何突变都会被传递给分生组织里的后继细胞。(下文将会讨论,它的"后继"细胞究竟是谁。)进一步的,由于树是模块化组织,因此,橡树的每根枝干都是有性生殖的一个独立场所。每根枝干上产生花粉和胚珠的遗传物质都各不相同;那些细胞里最近的共同祖先可能活在几百年前。山杨"克隆"间隔遥远的各部分也存在这种情况,只不过,把两个细胞与它们最接近的共同

---

　　③　海格(在个人交流时)估计,显著的嵌合在人类里的比例大约为1/1000。

祖先间隔开来的年头现在可能是成千上万年。读者可能已经注意到了,上文在讨论分株和基株时,我对有关分株的"遗传同一性"这个标准的主张闪烁其词,或是用了恐慌引号*。我的理由就是镶合的不可避免性。④ 分株的基因型可能非常相似,但不是(如通常所说)同一的。

在像我们这样的生物体里,性细胞来自早年"分离"的生殖细胞系,镶合不同于植物里的情况,它没有生殖后果。一棵树——特别是有着很深分化的树,例如橡树——上枝干的分化,在很强的意义上是演化分化(Whitham and Slobodchikoff 1981)。如果出现了性别,那么它就会携带着一个分支的产物,并把它们与别的分支的产物融合起来。

嵌合集落体葡萄

集落体、集合体和嵌合体引起的问题在皮诺莫尼耶葡萄(Pinot meunier,传统用以制作香槟的三种葡萄之一)这里汇集在一起——简直就是麻烦大聚会。⑤

葡萄就像许多商业上重要的植物一样,常常是通过扦插(cut-

---

　　* scare-quote,引号的用法之一是,对所说的实际上表示否定、不认同,相当于"所谓的'……'"这个汉语表达的语义效果。——译者

　　④ "镶合的不可避免性(inevitability)"这个主张不同于"植物里的镶合扮演了一种适应的(adaptive)角色"这个更加有争议的主张。这是"遗传镶合假说"(genetic mosaicism hypothesis, GMH, Gill et al. 1995; Whitham and Slobodchikoff 1981),它主张,镶合以有助于树对付诸如食草动物和害虫的方式而使得树在表型上更加易变。关于这个问题的讨论,也请见 Pineda-Krch and Lehtilä(2004)以及相关的评论,尤其是 Hutchings and Booth(2004)。

　　⑤ 这里我利用的文献是 Boss and Thomas(2002),Franks et al.(2002)和 Hocquigny et al.(2004)。有几个香槟酒庄只使用黑皮诺葡萄(Pinot noir)和霞多丽葡萄(Chardonnay),而其他酒庄则把皮诺莫尼耶葡萄的添加视为作出了积极的贡献。

ting)来传播的。皮诺葡萄有许多古老的品种,而皮诺莫尼耶葡萄
已经以扦插方式传播了好几百年。因此,每一株皮诺莫尼耶葡萄
都是一个分株,都是通过从早先的分株生长(移植)分离而来的。
不过,现在让我们更详细地看看分株的模样。在像葡萄这样的典
型"双子叶"植物中,"茎尖分生组织"(shoot apical meristems,茎尖
的生长点)有三个细胞层,L1、L2、L3。每个细胞层都在植物里产
生了不同的组织,在同一个细胞层产生了更多的分生组织细胞
(meristematic cells)。突变在每一层都有可能出现。每一层都包
含着许多细胞,因此,一个单独出现的突变有可能会消失,也有可
能会占据那一层,还有可能与那一层其他类型的细胞共存。结
果,随着一个细胞层的变异固定下来,但又没有扩展到其他细胞
层,个体枝干很容易就会变成一个镶合体。最终将产生花粉和胚
珠的物质来自 L2,因此,L1 或者 L3 的突变对有性生殖不会造成
影响。不过,如果植物是通过匍匐枝或扦插而无性系地传播的,
那么,那个镶合状态就会得到保存。

　　皮诺莫尼耶葡萄发生的情况就是如此。它是黑皮诺葡萄的
近亲,但在 L1 有一个突变,这使得植物的特征与原先植物的特征
有些不同——前者更小些,叶子也不一样,成熟得也要早些。每
次扦插都给它带来了全部三个细胞层,保存了基因型的混合体。
因此,如果我们回溯细胞的种系,则当今法国的一株皮诺莫尼耶
葡萄的 L1 细胞更接近于新西兰的一株皮诺莫尼耶葡萄的 L1 细
胞,而不是更接近于法国这同一株植物中紧挨着 L1 细胞的 L2 细
胞。而所有这些细胞最近的共同祖先则(最有可能)来自中世纪
的法国。

撰文讨论皮诺莫尼耶的植物学家们把它称为"嵌合体",就像绒猴那样。我们除非宽泛地使用这个术语,否则的话,这么说就需要把每个分株视为一个新的个体,作为融合来开始生命,而不是作为一个有着镶合结构的巨大基株的部分。其他一些皮诺葡萄也是嵌合体,霞多丽葡萄就是其中一种。不过,这表明了许多形成分株的植物应该——在某种程度上,必定——会发生的事情:一旦枝干获得了自己的生命,分生组织里最初的镶合就成了嵌合,由此,遗传混合物不间断地产生着。

世代交替

迄今为止讨论的分株、集合体和嵌合体都有一个明显的且我们也很熟悉的生殖特点:所产生的新实体(生理个体)明显相似于亲代。因此,我们根据对生殖的直观构想说,新的实体与亲代必定是"同一个种类",这个说法没有任何问题。但在许多生物体那里,情况没这么简单,这是由于世代交替(alternation of generations)的缘故。在此,直观的生殖概念以一种新的方式被瓦解了。世代 1 里的亲代产生的世代 2 里的实体与它们很不一样,而当世代 2 的成员成了亲代的时候,它们产生的后代却与世代 1 的生物体很相像。

这个现象很普遍——在某些方面完全是无处不在的。很多时候,它之所以不那么显而易见,乃是因为人们根本就没有考虑世代 2,或者只是把它们视为中途小站。我们在许多蕨类——包括"真蕨纲"(Filicale)蕨类,它包括了我们熟悉的许多种类——里都可以看到引人注目的事例。蕨类形态的植物或孢子体是二倍体(有两套染色体),它们产生了四处散播的单倍体孢子(有一套染色体)。当一个孢子发芽的时候,它生长成一个新的生物体——一个配子体(gametophyte),它通常是一个心形结构的平台,平台的颜色常常是绿色的,依赖于营养状况。配子体最终产生了配子,当配子融合时,就产生了一个二倍体合子。然后,那个合子会成长为我们熟悉的蕨类形态的孢子体,这个过程如此这般地持续下去。

这个事例之所以引人注目,是因为两个阶段是分离的、可见的生物体,不过,这还不是特别奇怪的事例。通过增加或减少其染色体数量,融合或分裂,占据非常不同的环境,原生生物、原始的植物、真菌以及无脊椎生物常常经历复杂的阶段序列。在很多我们熟悉的生物体那里,我们认为是生殖的机制常常是非常奇特的生命循环被演化压缩了的残迹;花粉粒就是微小的、没有成熟的配子体。腔肠动物为本节提供了许多例子(珊瑚、海葵、水母),它们常常会经历两个不同的生命阶段,螅体(polyp)和水母体(medusa)。在许多情况下,螅体是固定的,水母体则是活动的,但我们熟悉的"葡萄牙战舰"水母这个我们熟悉的漂浮着的、扎人的实体乃是两者的结合——它把本节的问题再次串联起来了,它长久以来一直被用作本身并不完全算是个生物体的集落体的一个例子(Huxley 1952; Gould 1985)。

在第2章,我引入了一个想象的情节,其中 DNA 被用于启动一个生物体的生命循环,但随后它会被溶解,直到在产生新世代的性细胞中它才得到重构。这是一种"世代交替"的情节,虽然是在分子层面的世代交替。这样的情节(不包括 DNA)有时被用以讨论生命的起源。在"超循环"模型("hypercycle" model)里,一种可靠的复制发生了,不过是以循环的结构发生的:W 产生 X,X 产生 Y,……产生 W。我们可以把超循环构想为一个生殖着的实体,其各部分是暂时的,而不是空间上有组织的(Eigen and Schuster 1979)。不过,世代交替的主要信息不需要极端事例。这里的思想很简单,在演化的脉络中,类似生殖的现象似乎不需要亲代和后代是特别"相似的"事物(Blute 2007)。对形式的可靠再造之路可能比那更曲折。

形式的生殖

我在本节开头说过,直观的生殖概念包含了一个因果成分;亲代对后代的存在负有因果责任。这个特点到目前为止还没有引起麻烦。不过,我们可以把因果关系的各个方面剥离开来,这些方面在上面讨论的事例中是结合在一起的,在我们最熟悉的那些种类的生殖中也是结合在一起的。例如,我们可以把物质对后代的贡献与结构或形式的规定性对后代的贡献区别开来。把生殖的各种角色剥离开来,这在生物学历史上扮演着惊人重要的角色,亚里士多德就认为,父亲对其后代没有贡献出任何物质,他只是贡献了一种特别的热。[⑥] 一种特别的因果角色贡献出"形式",这个总括性的思想在生物学历史上造成的危害要比贡献大得多(Oyama 1985),不过用这样的术语来考虑有些种类的生殖,可能

---

⑥　詹姆士·伦诺克斯(James Lennox)在《斯坦福哲学百科》(2006)"亚里士多德的生物学"这个词条中概括道:"雄性贡献了一种运动来源或力(dunamis),随着论说的展开,这种运动来源或力表现为出现在精液的灵魂(pneuma)中或空气中的一种特别的加热能力,它是精液之本质的一部分……而精液本身则仅仅是传递热的一个载体;雄性对后代没有作出任何物质上的贡献。"

会非常有益。所有这些事例都低于生物体和细胞层面——后文将会讨论这个事实的意义。我将讨论三个例子:逆转录病毒(retroviruses)、朊病毒(prions),以及一种"跳跃基因"(jumping gene)。

逆转录病毒(包括 HIV[人体免疫缺陷病毒])的遗传物质是RNA。它们在感染一个细胞的时候,把病毒基因序列拷贝进了细胞的 DNA。其后,病毒基因又被转录回 RNA,它也诱使细胞产生蛋白质,形成病毒颗粒的包被(coat)。"亲代"病毒颗粒对一个与它相似的新病毒颗粒负有因果责任,但它这么做的时候并没有为后代提供物质。⑦

朊病毒在一个非常微弱的形式上具有同样的特点。朊病毒是一种蛋白质,不过它折叠的方式不同于那种蛋白质运行状态正常时的折叠,它也能诱导同一种类的其他蛋白质(同一种氨基酸序列或"一级结构"[primary structure])失去通常的形态,呈现为朊病毒的奇特折叠(Prusiner 1998)。⑧ 结果就造成了各种医学灾难,包括"疯牛病"。再一次地,我们可以辨认出亲代朊病毒和后代朊病毒。亲代对后代负有责任,但仅仅是对后代折叠模式的特点负有责任。亲代对后代的物质存在没有任何责任,或者说,对后代的氨基酸序列没有任何责任。只有一种特殊的形式属性"得到了传递",两者之间的因果关系仅限于此。

---

⑦ 有些意外事件在建构新的病毒颗粒时有可能会回收利用原材料,特别是在逆转录病毒携带了它们自己的逆转录酶的时候。不过,这对逆转录病毒的生殖来说不是根本性的,这样的物质贡献在一个给定的病毒颗粒后代中只占极少的比例。我在这里把逆转录病毒用作主要例子,但我提出的关于形式上的亲代的主张(多少很清楚地)也适用于其他各种病毒。

⑧ 围绕本段所勾勒的关于朊病毒的观点,依然存在一些争议。我假定了一种关于朊病毒和朊病毒病的"唯蛋白质"观点。

最后,"LINE 转座子"(LINE transposon)是一种遗传元素,它能在生物体的基因组里增殖和移动。mRNA 分子的转座子密码被翻译的时候会产生一对蛋白质,它们会立刻与 mRNA 分子本身结合在一起。蛋白质携带 mRNA 回到细胞核,切断染色体某个地方(或者是随机的,有些地方则是特定的)的 DNA,把该 RNA 转录回细胞的基因组。这样,一个新的遗传元素拷贝就被插入了,而旧的还保留着。人类基因组包含着许多这样的元素拷贝。

通常,DNA 的复制方式是,双链分解为两个单链,每个单链成为新双链的模板。因此,"亲代"分子在一个后代分子里只有一半的遗传物质,另一半遗传物质在另一个后代分子里。亲代分子为两个后代分子都贡献了部分物质,也把它的组织贡献给了后代。转座子参与了这种普通的复制,但它也能够通过这第二条不寻常的路线使自己的新拷贝存在,在这条路线里,它决定了形式(DNA 序列),但没有贡献物质。

在所有这些事例中,都存在一个物质影响的链条把亲代和后代关联起来,但亲代无需提供关键的物质片段以产生新的个体。这给生殖标准里的因果要素造成了压力。所需要的是哪类因果影响,需要多大的因果影响? 早先,研究者已经批评了,"可靠的结构传递"这个要求太强了。形式上的生殖的事例揭示了一个不同的"灰色地带"。在某些事例中,可能"亲代"并没有产生一个一个新的实体,而只是重塑或改变了某个已经存在的东西。朊病毒的例子表明了这一点——它作为生殖的事例,显然很可疑。后面还会讨论其他一些事例。正如在山杨那里生殖逐渐变成了生长(growth),生殖也可以逐渐变为转化(transformation)。

4.3 来自大观园的信息

遗传标准和演化个体;镶合的意义;格里塞默和物质重叠。

现在,我将从上文讨论的各种事例中得出一系列结论。首先我将在本节提出一些批评性的观点,然后在下节提出一个积极的图景。

先来看看同一性(identity)这个遗传标准所扮演的角色。人们通常认为,这些标准在这个领域扮演着非常深入的理论角色;在某种意义上,演化论让我们把遗传上同一的东西看作同一个个体的不同部分,无论那个个体最初看起来多么奇怪。当我们考虑生殖和生长之间非常棘手的关系时,植物生物学家们常常提出这个动议。我们可以看到,它是如何把秩序加诸我们在匍匐枝和分株那里遭遇到的混乱情形之上的。甚至当我们面对看起来像是从一颗种子中发展出新个体的情况时,扬森(1977)也敦请我们考虑,所有遗传上同一的蒲公英植物(它们源自一个单一的受精事件)都是一个巨大的分散对象的各个部分。这里的想法不是说,分株和其他无性产生的结构都是一个共同的基因类型(type)的额外个例(token)。那个说法与把实体算作后代的观点是不矛盾的。这里的想法是说,出于演化的意图,像分株这样无性产生的实体应该被视为同一个特殊事物更深入的部分。

这里应用的基本原则是什么? 假设它是像这样的东西:生殖需要一个新的生物个体的诞生,而一个新的生物个体必须在遗传上不同于其亲代。然而,这个原则不能得到广泛的应用。考虑一个细菌培养皿,其中的细菌分裂、竞争。当一个细菌在这个过程中分裂了，但没有足够的突变，这不会被算作生殖。所有的无性"生殖"现在都会被算作生长，除非在此过程中出现了基因变化。病毒将不会有能力生殖（除非它们在此过程中突变或重组）。这样一个观点也导致了奇怪的直观后果——单合子的人类双胞胎将会被视为一个分散的个体的两个独立生长的部分——但这里要紧的是演化论证。细菌和病毒显然能够演化。因此，从演化的观点看，"生殖"的重要意义不能够要求遗传上的新颖性（novelty）。

　　花点时间进一步考虑一下这里发生的事情，这么做是很值得的。要求同一性的遗传标准的心理牵引力非常强大。我们最熟悉的生殖事例——人类的有性生殖——刻画了遗传上的新颖性所扮演的一个显而易见的角色。性别倾向于使生殖变得更明显，因为，后代不可能是亲代双方的单纯延续。在直观的意义上，遗传上新颖的个体是一个新的开始，这是明摆着的事情。我们也可以看到，为什么在那些植物和动物的事例中诉诸遗传标准会变得很有吸引力，即便这个标准与细菌的演化是有矛盾的。如果我们观察细胞分裂，那么，当某个新事物被产生出来的时候，即便不存在性别，这个标准也是显而易见的。不过，如果我们是在处理多细胞实体，那么生殖和生长之间的关系就成了一个问题。这样，生殖包含着遗传上新颖的事物的产生，这个思想就变得很有吸引力。虽然这个思想在最初处理问题事例时很有吸引力，但它不是一个一般解释的良好基础。

　　此外，对遗传"同一性"和"新颖性"的所有讨论都包含着一种理想化，特别是在镶合那里。我在这里与在第 2 章里一样，都抵制强调基因和基因型遍布细胞或生物体的同一性的图景，我更喜欢强调相似性。这可能看起来只是一个细微的改变，但我认为，它导致了我们在如何思考这一点上的显著差异（Loxdale and Lushai 2003）。遗传相似性是一种非常重要的相似性。它有着不同的程度，甚至在一个生物体内部也是如此。一棵老树里的枝干分叉使得这个现象特别生动，不过，镶合现象在某种程度上适用于一切相当长命的多细胞生物体，包括你和我。我们的生命始于一个遗传上统一的状态，因为我们是从一个单独的细胞开始的。但遗传变化在细胞的分裂中是无所不在的，虽然 DNA 针对它部署了种种修正机制。我们的细胞系在缓慢地分叉；随着世系逐渐延长，变异也逐渐积累。我们是细胞集合体，其基因型在非常细微地或更加实质性地变化着。[9] 橡树的分叉是一种对我们所有人都成立的空间化肖像。

我将讨论的下一组思想来自吉姆·格里塞默（Griesemer

---

[9] 这里是一些计算，使用了人为锐化了的数字。真核细胞里每个核酸每次有丝分裂的点突变总体比例大概为 10^{-9} 或 10^{-10}（Drake et al. 1998; Ridley 2000）。我将使用 3×10^{-10} 这个数字（Haag-Liautard et al. 2007; Otto，个人交流）。我们的二倍体基因组包含了大概 6×10^9 碱基。把这些数字结合起来，我们就可以预计，每次有丝分裂平均就会有 1.8 个点突变（母细胞和子细胞相比较）。例如，如果你体内的两个细胞是从 40 次细胞分裂事件之前的一个单独的细胞而来，假设细胞适应度的一个简单的"中性模型"，则我们可以预计，这两个细胞之间会有 144 个点突变差异（绝大多数差异都在非编码区域）。

基因组各处的突变率变化非常大。微卫星点位（microsatellite loci）非常易变（插入和删除，而不是点突变）。弗鲁金姆金等人（Frumkin et al. 2005）利用现有数据建构了一个模型，计算出人类里每次有丝分裂微卫星点位就有大约 50 个新的突变，而一次细胞分裂事件没有导致遗传差异的概率极其微小。事实上，这些高度易变的区域使我们有可能利用系统发育方法来重构一个生物个体里的"细胞树"（也请见 Salipante and Horwitz 2006）。有丝分裂的交换是体细胞变化的一个进一步的来源（Klekowski 1998; Otto and Hastings 1998）。

因此，尽管人们常说，一个人身体里的几乎所有细胞都是"遗传上同一的"，然而事实上，没有人或者几乎没有人会是如此。

2000,2005）。格里塞默认为，生殖这个概念应该被置于对演化的基础性思考的核心，他批评了复制子进路。他也已经开始对什么是生殖作出了一个新颖的分析。他的观点在几个方面不同于我的观点，在本节我将讨论，我为什么不走他走的同一条路。

对格里塞默来说，生殖可以被概括为"有发育能力的繁殖体的物质重叠增殖"（multiplication with material overlap of propagules with developmental capacity, Griesemer 2000: 74 – 75）。这个观点有两个鲜明的特点，一是要求个体生命中要有发育，二是要求要有物质重叠。我将首先集中考察物质重叠。这个想法是，后代是"由亲代的部分构成的，它们不是由完全不同的物质构成的仅仅相似的事物"（2000:74，强调是我加的）。这是格里塞默的观点不同于复制子观点的关键所在。道金斯和赫尔讨论的复制子概念具有一种形式主义的特征，格里塞默发现它与现代生物学对物质的强调背道而驰。后代不是仅仅与其亲代相似的事物——事实上，后代不需要特别相似于亲代——而是在物质上源于亲代。亲代产生有组织的、发育着的繁殖体，这正是结构体得以跨世代地重现的方式。

我赞同格里塞默，物质重叠是很多种生殖的一个重要特点。但一个要求物质重叠的生殖概念过于狭窄了，在对达尔文主义过程的基础性描述中很难讲得通。上一节"形式的生殖"那一部分介绍了一些原因。首先，有些现实的实体可以发生达尔文主义的演化，虽然亲代对其后代并没有作出任何物质上的贡献。逆转录病毒提供了最重要的事例，它们显然在演化（常常会危及我们），并且它们还属于典范事例。逆转录病毒里所发现的亲代—后代

84

之间的关系是很清楚的,细微的变异可靠地在传递着,但它完全是上节所谓"形式的"。病毒的 RNA 和蛋白质这两个部分都是由受感染的细胞制造的。要不是由于可能的循环意外,后代病毒颗粒的任何部分都不会是亲代的物质部分。

此外,我们一旦看到了逆转录病毒展示出来的东西,就会看到一个原则上的要点。达尔文主义的内在逻辑丝毫不要求物质重叠作为生殖的一个特征。格里塞默倘若不考虑物质的重叠,仅仅把生殖考虑为现实世界中新事物的产生(当然,我只是列举了有限的事例)的话,他就会是对的。我们也可以看到,这些特殊种类的生殖依赖于与它们的产生过程不同的实体的存在。不过,这些观察不影响如下要点,即达尔文主义本身并不要求亲代在生殖中作出物质贡献。

格里塞默对生殖的另一个要求是"发育"(develop)的能力。在此场景中,生物生殖者并没有显示出已经具备了再次生殖的能力。它们必须通过一生中的变化来获得这个能力。对于这个要求,我首先要说的是,它对生殖在此扮演的相关角色的理解过于狭隘了。或许病毒有"发育",但这么说实在是把这个概念推扩得太远了。一个病毒产生另一个病毒的方式就足以使达尔文主义的演化出现。不过,这要求个体要有发育,这个思想在下一章还会出现。

4.4 重新开始

放宽的个体性;类型和个例;生物体概念。

我在本章开头勾勒了一种直观的生殖概念,然后讨论了它的弱点。假设有个人能够重新着手这个问题,试图特别地为演化脉络构建起一个生殖概念。这个人最后会提出什么?

最后的解释会具有宽容或包容的特征,特别是在生殖和"个体性"(individuality)这两者的关联之上。生物产生新物质、把旧物质重塑为新事物的方式有很多。有些方式看起来明显是新个体的创造,另一些方式看起来则更加可疑。但许多方式都与达尔文主义变化相容,即便是在它们非常不同于我们通常将之与生殖关联起来的东西时。

分株的集落产物再次是个很好的例子。一旦我们看到连接着的匍匐枝,那么把分株看作一个新个体就成了很可疑的。不过,如果草莓产生了变化的匍匐枝,它们与进一步的分株产物不一样,并且扭结到新的分株上,这就出现了达尔文主义变化的成分。如果分株的产生只是类似于生殖的过程,那么,类似于生殖的过程就够了。

普通的"生殖"术语还有别的内涵。在亲代继续存在而不是(例如)融合的事例中,这个术语非常自然,在融合的事例中,继续存在的亲代和新到来的东西这两者之间没有任何区别。融合在相关的意义上显然是生殖。史密斯(1988)和古尔德(2002)在这个语境里都使用了更加专门化的术语——史密斯用的是"增殖"(multiplication),古尔德用的是"复多"(plurifaction)。我认为,普通的"生殖"术语有着足够的灵活性,不过史密斯和古尔德的术语都有一个优势:它们都暗示了,生殖不仅仅是单纯的更替(replacement)或周转(turnover)。后文将会再次讨论生殖的这个特点。

85

生殖最明显的直观标准之一就是,新实体在物理上的分离(sepa-
rateness)。然而,分离这个角色在演化的脉络中并不是那么清楚
的,因为,分株和其他集落产生的实体可能会保持连接,但它们相
互之间没有多少生理上的交换或依赖。

另外一些影响来自个体性和同一性标准——把事物约束为
一个单元,把一个单元与别的单元划分开来的标准。长久以来,
人们都把"个体"(individual)概念与"生物体"(organism)概念关
联起来(Chiselin 1974; Hull 1978; J. Wilson 1999; R. Wilson 2007)。
这一关联在目前的语境下可能会导致麻烦。首先,在我的意义上
的达尔文主义个体甚至不需要近乎是生物体。基因、染色体,以
及生物体的其他片段都可能形成达尔文主义种群。甚至当我们
考虑有着明确界限的生物体规模的事物时,关于"个体性"的丰富
考虑也可以挤进来。桑特利赛斯(Santelices)在一篇有趣的综述
(1999)里就把标准的"生物个体"概念分成了三个标准。在我们
最熟悉的那些事例中,个体是内在地遗传同质的——遗传上独一
无二的,它们有着"自主性和生理上的统一性"。这些标准可以视
为三个向度,每个向度至少在有-无的意义上都是可评估的,由此
就产生了八个主要的类别。从我的观点看,这些标准扮演着非常
不同的角色。通过重新对"类型/个例"(type/token)作出区分,可
以部分表明这一点。生殖是个例的事情,是例子或特殊事物的事
情。如果一个生物产生了另一个生物,那么,它们是否都属于同
一个遗传类型——它们是某种程度上的拷贝还是复件*——是无
关紧要的。它们依然是不同的、可数的事物。"自主性和生理上

---

* 拷贝(copy)总会有错,有不一样,复件(duplicate)则是完全一模一样的。——译者

的统一性"则与一个特殊的事物如何存活——那个事物如何存活——有关,无论它是不是其他事物的复件。在世界上存活、活动的一种方式就是作为一个生物体,而生理上的统一性则与一个实体是否具有那种状态有关。不过,并非所有的达尔文主义个体都具有生理上的统一性——某些达尔文主义个体压根就没有什么生理的方式。

    "个体性"和生殖之间的关联在某种程度上是不可避免的。生殖包含着一个新实体的产生,这个新实体是一个可数的个体。但这里使用的"个体"的恰当意义则很宽松。两个达尔文主义个体可能是遗传上的复件(事实上是物理上的复件)。一个个体可能在遗传上是异种的(heterogeneous)。只要我们知道谁来自谁,一个大概在哪里结束,另一个大概在哪里开始,那就行了。我在本章开头说过,直观的生殖概念已经被我们熟悉事例的经验塑造得足够自然。在某种程度上,当我们考虑达尔文主义过程的时候,这个概念很好地指引了我们,但在其他一些地方,它却陷入了困境。迄今为止,我一直在揭示困境,不过下一章我将揭示它的一些更加有益的方面。

第 5 章　瓶颈、生殖细胞系和蜂后

5.1　三个类别

集合生殖者、简单生殖者和支架生殖者；与复制子相比较。

生殖位于达尔文主义演化的核心，而种种生殖模式则是演化历史的多样产物。正如我们在上一章看到的，其结果就是我们在生命之树的不同部分发现的生殖过程大观园。生命产生新物质，把旧物质重塑为新事物的方式有很多。它们可以与达尔文主义变化相容，即便它们非常不同于我们通常将之与生殖关联起来的东西。

本章的目标是施加某种秩序。我将首先大致区分三个家族，给每个家族引入一个术语。我是通过勾勒特别理想化的可能性来描述这些家族的，现实的事例在不同程度上例示了这些可能性。我没有打算用这些家族涵盖所有可能的事例。我的目标是分离出生殖关系能够成为达尔文主义过程之一部分的三种方式，它们每一种都扮演着不同的角色。

上一章已经引入了其中一个类别。这就是集合的实体（collective entities），或者更确切地说，集合生殖者（collective reproducers）。这些生殖着的东西的一些部分本身有能力生殖，这些部分主要是通过它们自己的资源而非整体的协作活动来生殖的。一个东西要被算作集合生殖者,它的所有部分不都需要有能力生殖,只要一部分有这个能力就行。

　　属于这类的例子包括水牛群和其他社会性群体、像我们自己这样的多细胞生物体、结合得不是太紧密的共生体,以及集落体。因此,在集合体的事例中,某种类别的生殖描述至少是可以作出的,我们可以说:"这不是通过集合体来生殖的例子,它仅仅是较低层次的生殖加上生殖结果的某种组织。"这不是说,这样的还原主张是正确的,但它至少是可能的。

　　第一类生殖者隐含使用了第二类生殖者。如果集合体的一些部分能够生殖,那么,那些部分可能本身也是集合体,当然也有可能不是。不过,这样的集合体不可能一路细分下去。在一个生物系统中,常常可以把能够独自生殖——或者更确切地说,运用它们自身的机制,结合外部的能量和原材料进行生殖——的最低层次实体的孤立开来。我将把这些称作简单的生殖者(simple reproducers)。这里的典范是细菌细胞。它的生殖依赖于环境——依赖于营养的获得,依赖于合适的温度,以及其他许多事物。然而,它具有内部生殖装置(我希望这么说没有过于隐喻化)。此外,那个生殖装置不是能够独自生殖的事物的集合。细胞分化是整个细胞的活动。

　　不过,在一个层级结构中,简单的生殖者无需是最低层次的生殖着的实体。我将把第三类生殖者称作支架生殖者(scaffolded reproducers)。① 它们甚至可以被称作生殖雇员(reproducee),至

88

---

　　① 我对这个术语的使用取自斯特雷尔尼(Sterelny 2003),他在认知科学的语境里用它来描述由指令、人工物以及学习环境的主动塑造来做支架的学习过程。

少这类中的许多生殖者都可以这么称呼。这些实体是作为某些更大单元的产物(一个简单的生殖者)的一部分而得到生殖的,或者说,它们是通过某些其他实体而得到生殖的。它们的生殖依赖于外在于它们的某种明确的支架。不过,这些实体的确有亲代—子代关系,因此,它们形成了诸多世系(lineage)或谱系(family tree)。

这里的例子包括病毒和染色体。作为细胞分裂的一部分,染色体得到了拷贝;一个新的染色体从旧的染色体产生出来。染色体根据自己的机置不能够做到这一点,或者说在很大程度上不能够根据自己的机置做到这一点。更确切的说法是,染色体是通过细胞而得到拷贝的。尽管如此,新的染色体的确有一个特殊的亲代染色体。至少,一个最近形成的染色体有一个亲代染色体;因此,在像我们这样的生物体里,存在着交换(crossing-over),结果就导致了一个染色体有两个亲代。上一章讨论的那些形式的生殖的例子就属于支架生殖者这一类别。

某种意义上,心、肺、肝也得到了跨世代的"生殖",不过,我这里使用的意义要比那种意义狭窄。产生心脏的方式里不包含"亲代心脏"。当然,你的亲代的确有心脏,但他们的心脏并不是你的心脏出现的原因,它们不是亲代心脏。例如,你亲代的心脏里新出现的怪状不会以任何方式导致你的心脏里的相应改变。(这个标准常常用于对复制子的讨论——下文将会再次讨论它们。)生殖并没有把这些心脏本身关联起来,你的亲代——作为整体的生物体——产生了一个受精卵,它最终长出了一颗心脏。

回到染色体的事例,此时可能有人会说,虽然染色体需要细胞的装置来生殖,但染色体——或者更确切地说,个别的基因——主导着整个局势，因为它们包含了整个过程的"程序"。许多人都不同意这个说法（Godfred-Smith 2007b），不过我的回应是，这样的主张是不相干的，即便它是对的。在物质主义的、机械论的意义上，染色体并没有包含从事生殖的装置，这就是此处运用的标准。

因此，一个简单生殖者能够具有生殖着的部分，如果那些部分是支架生殖者的话。如果某个事物的一部分是简单生殖者，那它就是一个集合生殖者。还有可能存在集合生殖者的集合体。

许多现实的事例都没有落在这三类生殖者之内。对此我们可以区分两个原因。首先，这三个类别是通过勾勒理想化的可能性来呈现的。真实世界的许多事例都与它们并不完全契合，但它们更接近其中某一个类别。秩序被施加在了一个难以处理的大观园之上，这部分是通过理想化而做到的。（人们用"牧猫"＊来描述涉及处理不规则事物的任务，这个俗语在此特别贴切。）还有些事例在更重要的意义上是"混合的"，因为它们正处于两个类别的中间位置，或者是处于从一个类别到另一个类别的路上。真核细胞是从前的一个集合体，它依然有着一个集合体的一些特征。线粒体在不同的生物体里位于简单生殖者和支架生殖者这两者之间的不同位置。

集合生殖者和支架生殖者都可能是有性生殖或无性生殖。不过，这一区分所扮演的角色对于简单生殖者来说则不那么明显。说某个事物包含着它的生殖的全部或大部分装置，这么说似乎暗示着它不需要任何伙伴。典范的简单生殖者——细胞，是通

＊　herding cats，该谚语意为企图控制无法控制的东西。——译者注

过分裂生殖的,虽然它们也融合。原则上,有没有可能存在一个需要另一个同类伙伴的"简单"生殖者? 这对于分类学来说是一个棘手的事例。一种回应是,只有这一对才是简单生殖者。另一种回应是,增加一个新的类别。不过,当性别对其他类别作出进一步划分的时候,它在这里却产生了一个新的类别,这看起来有点奇怪。然而,还有一种回应,这就是将之归为(简单生殖者和支架生殖者之间的)混合或转型类别的事例。这个问题事例只是一个可能的事例,因为实际的细胞独自分裂着。这就产生了一个问题,在地球上的生物中,无性的简单生殖者扮演了核心的角色,这是一个偶然的情况么? 还是说,之所以如此,是因为还存在着某些更深层次的原因?

这里所描述的三个角色是抽象的,不过清楚的是,它们是从以下事物中抽象出来的:生物体、细胞和基因。前面章节讨论过的复制子概念最初是对基因概念(特别是等位基因概念)作出的抽象。后来,梅纳德·史密斯和塞兹莫利(1995)等人对它作了扩展,他们在寻找一个也能适用于不像基因的事物的概念。他们说,在一般的意义上,复制子就是"只有在附近存在一个同种的先在结构,才能够出现"的东西(1995:41)。这明显不同于道金斯和赫尔等人的设想。严格说来,它包含着多细胞的生物体。因此,梅纳德·史密斯和塞兹莫利是在延展复制子概念,以涵盖我这里想要涵盖的同一类领域。不过,如果他们的目标就是如此的话,那么,他们给出的定义就太宽泛了。例如,细胞在基因表达的过程中所使用的所有的酶,都只有在附近存在一个同种的先在结构,才能够出现。在我的框架里,这些酶并不算是生殖者,把它们排除掉的理由是如下事实，即它们并没有形成达尔文主义种群。任何酶分子都没有某个"亲代"酶分子产生它。酶分子的氨基酸序列是由某个基因或某些基因决定的，它的原材料是由食物提供的，它是通过细胞的许多部分共同活动而形成的。其他酶只是这个装置的部分。在此，酶不同于一个基因或病毒颗粒。在这些事例中，每个个体都是一个亲代—后代关系网络的一部分。因此，基因和病毒可以展示出适应度和遗传，而酶则不能。[②]

　　支架生殖者也可以包含只是短暂出现的事物，它们不会持续存在到与后代发生相互作用，倘若产生它们的那个过程具有亲代—子代的关系特点的话。有些长期潜伏的病毒或许属于这一类生殖者。鸟巢是原则上可以具有这一资格的一个更有争议的例子（Bateson 1978, 2006; Sterelny et al. 1996）。如果每个筑巢的鸟都被打上了烙印，忠实地拷贝它在其中长大的鸟巢，那么，那些鸟巢就可以形成一个适当种类的世系，即便旧鸟巢在其"后代"鸟巢被建造出来之前就已经消失了。在此，我们或许在原则上发现了心脏事例里缺乏的一个特点：亲代世代中的新变异会倾向于重新出现在后代世代那里，这是两个世代之间的因果关系的后果。在像这样的例子中，有可能存在至少部分的、衰减的亲代—后代关系，其继承的保真度比较低。

　　在结束本节之前，再作一番考虑：简单生殖者当然是一个关键性的类别。在地球上，细胞是这一角色与众不同的承担者，至少目前是如此。更高层次的生殖（诸如我们、蜜蜂集落体和水牛

---

　　② 　同样的要点适用于对"发育系统"运动中类似复制子或生殖者的单元的处理（Oyama 1985; Griffiths and Gray 1994），也适用于对斯特雷尔尼等人（1996）捍卫的"延展的"复制子概念的处理。戈弗雷-史密斯讨论了这两种选项（Godfrey-Smith 2000）。

群这样的事物的生殖）是精心组织的细胞分裂,结合着偶然的细胞融合。更低层次的生殖（尤其是基因、染色体的生殖）则是通过细胞的分裂和融合而得到组织、统筹,并得以可能的。如果一个火星生物学家来到地球,不用我们常用的那些概念来重写演化论的话,我想这两个事实将会更加突出。细胞占据了一个特殊的位置,但在对演化的基础性讨论中它们常常被忽略了,那些讨论往往专注于细胞之上的生物体和细胞之下的基因。

5.2　瓶颈、生殖细胞系和整合

参数 B、G、I；一种空间化处理；藻类和蜜蜂。

在本节我将更具体地讨论三类生殖者中的一类——集合生殖者。我采取的进路将遵循第 3 章里的风格。我首先会采取一个宽容的态度,欢迎被标为"生殖"的一切不清楚的、特殊的事例。然后,我将引入区分这些事例的特点或参数,并指出它们承担的不同角色。

集合生殖者的事例有三个特点。其中两个与生殖特别有关,第三个则具有更加一般的重要性。我将用符号 B 来表示第一个特点,它代表"瓶颈"（bottleneck）。[③] 瓶颈是一个收窄,它表示不同世代之间的分隔（divide）。这个瓶颈常常是极端的——极端到一个细胞,但原则上这是一个程度的问题。因此,B 的程度是"瓶

---

③　这里我再次使用了"B"这个字母,它在别的章节有时被用来表征两种相竞争的类型中的一种（"A versus B"）。与瓶颈有关的"B"出现时用斜体标出了,就像我们在 G、I、H 等参数里看到的情况,另一种用法则用粗体标出。（当英文字母出现在中文中时,无需加粗已经足够醒目,因此,这种用法下的 A、B 等字母在本译著中仅以正体表示,没有如原著那样用粗体标出。——译者）

颈度"（degree of bottleneckishness）——收窄的程度。我们可以绝对地理解它，也可以把它理解为成熟者和最初规模的关系。在最明晰的那些事例中，这两种理解都可以找到。

在直观的意义上，B 符合生命之初的"全新开始"这个观念。从演化论本身的观点看，它也很重要。在此我将先引入一个角色，稍后再引入其他角色。第一个角色如下。由于一个瓶颈推动着生长和发育的过程重新开始，因此最初局部的突变可能会产生大量的下游效应。效应之一就是一个遗传上的效应；受精卵里的一个单独的遗传变化分支进入了（ramify into）生物体里每个细胞的基因型。不过，基本的要点要更加一般，即便基因不存在，这个要点也适用。当一个大型的生物体从一个小型的、简单的事物开始其生命时，这就为大量的重组和变化创造了一个机会窗口（Bonner 1974；Dawkins 1982a）。

因此，瓶颈的出现就与演化新颖性的产生有关。用第 3 章的话说，B 在起源解释中扮演着一个重要的角色。它影响了演化过程可能会采取的变异种类。这个事实使个体发育成为一个不稳定的过程，因为，许多大尺度的变异都有着糟糕的影响。一般说来，援引瓶颈对变异的影响不是要解释为何会发现瓶颈。后文将会讨论它们的演化。现在的关注点只涉及它们的影响。

在最明显的高 B 值事例中，存在着受精卵和其他单细胞的开端。这些开端可能是有性生殖的产物，也可能是无性生殖的产物。但这里的 B 往往是梯度的问题，而不是一个截然的区分，把单细胞开端和其他开端截然分为两类。再次考虑分株和匍匐枝的事例：匍匐枝越细——尤其是和匍匐枝的来源比起来，新结构就越不像是旧结构的延续。

例如,在许多蕨类那里,分生组织在任何时候都包含着一个单独的"初始"细胞,它分裂产生了一个新的初始细胞,由此给植物体增加了一个细胞。因此,当蕨类——例如欧洲蕨(bracken ferns)——通过地下的根茎产生分株的时候,一棵分株里的每个细胞的先祖都可以追溯到根茎里的一个单独的细胞世系。不过欧洲蕨的分株本身并不是很大、很复杂。相比之下,在像山杨这样的植物里,一个分生组织有三个细胞层(第 4 章讨论过),它在任何时候都有十几个或更多细胞扮演着"初始"细胞的角色。[④] 因此,生长出新的山杨分株的根芽按绝对值来算并不是很"狭窄"。不过,它与将产生的分株比起来,明显要更小、更没有组织。它产生的结构有一个树干,有树枝、花、叶,还有许多细胞分裂点。山杨分株有着自己的组织,并通过循环过程再生着,分株的产生正是以某个更小、更简单事物的部分重新开始为特点的。因此,山杨里分株的产生可以被看作一个有着中等水平 B 值的事例。

本节使用的第二个参数将用符号 G 来表示,它代表生殖细胞系(germ line)。G 衡量的是各部分的生殖特化的程度(the degree of reproductive specialization)。当 G 值高的时候,一个(成熟的)集合体的许多部分都不能成为产生一个新的同种类集合体的基础;

---

④ 许多细节目前尚不知晓,只有一些分生组织(meristems)得到了研究。有花植物里的一个完整的分生组织或许一次包含了数百个细胞,而扮演"初始者"——它们有可能导致一个长长的后代世系——角色的细胞则少得多(大概有一打,遍布三层)。根和芽的分生组织有着同样数量级的细胞,学者们认为,有花植物类型各处的变异很少。不过,初始者可以被替代或取代,相邻的细胞可能多少会承担那个角色(Dumais, 个人交流; Dumais and Kwiatkowska 2001)。

在集合体的生殖中,它们是穷途末路者(dead-end)。

例如,在像我们这样的哺乳动物里,只有很小比例的细胞能够产生一个新的完整生物体,这小部分细胞来自性细胞产生过程中"被隔绝"的细胞。其他体细胞在细胞的层面也可以生殖,但它们不能(至少自然地)产生一个将会成为新人的繁殖体。相比之下,海绵的任何一个片段如果断裂的话,都能够生长为一个新海绵。

G 所扮演的角色也是通过真社会性昆虫——例如蜜蜂;在蜜蜂里,蜂后(和雄蜂)生殖,而雌工蜂则不生殖——的著名事例来展示的。这标志着两种事例之间的区别,在一种事例中,一个昆虫群体是碰巧生活在一起并相互作用的,在另一种事例中,集落体看起来可以被算作一个独立的生殖单元。这不是通常意义上的"生殖细胞/体细胞"(germ/soma)之间的区别。当出现了一个健康的蜂后时,工蜂通常根本就不能生殖。[⑤] 和体细胞系比起来,它们是更直接意义上的穷途末路者。不过,我有时将以更广泛的方式使用"生殖细胞"和"体细胞",用它们来指一个集合体的部分,这些部分能够/不能够通过有性或无性生殖来产生一个新的集合体。

衡量 G 的方式有很多。在有些事例中,把非生殖的单元追溯到生殖的单元,这么做可能会有作用(Simpson,即出)。在其他事例中,我们最好使用一套更粗糙的范畴,把生殖细胞/体细胞的特化标记为"无"(absent)、"部分"(partial)和"完全"(present)

93

---

⑤　由于在有些真社会性蜜蜂物种里,雄蜂在某些条件下会进行无性工蜂生殖(asexual worker reproduction),这里(以及下文)对 G 的评估变得复杂起来。

(Herron and Michod 2008)。在考察例子的时候，我会就此更具体地解释它们。我们也可以把 *G* 表征的特点与另一种意义上的"生殖上的劳动分工"(reproductive division of labor)做一番对比，我们在像细菌细胞那样的简单生殖者中可以看到后者。细胞分裂是整个细胞的活动，在该活动中，各个部分都扮演了不同的角色。这里不存在细胞层面的躯体——穷途末路者，但细胞里的劳动分工当然包含了生殖活动的劳动分工。

有些动物有生殖细胞/体细胞的区别，有些则没有，个体发育在多早时候可以作出这个区别，对此也情况不一(Buss 1987)。植物缺乏我们身体中看到的那种生殖细胞系，不过我将把许多植物（包括山杨）看作具有中等水平的 *G* 值。这是因为，虽然许多细胞都可以产生一棵新的分株，但有些细胞沿着发育的路走下去，这通常阻止了它们在全新分株的生殖中的活动。例如，许多（不是所有）植物里的叶子就是穷途末路者，注定要成为内部导管的各种细胞也是穷途末路者(Klekowski 1988: 165)。

除了 *B* 和 *G*，我还要讨论另一个参数，它更难界定。这个参数就是整体意义上集合体的"整合度"(integration)。我将用符号"*I*"来表示它，我将把它视为对劳动分工程度、各部分相互依赖（自主性的丧失）程度，以及一个集合体与外在于它的东西之间的界限的维持程度等特点的概括(Anderson and McShea 2001)。这些特点都是极端难以捉摸的问题，我的许多讨论都只需要进行大而化之的比较。

G 本身反映了一种劳动分工；*I* 反映了整合度的方式不同于生殖细胞/体细胞这一区分反映整合度的方式。我的目标是，把

总体上的整合与特定的特点区别开来，当一个集合体具有类似于体细胞的东西或穷途末路的部分时，我们就会看到那个特定的特点。当我们比较水牛群的分化和海绵的破碎时，可以看到，它们的 G 值和 B 值一样，但 I 值不同。（海绵可以既具有性别，又无性地破碎。）海绵是一个更有组织的实体，其中的劳动分工超出了水牛群里的劳动分工。

B、G 和 I 扮演的总体角色如下。在集合体的事例中，所有这三个参数的高值伴随着更明显、更明确的生殖事例，这些事例不同于那些更加边缘的事例。当我说"明显的"时，我的意思是，生殖不太容易被合并到别的事物中去。通过 B，生殖更明显地区别于生长。通过 G 和 I，集合体层面的生殖更明显地区别于仅仅是较低层次的生殖外加生殖结果的组织。在这里，某个"直观的"生殖标准与我们从演化论本身学到的东西之间发生了积极的相互作用；当 B 值高的时候，在直观的意义上存在着一个"全新的开始"，但这个直观的意义在演化论里也很重要。

性别是扮演了同样角色的另一个特点。有性生殖产生了一个新的实体，它不同于亲代的单纯延续。不过，性别并没有处理所有事例。它有助于我们区分生殖和生长，但无助于我们解决涉及低 I 值集合体（例如集落体和兽群）的问题。在这个脉络里，一个兽群分化出一部分，该部分生长为一个新的兽群；以及一个兽群分化出一部分，该部分与来自另一个兽群的一部分相结合。这两者之间看起来没有太大区别。

为了让这个对比更明显，我将再次使用空间框架。图 5.1 对上文和下文讨论的各种现象作了分类。这第一个图的目标是，粗

94

糙地表征许多迥然不同的事例。我假设,当我们把像藻类和我们自己这样差别巨大的生物体放在一个单个的图中时,我们不可能对 B、G、I 作出很好的区分,但我们还是可以富有启发性地对之作出粗糙的区分。因此,我这里把每个向度都三分为低值、中值和高值(对应于 0、1/2 和 1)。在每个事例中被表征的是生殖的模式。在某些事例中(例如海绵和山杨),实体可能会涉及不止一个模式。

　　对于 B 的区分是,所有瓶颈的缺失(低值)、有一些重要的瓶颈(中值)、有一个最低限度的微小(例如单细胞的)阶段标志着生命循环的开始(高值)。对于 I 的区分是,能够独自存活的实体的松散聚集(低值)、在集落体和像海绵这样的简单生物体中看到的那个水平的聚集(中值)、在复杂的多细胞生物体中看到的那个水平的聚集(高值)。在 G 的事例中,我区分了所有较低层次的单元都能够(无性地或有性地)产生一个新的集合体的事例(低值)、部分地生殖特化的事例(中值)、在生殖细胞和体细胞之间存在着截然区别(这一区别在发育的早期阶段就合理地确立了)的事例(高值)。这个图里对各种事例的所有分类都是依据生物遗传里较低的层次来作出的。在许多事例中,相对较低的层次是细胞的层次。唯一的例外是水牛群,在此较低的层次是生物个体。⑥

---

　　⑥　在植物的事例中,许多植物学家也认识到了细胞和分株之间的"模块"这个层次(例如 Vuorisalo and Tuomi 1989a)。下一章将对这个层次稍作讨论,不过我在这里没有涉及它。

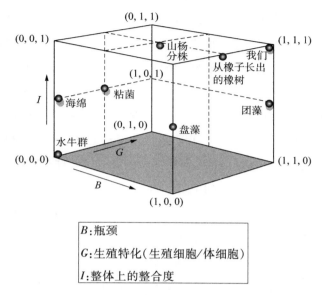

图 5.1　使用了三个与生殖相关的维度（B、G、I）的一个达尔文主义空间

从左下角出发，水牛群在所有三个维度上的分值都很低。海绵通过破碎（不是通过性）进行的生殖只在 I 值上不同于水牛群。黏菌——这里的生殖者是子实体，它产生了更多的子实体——具有中等水平的整合，有些生殖特化，没有瓶颈。新的子实体是通过许多单细胞生物体的聚集而形成的；它不是通过从一个小的繁殖体分裂生长而来的。我把像山杨和橡树这样的种子植物视为高度整合的。上面讨论过，山杨在 B 和 G 上都具有中等程度的值。

盘藻（*Gonium*）和团藻（*Volvox carteri*）是集落的绿色藻类——我将对它们再次稍作讨论，它们在 I 值上有所区别。在图 5.1 里，它们都被算作具有中等水平的 I 值，通过一个瓶颈生殖，它们之间

96

的区别在于以下事实：前者没有生殖特化，而后者则有着严格的生殖细胞/体细胞的区别。生殖特化使得从一颗橡子长成的橡树以及我们自己都是通过瓶颈生殖的多细胞生物体，我们和橡树只是在 G 值上有区别。

正如该图所展示的，我们可以预期，这三个特点可以在不同的程度上相互关联。不过，它们往往在逻辑上是独立的；原则上，低值和高值的任何结合都是可能的。例如，虽然对应于高 G 值与低 B 值相结合的领域在图中是空的，但完全有可能存在一个具有生殖细胞/体细胞区分的集合体，但该集合体并没有通过瓶颈而得到生殖。或许存在着这种真实事例。

我们也可以以更加聚焦的方式来运用这个框架——只选择几个事例来作出更好的区别。我将讨论两个例子。图 5.2 比较了团藻群体里的一些集落绿藻，这个群体常常被视为在研究多细胞体时的一个富有启发意义的系统（Kirk 1998, 2005; Michod et al. 2003）。

这些生物体生长在水环境中，特别是池塘里。一个单独的细胞反复分裂，产生了一个集落体，该集落体的组织可以有各种规模和程度。集落体用它们成员的鞭毛游动，在白天移到浅水区利用阳光，在夜晚移到深水区收集营养素。当食物充足的时候，它们进行无性生殖，在旧的集落体内部从单独的初始细胞形成新的集落体。新的集落体从旧的集落体内部出芽或被释放出来。当食物短缺的时候，它们进入有性循环，产生"接合孢子"（zygospores），这些接合孢子一直处于休眠之中，直到情况改善。这里，我只考虑它们的无性生殖模式。

图 5.2 放大了图 5.1 右方的片段,它假设 B 是高值。我对 G 只作上面描述过的三分。我对 I 要作进一步的区分,不过我是以一种诚然不精确的方式来作出进一步区分的。图 5.1 把这些区分都作为中等水平的 I 值。对这些集落体的勾勒乃是基于基尔克(Kirk 2005)的思想,它们不是按比例的勾勒。

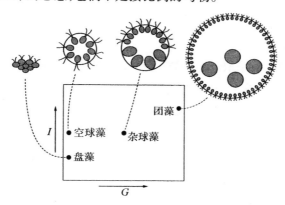

图 5.2　某些集落绿藻的(G、I)对比

从左边开始,盘藻集落体是由 8—16 个细胞松散地组织起来的一个平块。所有的细胞在移动中都发挥着作用,所有的细胞也都能够生殖。空球藻(Eudorina)则是由 32 个细胞形成的一个有组织的球体,它的内部和外部有区别,但没有生殖特化。相比之下,在杂球藻(Pleodorina)里,存在着部分的生殖劳动分工。这些集落体包含着 64—128 个细胞。所有的细胞一开始都挥舞鞭毛游动着,但有些细胞后来放弃了这个躯体的功能,承担了生殖的功能。另一些细胞则没有生殖。因此,现在杂球藻的 G 值是中等水平的,但它与空球藻集落体的整体整合度大致处于同一水平。最后,还有团藻。现在,这个集落体的细胞数量是 2^{12},它是一个高

97 度有组织的球体,在生殖细胞和体细胞之间存在着截然的区别。只有极小比例的细胞是生殖的,这个任务很早就被指派了。绝大部分的细胞都是穷途末路者。

图 5.3 则比较了各种蜜蜂集落体。最著名的蜜蜂集落体是真社会性的集落体,它们有着明显的生殖阶级和工作阶级,有着明确的劳动分工。不过,蜜蜂也有另外几种社会结构(而许多物种都是完全独栖的)。

对于 *G* 我采取了同样的三分。*I* 轴现在丈量的东西就相当于图 5.1 的全部领域,从松散的聚集体(aggregations)到高度整合、界限明细的集合体(collectives)。不过,各个事例 *I* 值的确切位置是不精确的。我们很难把这些事例像图标 5.1 里那样排序,特别是右上角的那些事例,我已经不再试图那么做。只考虑蜜蜂之间的对比,这么做要更清楚些。

从左往右推进,最简单的蜜蜂社会结构通常被称作公社(communal)结构(Michener 1974)。在此,许多雌蜂使用了一个共同的蜂巢。每个雌蜂都生殖,因而都不仅能够产生新的蜜蜂,还能够(部分地)产生新的集落体。每个雌蜂独自供给蜂卵。它们在防御的时候可能会有些合作,但却没有亲代抚育上的分工或其他劳动分工。这种集落体的规模从一对蜜蜂到成千上万只蜜蜂不等。我们在小小的"汗蜂"(sweat bees)里可以发现公社组织的

98 事例,它们被这么命名是因为它们很容易流汗,它们常常有着美丽的金属绿颜色。(例如金边富贵汗蜂[*Agapostemon virescens*]:Abrams and Erickwort 1981)

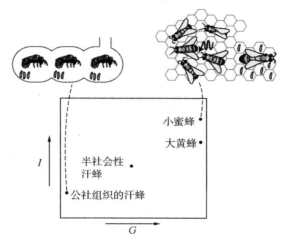

图 5.3　蜜蜂集落体的比较

　　公社组织的一个极端是逐渐变成"独居"蜜蜂的局部聚集——在这些事例中,蜂巢很接近,但不是共享的(E. Wilson 1971:99)。在此,根本就不存在任何的集合体。公社组织的另一个极端则是逐渐变成准社会性的组织(quasisocial organization)。在这些事例中,所有的雌蜂都是潜在地能生殖的,但它们在照料蜂卵时有些合作。因此,如果要标记准社会性的蜜蜂,那它们的 I 值要更高些,但 G 值没有变化。目前自然界是否存在这类事例,学者们对此尚有争议(Wilson 1971, Crespi and Yanega 1995)。

　　我标记的中等水平的事例是半社会性水平的组织(the semi-social level of organization,这依然是米切纳[Michener]使用的术语)。在汗蜂里又可以发现这样的例子(不过有些争议),这就是著名的隧蜂(*Augochloropsis sparsilis*, Michener and Lange 1958)。这些集落体包含着同一个世代的许多雌蜂,它们分化成一个既能觅食,也能下卵的大群体,以及一个根本不能下卵的小群体。因此,这里存在着某种程度的生殖特化,但它们没有分化为在大小和形态上相互区别的不同阶级。它们在喂养后代时相互合作(因此 I 值更高)。

然后,是图右边的集落体,在这些集落体里,一个蜂后下了绝大多数的卵,而绝大多数的雌蜂是不生殖的工蜂,这些“阶级”在每个蜜蜂的生命早期就被决定了。图里展示了两个例子,小蜜蜂(honey bees, *Apis*)和大黄蜂(bumblebees, *Bombus*)。小蜜蜂集落体包含着成千上万只个体,阶级分化明显,劳动分工明确。集落体的成员通过“摇摆舞”(以组织觅食)和化学警报信号进行着复杂的交流。相比之下,大黄蜂集落体的成员则数以百计,阶级分化没有那么明显,喂养幼蜂的方式也不太复杂,它们没有舞蹈或化学警报,个体之间存在着某种内在的进攻性(Wilson 1971: 88)。在有些(不是所有)大黄蜂物种里,工蜂下出没受精的卵,它们会长成雄蜂。小蜜蜂集落体里也会发生这个情况,但这不是正常情况(Bourke 1988)。当大黄蜂的工蜂下卵的时候,其 G 值减小了。由于我在此的部分目标是表明,I 和 G 是如何既在生物上相关联,又在原则上相区分的,图里的大黄蜂物种应该被假定为只有蜂后才下卵的那个物种。工蜂会下很多卵的真社会性蜜蜂物种,其 G 值位置会移到左边。

这里,我只表征了蜜蜂的 G 值和 I 值,但它们的 B 值也存在一些有趣的情况。在公社组织的事例中,集落体是由聚集的雌蜂形成的(它们不需要密切关联:Kukuk and Sage 1994)。因此,公社组织的蜜蜂接近于图 5.1 里 $(0, 0, 0)$ 那个角落。而在大黄蜂里,每个集落体都是从一个单独的雌蜂开始的(高 *B* 值)。相比之下,小蜜蜂集落则是从包含着一个蜂后以及许多工蜂的蜂群开始的。所以,"繁殖体"在相对和绝对的意义上都是很大的,不过,一个新蜂后的群体(一个"后-蜂群")里的工蜂在某种程度上就近似于母集落体(the mother colony)产生的一个巨卵里的额外物质。随着时间的流逝,它们会被蜂后的后代取代。

图 5.3 表征的是当今的蜜蜂,但那里作出的区分据信对应于真社会性的两条演化之路的其中一条。这是准社会性的道路(parasocial route),在这条道路上,一个单一世代的不同雌性之间的蜂巢共享与合作最终导致了生殖上的劳动分工和复杂的社会组织。另一条道路是亚社会性的道路(subsocial route),这条道路上的蜂母与其蜂女保持着接触。准社会性道路据信是蜜蜂独有的(虽然不是所有的蜜蜂都是如此),而其他社会性昆虫(例如蚂蚁[ants]和白蚁[termites])则据信采取了亚社会性的道路(Wilson 1997: 99)。这就是半社会性的类别如此有趣的原因之一——它是通往完全社会性的道路上的一个中点站。团藻图 5.2 里那条从左下角到右上角的线也被假设为至少大致地对应于实际采取的演化道路(Kirk 2005)。因此,这两个图里的藻类和蜜蜂全都是现存的生物体,而它们所标示的点则展示了本书使用的动态空间解释。

在此,我用了 *B*、*G*、*I* 来处理集落的实体。最好把相似的分析风格用于另两种生殖者,但这些特殊的参数在其他事例中看起来似乎没有多大用处。高 *I* 值在像细胞这样的简单生殖者那里几乎是不可避免的,但在支架生殖者那里则是不必要的。许多支架生殖者本身并没有包含许多"装置"。它们是一个简单生殖者的装置的部分(染色体),或者是通过包含在其他事物中的装置而进入达尔文主义过程的(病毒)。*B* 和 *G* 在此也都没有扮演什么角色。实话说,甚至在像细胞这样的事例中,问 *B* 和 *G* 的值都没有多大意义。但抽象地理解,我们还是可以问,细胞分裂是否包含着一个收窄和还原的过程,以及随之而来的重建? 细胞的某些部分承担的角色是否类似于体细胞? 而这两个问题的答案都是否定的。因此,高 *B* 值和高 *G* 值对于所有确定的生殖事例来说都不是必需的。在此,对集合生殖的解释力图处理对应生殖概念的一类特殊的"压力",这种压力来自较低层次生殖的存在。另一类压力则来自有关生殖着的实体的界限的问题。所有三类生殖者都面临那类压力,我这里没有讨论这类压力(请见 Griffiths and Gray 1994; Turner 2000)。我在第 4 章题为"世代交替"的那一部分也遗留了许多没有解决的问题。

我在前文讨论过格里塞默对生殖的解释,它要求世代之间要有"物质的重叠",还要有发育(4.3)。我们可以重访那个讨论,现在要讨论的是简单生殖者/集合生殖者/支架生殖者之间的区分。在支架生殖者的事例中,既不需要物质的重叠,也不需要发育。简单生殖者的生殖一般有着物质的重叠和发育,不过看起来它们不是必需的。而在集合生殖者的事例中,瓶颈的出现的确暗示了某种类似于发育的东西。看待这个情况的一种方式如下:物质的重叠和发育是许多生殖者的特性。不过,一旦有了那些种类的个体,其他实体就有可能以不同的方式生殖和演化。

5.3 去达尔文主义化

对较高层次的颠覆；对较低层次的抑制；作为低层次实体去达尔文主义化的 B 和 G。

第 3 章使用了五个参数来描述达尔文主义种群：H（遗传保真度）、V（变异的丰富度）、S（适应度差异对内在特征的依赖度）、C（连续度），以及 α（生殖竞争程度）。其目的是要说清楚，把典范事例（它们赋予了达尔文主义机制以重要性）、无足轻重的事例以及边缘事例（在这些事例中，核心的达尔文主义条件只是近似地达到了）区别开来的东西是什么。在本章，我已经用了三个参数来描述集合体里的生殖：B、G 和 I。现在我就把这两个讨论结合在一起。

生殖采取的不同形式对第一组参数所描述的特点有影响。为了考察这些关系，我将开始更明确地关注生物层级结构中的层次。我用一种很简单的方式来理解有关不同层次的讨论，这样的讨论涉及部分／整体的关系。层次为 n 的实体（至少部分地）是由层次为 n-1 的实体构成的。生物体是由细胞构成的。社会群体是由生物体构成的。下一章将会更广泛地讨论层次。在本节，我仅仅关注一个事情，像我们这样被整合起来的多细胞生物体的演化与我们体内细胞之间的关系。

人形成了达尔文种群——我们变化、生殖并继承着各种各样的特征。但我们的某些部分——包括细胞——也在这么做。它们也在变化、生殖，并在生殖中传递着许多特征。在这一种类的一个集合体里，较低层次实体的独立演化带来的"颠覆"（subver-

101

sion)就形成了一个威胁。如果一个细胞具备了一个特点,使它能够比其他细胞分裂得更快,而那个特点在生殖中又得到了可靠的传递,那么我们可以料想,那个特点会扩散,无论该特征对整个生物体来说是好是坏。因此,像我们自己这样的集合体如何一直活下去? 当然,有时候我们并没有一直活下去。癌症就是细胞层面的达尔文过程的结果(Frank 2007)。不过,一旦我们看到了这里原则上的可能性——一旦我们把我们自己看作有着达尔文主义诸部分的集合体——那么,我们多多少少地维持着自己,这就可能很令人惊讶了。近来的生物学对防范这样"颠覆"的机制非常感兴趣。在本节,我将评述其中的一些思想,并在目前的框架内重铸它们。

生物体和生物体内的细胞都形成了达尔文主义种群,但复杂的多细胞生物体的有些特点则部分地抑制了细胞部分的演化活动。我将把这称为通过较高层次上的演化而对较低层次实体进行的局部"去达尔文主义化"(de-Darwinization)。

瓶颈就是这样的特点之一(Grosberg and Strathman 1998)。这是上文提到的 B 扮演的第二个理论角色。巨大的生物体从如此小的东西开始其生命——单细胞阶段得到了保留——这初看起来很令人惊讶。较小的事物往往很容易被较大的事物吃掉,作为大东西常常还有别的优势。因此,与其从小的事物开始,再迅速变大,为什么不从较大的事物开始? 狭窄瓶颈的一个后果是,它们保证了形成下一代生物体的那些细胞里最初的一致性。结果就是,演化活动的舞台受到了限制。

把一个单独的生物体里的细胞看作一个达尔文主义种群,这么说不是要承认，所有人（例如）的细胞一起构成了一个种群。后面我将回到这个话题。现在的要点是关于构成了一个人类生物体的每个细胞种群，我们分别来考虑这些种群。这样，瓶颈就限制了这个小种群的 *V* 值（变异的丰富度）。细胞分裂的过程始于一个共同的基因型。遗传上的以及"表型上的"变异会产生，但演化竞争的范围缩小了。[⑦]

　　我说了，范围缩小了。不过，如果一个生物体只有一个瓶颈，那么，的确发生了的细胞层面的活动就会产生明确的后果，不仅会影响作为个体的生物体的生命，还会影响更高层面的演化。我们选个简单的事例，假设细胞分裂形成了一个大的生物体，但哪个成熟细胞会成为一个繁殖体或孢子，长成一个新的生物体，这是偶然随机的。如果这是一个随机的过程，那么，像孢子这样的细胞就会是那个生物体在到那时为止的生涯中在生殖上做得好的细胞类型的代表。这样，我们预期，在多细胞生物体里增加了其表现的那些细胞世系会兴盛起来，并传播开去——不仅在生物体活着的时候得到传播，还在那些生物体的世代更替中得到传播。我们看到，瓶颈在每个个体里的细胞层面缩小了演化范围，但它没有缩小这样的演化的影响。因此，似乎每一个新的多细胞生物体世代都是从生物体内部成功的竞争胜出者开始的（Michod 1999）。

　　这个表面上的问题有可能很严重，也有可能不严重，这取决

---

　　⑦　早先，对于 *B* 的绝对标尺更重要还是相对标尺更重要，我说得有些含糊。在清楚的事例中，*B* 的绝对标尺和相对标尺都存在。不过正如约翰·马修森（John Matthewson）所指出的，绝对的标尺在这一去达尔文主义的角色中要更加重要，而相对的标尺在与集合体演化中变异的补充相关的早先角色中则更加重要。

于生物体,该情况还有其他一些特点,后文会讨论它们。不过,现在可以得出一个观点。考虑一下,如果存在对一个生殖细胞系的早期隔离(early sequestration),那将会发生什么?这样,无论存在多少体细胞的演化,在某种意义上它都是不相干的。当一个细胞世系在生物体中竞争胜出的时候,这可能会影响该生物体会繁殖多少,但它不会影响发起生物体层面下一个世代的那些细胞的构成(composition)。

在我的框架里,这涉及参数 S 所扮演的角色。当(例如)运气(lottery)决定了哪些细胞会成为繁殖体的时候,具有使之在生物体内竞争中成功胜出的那些特点的细胞,或许也能够在更长的时期内占据主导地位。当一个生殖细胞系存在隔离的时候,有助于在生物体内部获得成功的那些特点并没有扮演这个角色。能够成为漫长细胞后代世系的前体的那些细胞,是由于它们的位置、它们与生物体其他部分的关系而显著的。

103   第 3 章在引入 S 的时候已经勾勒了这个论证。一个生物体除了存在一个隔离的生殖细胞系,还存在适应度有高有低的其他细胞。不过,在那种集合体中,细胞可遗传的内在特点在长时期里具有的重要性很有限。达尔文主义过程在较短的时期里依然会发生。免疫系统适应一个新的导致疾病的入侵者就是一个事例;人得癌症则是另一个事例。不过,这个生物体内的演化有一个终点,只有生殖细胞系的细胞才能够产生漫长的世系。除了在一些不寻常的事例中,一个细胞不能使它自身从外部进入生殖细胞系。这就为在一个生殖细胞系提供的特殊舞台里的竞争留下了可能性,第 7 章将会讨论这一点。

因此，当生物体层面的 G 值高的时候，细胞层面的 S 值则会降低。隔离的生殖细胞系在一个多细胞生物体里的出现，部分地把生物体之下的细胞种群去达尔文主义化了。回头看看图 3.1 里的空间化表征，我们可以想象自动地在那个空间中运动的两个种群。集合的实体形成的一个种群从一个边缘事例开始，它有着偶然的遗传度——就生殖可以得到界定的范围而言——还有其他一些非典范的特征。随着这个集合体的整合，它们发展出了特化的生殖装置，这样，它们就可能会朝着空间的典范区域移动。而一个生殖细胞系的获得则意味着，它们变成了另一个种群，细胞构成的种群。细胞分裂依然是一个伴随着变异的可靠继承的过程，但细胞之间的许多适应度差异现在与内在特征无关了：S 值变低了。至少在那一方面，它们偏离了典范领域。因此，这两个种群都穿越了第 3 章的达尔文主义空间。之所以会发生这个情况，部分是由于集合体（新的达尔文主义种群）在描述生殖的空间中所做的事情（图 5.1）。

在此，我已经考察了瓶颈和生殖细胞系的影响；这可能会告诉我们它们的起源，也有可能不会。下一章将会更详细地讨论这些问题。

5.4　边缘事例和生殖

持存和变态；更替和增殖；物种选择；分株、性别和起源解释。

我详细阐述的这个图景认为，达尔文主义变化需要生殖，但只是在一个包容的意义上需要。即便在生殖很难与其他事物区别开来的时候,达尔文主义变化也可以发生。但典范的达尔文主义种群往往用确定的亲代—后代关系把构成这些种群的个体关联起来。边缘的达尔文主义种群的生殖模式本身也常常是边缘性的。鉴于我们的日常经验,生殖的一个"边缘性的"事例并不是一个看起来奇怪的事例。至少对我来说,世代更替是奇怪的,但关于它不存在任何边缘性的事例。边缘事例是这样一些事例,生殖在其中是不清楚的,这在某种程度上造成了达尔文主义差异。

为了阐明这一点,我将首先考察一个极限事例(a limiting case)。许多人已经注意到,从形式的观点看,无性生殖一个后代外加亲代的死亡(或者,分裂生殖[fission]外加一个后代的死亡),与亲代的持存看起来没有太大区别。一旦我们注意到这个事实,我们就会陷入第2章结尾提到的一个问题:为什么生殖对于一个达尔文主义过程来说是必需的?如果选择通过删除一些事物,保留别的事物而改变一个种群,那为什么这还不够?⑧ 我早先处理这个问题的时候,要么把没有生殖的选择看作达尔文主义过程的一个部分,要么把它看作对达尔文主义过程的一个苍白类比,但情况为什么是这样,对此我没有说太多。关键看起来可能主要是表述的事情。但这个问题在形而上学中的争议里变得复杂起来:有些哲学家认为,任何物理事物的持存(persistence)都是一个因果的事情,在持存中早先暂时的阶段导致了其后的阶段(Loux 2002)。从这个观点看,持存本身可以被视为一种生殖。

我们对此可以作出一种回应,它不是表述的事情,也不是形

---

⑧ Fagerstrom(1992)对适应性作出了一个分析,它把持存和生殖视为等价的,而布沙尔(Bouchard 即出)则论说了,在这样的分析中世系的持存应该取代生殖。也请见Darden and Cain (1989)。

而上学的事情。如果持存类似于一种无性生殖，那它也是一种非常边缘性的无性生殖。在最简单的例子中——当一个事物从一天持存到另一天的时候——持存的过程中不存在瓶颈，也不存在对那个实体的重组。我要考虑另一个更有趣的事例，在这个事例中，变态（metamorphosis）这一步骤破坏和重构了个体的组织。这与瓶颈相似，它在不同的"世代"之间作出了一个并非任意的划分。事实上，许多种类的变态——特别是昆虫里的变态——都包含着生物体里大部分细胞的死亡。生物学家们设法处理着生殖和变态之间的区别（Bishop et al. 2006）。

不过，如果这些是生殖的事例，那在这些事例中每个个体最多就只有一个后代。它们没有包含增殖（multiplication）的可能性（Maynard Smith 1988），它们只包含更替（replacement）。从而，种群能够产生适应度差异的唯一途径就是变得更小。它的演化可能性是非常有限的；例如，选择不能够以第 3 章里讨论的那种方式在起源解释中扮演一个角色。当"生殖"没有包含增殖的可能性时，结果最多也就是一个低能的（low-powered）达尔文主义过程。

这个极端的、简单的事例可以用来阐明其他事例。更高层次实体——例如物种和演化支（clade，生命之树的整个枝干）——有差别的持存和增生（proliferation）曾经常被视为达尔文主义的（Gould and Eldredge 1977; Williams 1992; Lloyd and Gould 1993; Gould 2002）。即便去除掉这个思想所需的强因果假设，所讨论的那些实体有时候看起来也不能够进行生殖。在"演化支选择"（clade selection）的事例中，奥卡沙（2003）认为，这个思想本身存在着逻辑上的障碍,因为根据其定义,演化支应该包括来自一个特定物种的所有后代世系。一个"亲代"演化支不复存在的唯一途径就是,来自于它的所有后代世系都不复存在,这样,一个演化支的后代就不可能活得比这个演化支长,这是一个逻辑问题。

让我们先来看看"物种选择"(species selection)。物种是非常巨大的集合体,没有什么整合(虽然这一点可能是有争议的),也没有生殖细胞系。然而,新物种出现的有些途径的确包含着一个瓶颈,它们也常常被看作最重要的途径(Mayr 1963)。少数个体被孤立起来,它们随着增殖,踏上了一条新的演化路径。因此,物种的集合体不大可能形成典范的达尔文主义种群,然而,物种选择这个思想在目前的框架中并不是特别地牵强附会。(这一"奠基者效应"的物种形成["founder-effect" speciation]在图 5.1 里可以迈向[1/2,0,0]。)不过,当我们考虑比物种还大的生命之树元素时,生殖这一思想就变得更加脆弱了。我把奥卡沙援引的逻辑困难视为问题的症状(symptom),而不是把它视为问题的核心(core)。或许存在着一些重新界定"演化支"的方式,从而演化支的生殖这一思想至少是前后一致的(Haber and Hamilton 2005),但实际上它会是一种非常边缘性的生殖。演化支可能会有所区别地被淘汰,但这对一个显著的达尔文主义过程来说还不够。

在本节最后,我将回到早先讨论过的一些问题,现在,我要摆出我自己对生殖的处理。这些问题是有关分株、基株、性别和同一性的问题。

许多研究"模块化"生物体("modular" organisms,例如珊瑚和植物)的生物学家,都把基株(遗传个体)视为基本的演化单元。

一个基株在空间上的任何扩展都被算作生长（Janzen 1977; Cook 1980）。正如我在前文指出的，当我们把这个观点扩展到单细胞生物体的时候，会导致奇怪的后果。另一种观点则认为，每当生命循环通过一个单细胞阶段的瓶颈，这就标志着一个新的世代，因而就是一个生殖的事例，无论瓶颈两边的实体之间有着怎样的遗传关系。这个观点得到了道金斯的辩护（1982a），也得到了哈帕（1977）的引用。⑨ 不过，任何的单细胞阶段都标志着一个生殖的事例，这一思想与变态现象之间的关系很棘手，上文我们对此也有所讨论。斯特雷尔尼和格里菲斯（1999）将之作为反对道金斯的论据。许多生物体在其生命循环的不同阶段都展示出了收窄。有些寄生虫的变态试图穿过一个物理屏障而进入宿主，它们甚至收窄到了只有一个细胞的程度。当我们考虑那些事例时，基株作为单元看起来可能会再次是个有力的观点。一个事物在重建自己的身体前可能会或多或少地破坏它，其破坏程度取决于它散播的环境，或必须要突破的屏障。

106

这里是那些问题根据本章的内容看起来的样子。"生殖"涵盖了一系列的现象，包括那些演化上更加显著的现象，以及更加

---

⑨ 虽然道金斯引用了哈帕作为他的资源，但哈帕自己在这个领域的观点似乎更加复杂。哈帕说（1977：27n），任何单细胞阶段都标志着生殖的事例，不过他也说到，适应性的承载者乃是基株，由一个受精卵产生出来的所有遗传上同一的物质（1985：5; Harper and Bell 1979: 30）。我不确定如何调和这两种观点，因为我假定，一个东西无论什么时候生殖，它由此都具有适应性。这解释了，为什么哈帕有时被描述为是在主张生殖的瓶颈标准（Dawkins 1982a; J. Wilson 1999），有时被描述为是在主张生殖需要新基因型的确立（Vuorisalo and Tuomi 1986）。类似地，我在第 4 章援引了杰克逊（Jackson）与科茨（Coates）的主张，基株是选择作用于其上的"基本单元"，杰克逊在 1985 年的一篇论文里说到，他将把生殖视为"物理上分离的个体通过无性的或非无性的手段在数量上的增加"（1985：298）。我们在这同一页可以瞥见生物学家们在与这些问题相搏斗时的心态，在那里，杰克逊说到了无性系形成能力（clonality）迫使生物学家们对诸多概念进行"噩梦般的重新考察"。

边缘性的现象。对于集合体的事例来说，*B* 是这一区分的一个标志。不过，没有增殖可能性的生殖——在所有的事例中，而不仅在集合体的事例中——乃是一种演化上微弱的或边缘性的生殖。变态与生殖相近（由于瓶颈）的事例就像那样。如果存在生殖，那它也只是一个单纯的更替。在集合体的事例中，*G* 和 *I* 也很重要；如果只有一头怀孕的水牛突破了那个缺口，那么仅凭这头水牛并不能使水牛群成为达尔文主义个体。生殖在演化上的重要意义并不受丰富的"个体性"标准，特别是遗传标准的约束。一个基株或集落体是通过遗传同一性而被绑在一起的东西，这种想法在许多事例中都是理想化的。

关于生殖、瓶颈和性的这些思想不是基于直观，而是基于对达尔文主义和达尔文主义解释的一个受到独立促动的说明。在本节的最后，我将展示这个事实。考虑诸多植物的一个集合，这些植物通过无配生殖、种子的无性生产而产生了新的生理个体。在第 3 章，我概要地描述了，自然选择如何能够被包括进起源解释。它是通过改变新的变异型出现于其中的那些遗传背景的排列来做到这一点的。假设有两个基因型，一个基因型距离将会产生一种特殊新表型的基因结合仅有一步之遥，另一个基因型则离那个基因结合还有很多步。选择可以通过使基因结合的前体更加常见，从而使得新的表型更有可能出现。这增加了一个单独的新突变能够导致新表型出现的途径数量。当我早先勾勒选择在起源解释中扮演的角色时，我使用的例子并没有说明生殖是有性的还是无性的，也没有说明这种现象是否与无性生殖相容。当性别出现了的时候，它对起源解释来说就有着自己的重要性，因为，配子的融合使不同世系中的遗传物质合在了一起。但上文勾勒的选择在起源解释中扮演的角色并不需要性别。因此，如果第 3章给出的是对自然选择所扮演角色的一个尚佳的描述，那么，由自然选择导致的演化与集合体的无性生殖就是相容的，即便它们也能够有性别。再一次地，那里所描述的过程的明显特点是，通过使前体类型变得更加常见，也就创造出了一个单独的突变满足新表型的额外"插槽"或"机会"。增加前体的常见度，可能就是产生额外的无配生殖个体。

上面我们想象了，通过无配生殖变得更加常见的一个新颖表型的前体。我们也可以想象前体分株的产生。这两者等价么？在某种意义上，两者等价，但它们之间存在着一个关键性的区别，这就是它们在 B 值——瓶颈这个参数——上的区别，一个单独的突变出现在一个无配生殖的种子里，可能要比出现在分株的分生组织里，更有助于产生一个新颖的表型。分株对于发育过程来说不是一个全新的起点，而种子却是。这不是说，分株里的突变不会导致任何重要的东西，所有喝香槟的人都会回想起这一点。我们应该举杯敬一下分株里的突变。但我们应该把杯子举得更高，来敬种子里的突变。

5.5　对前五章的概括

达尔文主义种群是在不同的程度上变异着、生殖着并继承着一部分变异的事物的集合体。这些集合体的基本特点惊人地平淡无奇——出生、活着、死去，以及变异、继承。但达尔文看到，这个布局,对一系列普通特点的这个安排,是这个世界的一个极其重要的元素。达尔文的描述是经验的、具体的。20 世纪的工作已经包括了一系列的抽象,它们试图说出达尔文主义机制的根本所在——哪些特点不依赖于地球生命偶然的特殊性。我接续了那个传统,但我的目光盯在了达尔文主义世界观的另一个特征上。达尔文主义种群逐渐变成了边缘事例,而典范的达尔文主义过程则依赖于一些本身就是演化产物的成分,这些成分必定来自一些更简单的东西。本书的目标之一是,就用以处理混合了边缘事例、前体细胞和不完全状况的达尔文主义过程给出一个说明。

对达尔文主义的这一说明产生了一个特殊的世界图景。该世界的成分之一就是范围广泛的达尔文主义种群:典范事例和边缘事例,这些种群有的明显有的模糊,有的有力有的孱弱。有的是可见而明显的,有的则是不可见的。有的种群在另一些种群里。它们通过自己的达尔文主义行为行走在不同尺度的时空之中。有的种群通过大规模的、确定的生殖而进行演化,有的种群则通过与作为演化产物的生物支架(biological scaffolding)合作而进行演化。种群的演化是其达尔文主义属性的后果,但其演化也改变了它们进一步演化的基础,在想象的演化参数空间中移动着。生命之树是通过达尔文主义种群和它们所做的事情而产生的——生命之树是通过生殖事件关联起来的各种生命形成的一个结构。不过,生殖乃是演化的产物,它作为一种不同的关系而出现于生命之树的不同位置。有时候存在性别,它是一个新鲜的起点,每一次出生都有遗传上的新颖性;有时一个新的生物体的出现很难与同一个事物的延续区别开来。有些达尔文主义个体活在别的达尔文主义个体里,其生活方式使得我们很难计算和区分它们。有时,生命之树的外形由于融合和杂交(hybridizations)而消失了。

第 6 章　层次和转型

6.1　层次

层级；对达尔文主义标准的统一运用；复制子进路；在因果的基础上排除事例；格式塔转换。

本章讨论的是如下思想：达尔文主义过程发生在不同的"层次"上。在早先的章节里，我们已经多次遇到了这个命题，但它在本章得到了更加系统化的处理，我把该命题与讨论此话题的其他作品做了比较。

生物世界是以层级构造的方式组织起来的。这在多种意义上都是真的，而其中一种意义则涉及部分和整体。大致说来，基因是染色体的部分，染色体是细胞的部分。细胞是多细胞生物体的部分，后者则是物种里的社会性群体（social groups）和亚种群（subpopulations）的部分。而这些群体和亚种群依次又是物种本身的部分。所有这些实体除了刚才提到的那些部分，还有别的部分，但刚才提到的那些部分是其中能够生殖的部分。在任何发现了生殖的层次上，都有可能存在一个达尔文主义过程。

生殖着的实体有可能不是上述的标准层级结构的部分。这样的实体包括像地衣这样紧密的共生结合体。藻类和真菌是地衣的部分,但地衣不是一个标准的层级结构中"高一个层次的实体"的部分。对此的一种反应是,承认额外的层级(Eldredge 1985)。另一种反应则是,重新考虑像地衣这样的事物。不过,层级描述的明晰性在此并不重要;更简单地说,世界在许多不同的尺度上都包含生殖着的实体,它们至少潜在地形成了达尔文主义种群。因此,有些达尔文主义个体是其他达尔文主义个体的物理部分,它们的演化活动嵌入了一个特别的脉络——另一个达尔文主义种群的演化活动之中。

　　这里对这些问题采取的进路是,直接地运用前面章节的框架。假设我们想知道,在细胞或社会群体的层面上是否存在一个达尔文主义过程。要回答这个问题,我们就应该把通常的达尔文主义标准应用于这些实体。细胞生殖吗? 它们变异吗? 某些变异会影响它们的生殖率吗? 如此等等。这个进路很简单,也不是个新进路。在第 2 章,我在讨论对自然选择的"经典"概括时说到了列万廷 1970 年的表述。列万廷在一篇题为"选择的单元"的论文中提出了那个概括,它是明确针对这些问题的。列万廷的主张是,一旦我们把达尔文主义过程的那些根本特点分隔开来,并以一种抽象的方式来描述它们,由此得到的标准就能够适用于任何层次和尺度上的实体。我们把达尔文主义标准重新应用于每个层次,而不去考虑更高或更低层次的东西。

　　在前面上百页的篇幅中,对达尔文主义的经典概括被撕开,又被拼合在一起,有修改,也有扩展,不过列万廷的进路描述的那些方面是正确的。然而,其他许多人对此都或公开或隐蔽地表示不赞成。因此,我在本章的目标是,再次主张对"层次"问题的这一简单处理,并借助前面章节里的思想进一步发展这一处理。

　　一个达尔文主义种群是诸实体的一个集合体,在该集合体中存在着特性上的变异、某些特性的继承,以及个体生殖多寡的差异。这些种群在许多层面都可以找到。一棵老树再一次提供了一个例示。考虑一棵很大的橡树,它的许多枝干都有很漫长的起源历史。这棵树是细胞的一个集合体,有活细胞,也有死细胞。顶端分生组织(枝干上的生长点)是细微的、局部的演化事件的角斗场。一个突变通过细胞分裂出现在了某一层的分生组织之中。它可能会在那一层安顿下来,也可能不会。如果它安顿下来了,那么,那个枝干一般就会不同于其他枝干。生物学家们发现,在像橡树这样的植物里,在细胞层次和整个生物体(或分株)层次之间还存在着模块(module)这个层次(White 1979; Tuomi and Vuorisalo 1989a; Preston and Ackerly 2004)。大致说来,这些模块是分枝事件之间可见的单元。它们也是独立的有性生殖场所。模块产生、存活、死去:"一棵有着众多枝干的成熟大树,实际上就是由诸多模块构成的一个有着明显年龄结构的种群。"(Gill et al. 1995: 426)树的形态本身表现了模块层面的分化生殖(differential reproduction)和分叉(divergence)的达尔文主义过程。在细胞和模块之上,在橡树整体层面存在着演化,存在着新橡树的生殖者。除了这些层次,还可能存在其他层次。

　　橡树是一个清楚的例证,它的形态反映了树里的演化过程。不过,这个图景有着更广泛的适用性,它也适用于我们自己。当我们这么思考的时候,我们就以一种统一的方式把对达尔文主义的解释应用于每一个层次。因此,"多层选择"(multi-level selection)的事例只不过就是一个在不同层次包含着达尔文主义种群的系统,它们每个种群都在演化着。这个领域的许多文献都没有应用这种观点,这个情况颇有点意味深长。有时,这个情况的原因是,人们运用了复制子进路。复制子观点认为,在达尔文主义语境中有关"层次"和"单元"的问题始终是含糊不清的,因为,在所有达尔文主义过程中都有两个角色需要扮演。第一,必须有某个层次上的实体扮演复制子——得到了忠实拷贝的实体。第二,必须有实体——或许是同样的实体,或许是不一样的实体——扮演"交互作用子"或"载体"。这些实体与其环境的相互作用导致了复制子有差别的拷贝。这样的交互作用子可能存在一个层级结构,每一个层次对复制子层面拷贝的发生有着不同的影响(Brandon 1988; Lloyd 1988, 2001)。

　　第 2 章对复制子进路作出了一般性的批评;复制子不是必需的。因此,我们没必要把有关选择层次或单元的问题分成两个;没必要认为,复制子必定要出现在某个地方,尽管选择过程中显而易见的实体并没有通过复制子测试。① 关于选择"单元"的问题不是含糊不清的;选择过程中的实体就是在那个层面构成了一个达尔文主义种群的实体。我们总有可能问一个更深层次的问题:遗传的机制是什么? 不过,导致了特定层面达尔文主义过程的那些遗传模式是怎么来的,这是一个可选的问题。

　　对别的作者们来说,为什么列万廷 1970 年的简单观点是不够的,还有别的原因。这与我在提出下述说法时描述的特点有

111

---

　　① "层次"问题和"单元"问题在此也被处理为同义的,尽管有些人已经区别了它们(Brandon 1988)。这同样适用于关于"选择"单元的问题和关于"演化"单元的问题,梅纳德·史密斯(1988)区分了它们。

关，我说过，我们重新把达尔文主义标准用在了每一个层面，而不考虑其上或其下层次的东西。人们常常提出的异议是，明显的达尔文主义过程可能仅仅是另一个层面选择过程的一个副产品（Williams 1966; Sober and Lewontin 1982; Sober 1984; Lloyd 1988; Okasha 2006）。当真正的自然选择过程比某个层次更高或更低时，这个层次可以出现达尔文主义过程的一个形式上的"形态"。因此，某些乍看之下的达尔文主义过程可能在结果上是可疑的，它们是另一个层次上自然选择的投射。

例如，假设（采用威廉姆斯［Williams］举的一个例子）不同鹿群的奔跑速度各不相同。在逃离天敌时，跑得快的鹿群做得很好，跑得慢的鹿群做得很糟。再假设成功的鹿群也往往会产生新的鹿群。不过，我们可能会了解到，"跑得快的鹿群"实际上仅仅是跑得快的个体组成的兽群，而跑得慢的鹿群只是跑得慢的个体组成的兽群。跑得快的个体比跑得慢的个体生得多，并且，跑得快的个体恰好生活在一起，产生出跑得快的兽群。然而，一个兽群的个体之间在奔跑和逃跑时没有明显的互动或协调。这样，许多人都会说，对速度的自然选择并没有作用于兽群，因为，因果上重要的属性位于个体层面。兽群层面的速度只是个体层面的速度的一个副产品。个别的鹿的存活和死亡导致了个体速度的演化，产生了有关作为副产品的兽群速度的各种事实。

因此，不少人已经在寻找某种因果测试了——使用概率之间的关系、回归系数或其他形式化工具。该测试将把真实的事例与应当被分析为另一个层面选择的虚假事例区别开来。寻找的结果令人沮丧。② 为什么会这样，有些原因是很容易看出来的。甚至在更高层次演化非常清楚的事例中，为什么事情会像它们实际发生的那样，对此也存在某种根据较低层次来作出的解释。当我们遵循这条道路时，很容易排除太多的事例。

我将提出一个看待这个问题的不同的方式，在此我们扩展了列万廷的进路，但不是在通常类型的因果测试之外再添加一个因果测试，而是使用本书中间部分的那些章节里提出的一些概念。

当人们讨论"跑得快的兽群"的事例时，他们通常没有说兽群层面的生殖会是什么——如果它实际上在这个图景中的话。我怀疑，这部分是由于复制子/交互作用子（或某个类似于它的东西）的影响。人们假设，第一个问题是要解决，兽群层面的属性是否对某种类型的生殖差异有影响；它们并非必须是兽群层面的生殖里的差异。不过，那个提议把我们带上了错误的道路。如果我相信的是，兽群速度是对鹿个体选择的一个副产品，那我就是在坚持认为，鹿的生殖里存在差异，它们是由奔跑速度中的差异引起的，而鹿的生殖里的差异导致世界上充满了奔跑迅速的鹿。然后我再加上一点，当这些鹿形成兽群时，就会有一个跑得快的兽

---

② 奥卡沙（2006）清晰地综述了这些提议。我将举一个在这里特别有启发性的关于所面临问题的例子。奥卡沙找出了两个有竞争关系的标准，它们会把发生着选择的层次孤立起来。它们是"普莱斯方程"进路（the "Price equation" approach）（请见 A.1）和"脉络分析"（contextual analysis）。普莱斯进路有明显的问题，它没有取消上文勾勒的跑得快的兽群的事例的资格。只要跑得快的兽群包含着跑得更快，因而更适应的个体，普莱斯进路就会承认对兽群的选择。而一个偏回归的进路（a partial regression approach）——脉络分析——则不会取消这些事例的资格。不过，脉络分析把"软选择"（soft selection）算作更高层次的选择。当存在软选择的时候，根本就不存在群体层面的生殖差异。考虑到这些文献的通常目标，这两个结果看起来都是完全不可接受的。在我的观点能够被映射到这场争论的范围之内，我更接近于普莱斯进路，我把脉络分析视为对某种非常重要，然而不同的东西的测试。它是当群体脉络或种群层面的其他属性对较低层次的选择过程造成了差异的时候的测试，而不是对更高层次选择的测试。

群。相对而言,如果我相信的是,兽群速度是对兽群层面属性的选择的产物,那我就会相信,鹿群的生殖里存在差异,它们是由奔跑速度中的差异引起的。(我或许两个都相信。)不过,如果我喜欢第二个观点,我将不得不努力应付兽群层面的生殖这个观念——是否存在这样的事情,它是否是一种可以被纳入显著的达尔文主义过程的生殖。

研究者们用了许多事例来论证,表面上的选择过程可能是人工产物或其他东西的副产品,在他们所用的大部分事例中,看起来是错觉的事例根据这里阐述的框架也是边缘性的事例。问题不在于,(继续用同一个例子来说)兽群的速度被过于简单地关联到了个体的速度;问题在于,兽群并不是那类能够被纳入显著达尔文主义过程的事物。相比之下,鹿个体则是可以被纳入显著达尔文主义过程的事物。这些就是赞同上述第一种假设的理由,第一种假设把兽群视为个体速度演化的副产品。换个说法,倘若在一个明显地生殖着的兽群大型集合体中,兽群速度的变异存在着可靠的继承,并且,速度差异在个体腿上的肌肉差异中也存在一个简单的因果基础,那么,这个事实也不会阻止那些兽群展示出一个达尔文主义机制。

用隐喻的方式说,一个典范的达尔文主义种群有可能"坐在"另一个达尔文主义种群"之上"。为什么这个情况不大容易找到,其原因本章下文会作解释。不过,我们无需给对层次问题简单的、直接的处理增加一个额外的因果测试。推动那些变化的事例可以用本书前文讨论过的标准来处理。

不过,这个进路产生了新的难题,尤其是当两个不同的层次之间存在明确的亲代—后代关系时。这样,某个较低层次实体的生殖就部分地包含了较高层次上的生殖,又部分地不同于后者。我们以及我们的细胞就是一个例子。假设我们说,在细胞层面存在一个达尔文主义种群,在像我们这样的生物体层面也存在一个达尔文主义种群。我们是在说,在我体内存在一个达尔文主义细胞种群,在你体内存在另一个达尔文主义细胞种群——诸多孤立的达尔文主义种群的一个集合体;还是在说,我们可以把所有的人类细胞视为构成了一个巨大的达尔文主义种群?答案是,这两种看待问题的方式都可以;两种集合体都可以被称作达尔文主义种群。在细胞的事例中,生物学家们通常关注每个生物体里的孤立种群。(这是作为"体细胞"选择或"发育"选择而得到讨论的。)不过,这两种分析都是可能的,这两种种群有着不同的演化参数。

单个人里的细胞形成了一个小种群,牢牢地受制于它们的生态。这个种群的遗传变异很低。(它在由"表观"继承机制确立的那些标志上变化更大——Jablonka and Lamb 1995,不过现在我将仅仅关注遗传变异。)在某个时段活着的人类细胞总体也构成了一个达尔文主义种群,但出于多个原因,它也是一个不寻常的种群。细胞的这个集合是遗传上多样的,但却被囊括进了离散的群体(像你和我这样的生物体),这些群体在遗传上是内在地非常相似的。许多遗传变异都是跨群体的,而不是在群体内部的,不过大多数相互作用是在群体内部的。

这个思考方式可以通过与社会群体(social groups)的类比来得到展示。假设一些人类群体是从一对对相似的个体产生的,结果形成了诸多封闭共同体的一个集合,这些共同体在内部是同质的,但共同体之间是不同的。我们对这个想象可以进行多种演化分析。我们可以首先来考虑一个单独的封闭共同体的演化过程。它会有一些初始的遗传差异,新的遗传变异也会出现。达尔文主义过程会跟着发生。其次,还可能存在一个演化过程,在其中整个的共同体是生殖着的实体。每个共同体——倘若它没有灭绝的话——都可能会放出一对对的个体,形成别的共同体。最后,我们可以贯穿这些共同体全体,辨认出一个人类层面的(不同于共同体层面的)过程,即便这些共同体很大程度上是封闭的。如果新的共同体是由来自两个不同共同体的个体组成的一对而形成的,情况就会尤其明显——除了生物体层面存在性,共同体层面也存在性。不过,即便共同体是无性生殖的,我们也可以辨识出一个演化着的人类种群。

个人在这样的环境中依然是达尔文主义个体;他们依然在出生、生活、死去,变异着、继承着,虽然他们的活动被紧紧地"压缩"进了集合体之中。即便在共同体层面存在一个"生殖细胞系",以至于共同体里只有某些个体的世系才能够产生将开始一个新共同体的集落体,情况也是如此。这三种描述也可以相互结合起来。每个社会性群体内部的过程结合在一起,就造成了人类个体的总体演化。当我们从各种较低层次的过程"拉远镜头"时,就可以看见群体层面的过程。

我们可以以同样的方式考虑我们和我们的细胞。有个人层面的达尔文主义过程,也有所有人在其中形成一个种群的达尔文主义过程,还有人类所有细胞这个层面的达尔文主义过程。这三种描述在原则上是组合在一起的,不过每个过程在分别考虑时都有各自独特的达尔文主义特征。细胞层面的小种群具有很少的遗传变异,但有细胞层面的很多互动;细胞层面更大的种群具有很多的遗传变异,但这种变异被压缩进了主要是内在地互动的单元中。这使得人类细胞的整个种群非常不同于典型的细菌细胞种群或原生生物细胞种群。在后两个事例中,变异基本上没有被压缩进遗传上相似的团块里,因此,遗传上不同的个体之间的互动比遗传上不同的人类细胞之间的互动要多得多。

我们在这里所做的乃是一种"格式塔转换"*,对有着不同尺度和不同边界的达尔文主义种群进行分析(Kerr and Godfrey-Smith 2002a)。在我们这么做的时候,描述变异、互动和遗传的参数发生了变化。

115

6.2 合作和利他

利他作为一个演化问题;亲缘选择、互惠和群体选择;把一切都同化到群体选择的尝试;对亲缘选择的抽象;相互关联的互动。

合作(cooperation)和利他(altruism)这两个生物特征常常处于有关选择层次的争论的中心。乍看起来,个体生物体层面的达尔文主义过程必定总是偏好自私、剥削的行为,而不是合作的行

---

* "格式塔"(Gestalt)这个词源自德语,意为"整体性的构造"。"格式塔转换"(gestalt-swithing)是戈弗雷-史密斯主张的一种分析演化转型的方法。这种方法强调,"演化转型"根本上是生物体层级构造中新层级的出现,在此,我们需要把不同的层次分别视为一个整体,考察不同层次具体"参数变量"。有兴趣的读者可以参阅他的论文"Gestall-Switching and the Evolutionary Transitions"(Peter Godfrey-Smith and Benjamin Kerr, *The British Journal for the Philosophy of Science* 2013,64:1,205 - 222)。——译者

为。当然,我们很难看出来,自然选择怎么就会偏好"利他的"性状,这些性状包含着,一个个体把它的资源舍弃给别的个体,或者为了别的个体甘冒风险。不过,我们在自然界中常常看到这些行为(请见 Dugatkin 2002 的一篇实验综述)。下文将会讨论"合作"性状和"利他"性状之间的关系;现在,我将在通常的最宽泛意义上使用"利他"这个词。

标准的演化机制分类表能够在原则上解释,利他行为如何能够存活于演化的脉络之中。亲缘选择(或者"内含适应度")的假设基于如下思想:一个个体能够通过帮助其他个体生殖,来增加它自己的基因在未来世代中的再次出现的概率——前提是,其他那些个体很可能携带着与这个行动者相似的基因(Hamilton 1964)。互惠机制则包含着,一个个体在预期受惠者会回馈的时候,把资源奉献给另一个个体(Trivers 1971; Axelrod and Hamilton 1981)。群体选择假设则设想,虽然在群体内部自私的个体要比利他的个体做得更好,但在某些事例中利他还是能够兴盛,因为,与自私个体占主导的群体比起来,有着许多利他者的群体总地来说更多产,或者更不容易灭绝(D. Wilson 1980)。

这样一个选项分类不断受到质疑,尤其是,哪些机制是首要的,哪些机制可能是其他机制的特例(Sachs et al. 2004; Lehman and Keller 2006)。在许多年里,人们普遍认为,群体选择只可能在由生物学上相关的个体形成的群体中才是重要的,因此,群体选择的显著事例仅仅是亲缘选择的特例。最近有些人提出,群体选择提供了一个基本的机制,其他选择机制隐含地依赖于它。下面,我将捍卫看待这些选择机制的一种特殊方式。我将通过讨论同化和统一这些机制的其他尝试来得出我的观点,不过,我将首先来讨论一些强调群体所扮演的角色的观点。

这里是一个标准的模型。我们假设两个层次的生物体。较低层次的个体是无性生殖的,其生殖是高保真的,其世代是离散的。它们的生命循环包含着群体的定期形成和瓦解。特别地,在生命的最初阶段,较低层次的个体通过某些规则集合成了固定规模的群体。这些群体内部的互动影响了其成员的适应度,而生命循环的生殖阶段则包含着群体的瓦解,包含着幼年个体的一个新"池子"的形成。这样,循环就重新开始了(D. Wilson 1975; Wade 1978)。有时,这被称作"群体-性状"模型("trait-group" model),图 6.1 展示了它的结构。

较低层次的个体有两种类型,A 和 B。(这里的"B"不同于第 5 章里的 B^*。)这个模型假设,成为类型 A 要付出直接的成本,而围绕在类型 A 周围则会获得收益。这就好像是,类型 A 把部分适应度"捐赠"给了它的群体中的所有个体。因此,一个群体里类型 A 的个体越多,每个个体也就越适应。对任何既定的群体而言,成为 B 类型的个体(不付出成本)要好过成为 A 类型的个体。

附录里会给出更多的细节。主要的结果是,A 类型总体上要比 B 类型做得更好,虽然在一个群体内部 B 类型也要比 A 类型做得更好。不过,A 类型若要在总体上做得更好,那么群体就必须以一种特殊的方式形成:

＊　第 5 章的 B 代表的是瓶颈。——译者

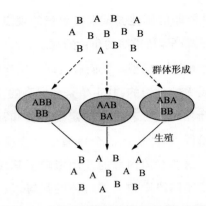

图 6.1 一个有着暂时的群体结构的生命循环

117   必然存在一个趋势,即同类与同类互动的机率远大于随机的情况。A 类型个体必须倾向于进入 A 类型个体的群体,B 类型个体必须倾向于进入 B 类型个体的群体。这样,当 A 类型的个体把适应度赠给别的个体时,好处就主要给了别的 A 类型个体。依赖于这些细节,A 类型由此就可以存活和增加,尽管当 A 类型个体和 B 类型个体共处一个群体时,后者成功地剥削着前者。

    对于有些人来说,这个框架是利他演化的关键。看起来是其他机制的东西,实际上包含着同样的过程,只不过外观稍有不同:"群体选择的那些著名的替代理论无非还是群体选择理论。它们是看待多群体种群里的演化的不同方式。"(Sober and Wilson 1998: 57)群体持存的时间可以很长(群体里有多轮是生殖),也可以很短;它们暂时的互动类型可能是博弈论模式的。个体可能是亲属,也可能不是。无论怎样,决定利他是否会存活的,乃是群体内优势和群体间优势之间的关系。

    不过,事实上,任何一种群体都是可选的(Maynard Smith 1976; Godfrey-Smith 2008)。图 6.2 刻画了一个生命循环,它包含着一种不同的种群结构。幼体不是居于群体之中,而是居于一个晶格之中,在此晶格中,每个幼体与其直接相邻的幼体互动(我们可以假设,每个个体只与其上、下、左、右的幼体互动)。和前面一样,生殖的步骤消解了这个晶格。进而有一个利他的类型,还有一个自私的类型。利他者付出了直接的成本。而一个个体的邻居如果是 A 类型个体的话,它就获得了好处。因此,一个被 A 类型个体包围的 B 类型个体就是最适应的;而一个被 B 类型个体包围的 A 类型个体则是最不适应的。A 类型在这样一个体制下可以存活并增值,只要个体居于晶格的规则倾向于使 A 类型个体与其他 A 类型个体接触的机率高过偶然的机率。附录的讨论更加具体,对此的分析类似于对图 6.1 的分析,只不过在那里不存在群体。在某种意义上,群体被代之以邻居。不过,有多少个体就有多少邻居。邻居不像群体,前者不能被视为在更高层次上竞争着的集合体。

118

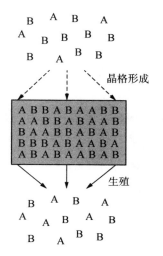

图 6.2　一个有着暂时的晶格结构的生命循环

对比图 6.1 和 6.2,可以得出两点。第一,它表明了,群体的结构(即便是一种暂时的结构)对于利他的演化来说不是根本性的。第二,它暗示了根本性的东西是什么。当利他演化的确存活的时候,这两个模型里共同的要素是,其中都出现了相互关联的互动(correlated interaction)。在图 6.1 的事例中,A 类型个体寻求与其他 A 类型个体组成群体。在图 6.2 的事例中,A 类型的个体寻求与其他 A 类型个体为邻。无论怎样,结果都是,A 类型个体捐出的好处倾向于落在别的 A 类型个体身上。达致这一情况的一个途径是,种群非随机地分为诸多群体;另一个途径是,诸个体非随机地分布于一个晶格或网络之上。

相互关联的互动是利他演化的关键。群体结构、亲属间有偏好的互动以及互惠都是达成其他类型的相互关联的途径。我们在研究文献里常常看到这个思想,但有时它会陷入模糊。我将在考察完亲缘选择之后来更具体地讨论它。首先,我将运用这一对群体的讨论,就之前章节的话题再多说一点。

让我们回头看看图 6.1 里的场景。很显然,较低层次的个体存在着生殖,还有变异和遗传。这些个体也形成了群体。至少在一种意义上,这些群体内部个体相互之间的关系可能很好,也可能不好;A 类型个体更多的群体要比 A 类型个体更少的群体更多产。不过,这里一个群体"多产"的意思是,它产生了许多较低层次的个体。而这样一个模型中的变化常常被衡量为较低层次个体的不同类型在频率上的变化(A vs. B)。

群体在这个场景中显然是重要的,不过这是否可以算作群体选择——对作为单元的群体的选择——是有争议的。有一种观点认为,在图 6.1 勾勒的模型中,选择发生在两个层次。在群体内部 B 做得更好,但 A 依然可以由于群体层面的优势而胜出。如果本书早前的观点是正确的,那么,对该事例目前为止的描述就不支持这个解释。"群体选择"要求诸多群体组成一个达尔文主义的种群;诸多的群体必须要变异、生殖,并从其他群体继承特点。到目前为止,我们只有个体生物体的生殖和继承,它们受着所在群体的影响。

　　这个领域赞成和反对上述主张的作者数量差不多持平。结果就是,时不时地会爆发有关恰当术语的激烈争论(Sober and Wilson 1998; Maynard Smith 1987, 1998)。通过区分像"群体选择"(group selection)和"多层选择"(multi-level selection)这样的短语的两个含义,争论得以暂时平息下来(Damuth and Heisler 1988)。在"类型 1 的多层选择"(MLS1)中,群体在演化过程中扮演着一个角色,但"群体的适应度"仅仅是该群体内诸个体适应度的总和,变化是通过追踪较低层次个体频率的变化来衡量的。而在"类型 2 的多层选择"(MLS2)中,群体的适应性是根据它对后代诸群体的生产来衡量的,变化是通过追踪全部群体来衡量的。

　　图 6.1 里的模型通常被认为是 MLS1 的一个事例。不过,我们可以根据群体层面的生殖来描述这一场景。我们可以说,如果 X 的一个成员个体有后代成了群体 Y 的一部分,群体 X 是群体 Y 的一个亲代。这是一个可能的描述,不过也是一个牵强的描述。一个群体有多少成员个体,就可以有多少亲代。其他古怪的东西也出现了(Okasha 2003a)。我认为,这是另一个问题,我们可以用本书的框架来审视它。有些形式上的和实验性的"群体选择"模

119

型所刻画的群体层面生殖的特定形式仅仅是边缘性的形式。图6.1 的事例就是一个边缘性的事例,它勉强能够根据群体层面的生殖来描述。新的群体是通过聚集(aggregation)形成的,这里没有瓶颈也没有生殖细胞系。其他模型想象了群体的萌发(budding)或分裂(dividing),就像植物或细胞。少数模型在组织的时候着眼于进行着非常明显的集合体生殖的集合体,就像蜜蜂集落体和我们自己(Wade 1978; Keller 1999)。在争论持续纠缠不清的事例上取得推进的一个好途径可能是,从"群体层面生殖"宽泛的、包容的含义出发,然后从边缘事例中拣选出更明显的事例。③

现在我把群体的话题放下。思考利他演化方式列表中的下一个术语——常常也是主要的术语——是亲缘选择。最初的思想主要是由威廉·汉密尔顿(Hamilton 1964)阐述的,它认为,一个个体可以通过帮助其亲属生殖,以此来促进自己基因的增殖。这样,得到增殖的基因就包括了那些作为帮助他者的行为者自己之基础的基因。"汉密尔顿规则"用如下思想概括了上述一类事例:利他行为将会通过一个特殊种类的行为互动而得到偏好,如果 $rb > c$ 的话,在此 c 是行为者的成本,b 是受惠者得到的好处,r 是行为者和受惠者之间的"亲缘性系数"(coefficient of relatedness)。

③ 另一个实例是由韦德和格里塞默的作品(Wade and Griesemer 1998; Griesemer and Wade 2003)提供的。这是对群体层面可遗传性及其后果的一个特别彻底的研究。所做的实验研究在某种程度上以群体层面清晰的亲代—后代关系为特色——新的同类群(demes)是由旧同类群的少数个体建立起来的。不过,由此得出的许多更宽泛结论都与赖特(1932)的"动态平衡"演化过程的可行性相关。在这个过程中,现存同类群之间的迁徙(migration)是群体适应度得以"出口"的主要机制。在这个过程中,只存在非常可疑的群体层面的生殖。

　　这是最初的思想，不过，过去四十年里研究者们已经对汉密尔顿的原则作出了一系列重新表达和重新推导。这些表达式都有一个明确的方向，即扩展它和抽象它。④ 结果就是，通常意义上的"亲缘性"（relatedness）现在成了可有可无的东西。核心的原则可以被概括为以下说法：一个利他行为将会得到偏好，如果行为者的行为使得好处落在了那些倾向于携带着同样行为的可遗传基础的个体之上。附录里会具体地讨论这一点，不过这里我将再往前做点推进，因为它促成了我下面的一些结论。

　　对汉密尔顿规则的一个重新表达是由大卫·奎勒（Queller 1985）提出的。奎勒提出了一个推导，在其中依然出现了我们熟悉的利他的成本（c）和好处（b），但亲缘性则被代之以协方差（covariance）或相关性（correlation）。得到衡量的是，种群里行为者的表型（个体产生或没有产生关键的行为）和行为所影响的那些个体的基因型之间的协方差。用非形式化的语言说，利他会存活，如果行为的好处不成比例地落在了那些很可能传递着该行为的个体之上。奎勒简明地指出，这个原则也涵盖了互惠的事例，标准的机制列表上的第三类机制。弗莱切和茨维克（Fletcher and Zwick 2006）用这个版本的汉密尔顿规则分析了经典的互惠模型（例如重复囚徒困境博弈），他们已经表明，该原则是如此宽泛，以至于涵盖了跨物种的合作。在这一后续工作看来，汉密尔顿规则与亲缘性仅仅具有偶然的联系。

　　这些要点现在可以被纳入一个整体性的图景之中。许多作

---

④　这些文献有：Hamilton（1975）；Michod and Hamilton（1980）；Queller（1985）；Grafen（1985）；Frank（1998）；Fletcher and Zwick（2006）；等等。

者都已经说了（常常一笔带过），我们熟悉的那些利他演化的机制可以被视为一个种群里的诸多性状或行为达成相互关联的不同方式——可以被视为一种物以类聚的趋势（a tendency for like to accompany like）（Hamilton 1975; Eshel and Cavalli-Sforza 1982; Michod and Sanderson 1985; Sober 1992; Skyrms 1994）。这一思想有时候被合并到其他思想里，有时候则伴随着一些与之相冲突的主张。不过，最近的文献都趋于遵循这些思路。将之分为两点来说：利他的个体在一段时期之内或在世代之内可以具有更高的总体适应度，如果种群里的行为是相互关联的；利他可以跨世代存活并扩散，如果利他的好处落在了那些倾向于传递该行为的个体之上。

　　通向这一图景的一个途径是，首先考虑群体，指出在群体形成中"聚集"类型的重要性，然后再面对以下事实，即在根本不存在群体的时候，恰当种类的关联也可以出现。另一个途径是从以下思想开始，即亲缘选择是这个领域里得到了最多经验上良好支持的机制，但它也指出，一旦我们对亲缘选择的根本所在作出了一个形式性的描述，亲缘性就成了可有可无的东西，问题的核心是对相互关系的抽象衡量。这里是表述它的另一种方式。无论有没有"利他"，一个行为都会在演化的脉络中兴盛起来，如果它以某种方式对那些趋于把该行为传给其后代的行为者有所区别地产生了适应度好处的话。发生这种情况的一种方式是，行为者（行为的产生者）去做增加它自己适应度的事情——假设行为者很可能会传递该行为。另一种方式是，行为者作出帮助其他个体的行为，这些其他个体很可能会回报这一帮助，这就通过一个更加迂回的路线而增加了行为者自己"直接的"适应度。第三种方式是,行为者帮助那些不一定会回报的其他个体,但那些其他个体在生殖的时候会趋向于传递该行为。这些其他个体可能是行为者的近亲,但不必然如此。第二种方式里包含着对一个个体自己生殖的迂回影响,它更自然的称呼是"合作"。第三种方式(帮助另一个个体生殖)更自然的称呼是"利他"。它们的基本原则是一样的。

当我们遵循这第三种方式的时候,下面这一点也是很清楚的:不需要与某个特殊的利他行为相关联的某个特殊的基因,不需要一个得到可靠拷贝,是演化过程的"长期受惠者"的基因。假设某个种群中的利他就像身高那样呈现为一个量化的性状。每个个体都有不同程度的利他,不过更加利他的个体倾向于把好处施与更加利他的个体。汉密尔顿规则的当代版本里所表达的协方差适用于一个有着混合性继承基础的量化性状。我们可以理解利他行为持存,而无需设定一个根本的、自私的长期受惠者。

6.3　转型

由旧种群而来的新达尔文主义种群;图式化的转型;对较高层次的颠覆 vs. 对较低层次的抑制;友好、平等的转型;作为去达尔文主义者的 B 和 G;性和其他并发症。

本章迄今为止已经考察了不同层次的演化过程之间的关系,我假定了,较高层次的实体和较低层次的实体都出现了。不过,这些不同层次和尺度里的实体当然是通过达尔文主义过程出现的。这是近来研究中的一个突出的主题,梅纳德·史密斯和塞兹莫利的《演化中的大转型》(*The Major Transitions in Evolution*, 1995)以及此前列奥·巴斯(Leo Buss)的《个体性的演化》(*The Evolution of Individuality*, 1987)就是这方面的代表。

对演化中的"大转型"(major transitions)这个术语的使用既是宽泛的,也是狭窄的(Sterelny and Calcott,即出)。在宽泛的意义上,大转型是大大地改变了演化下游的特征的演化事件。我这里是在狭窄的意义上使用这个术语的。这就是麦乔德(Michod 1999)所称作的"个体性里的转型"(transitions in individuality)——这些转型包含着新的种类的生物个体的起源。真核细胞的演化以及多细胞生物体的演化是两个关键性的例子。

用我的话说,个体性的演化包含着一种新的达尔文主义种群的出现。它在这个脉络中赋予了"个体"非常重要的意义——能够独自进入达尔文主义过程的新实体出现了。在许多事例(包括上面提到的这两个事例)中,这都包含着集合体实体的地位的改变。它们一开始是不同生殖者的联合(combinations)或结合(associations),其集合体层面上的生殖模式只是边缘性的。最初的结合可能是两个原核生物之间的,其中一个刚刚吞没了另一个,也可能是两个单细胞的真核生物之间的,在细胞分裂之后它们依然粘连在一起,而没有分离开来。不过随着时间的推移,这些集合体最终开始进行一种明确的独自生殖的形式,集合体可以在新的层面上最终形成一个典范的达尔文主义种群。不过,这还只是故事的一半。故事的另一半是,进入到这个集合体的那些较低层次实体的演化地位也发生了一系列的变化。这些实体通常失去了典范的地位。它们独立的演化活动被更高层次上发生的事情剥夺了、限制了、抑制了——这些较低层次的实体被部分地"去达尔文主义化"了。在三个核心的事例中——真核细胞、多细胞生物体、真社会性昆虫——这个过程采取了不同的路径。

为了解决这些问题，我将首先来处理一个理想化了的例子—— 一个图式化的转型，它有几分现实事例的特色。然后，我再来讨论复杂的事例。

想象一个由诸多自由生活的实体形成的种群，它具有典范种群的所有特点。为了简化，假设构成它的个体是无性生殖的，运用的是普通的遗传机制。这些个体——出于某种原因——最终生活在了某种群体里：集落体（colonies）、兽群（herds）或团块。个体层面的生殖延续着，新的群体也定期地出现，由一个或多个旧群体的碎片形成。正如早先讨论过的，我们在这个情况下有可能会辨认出集合体层面的生殖，但它是模棱两可的或边缘性的事例。不过，我们接着想象，这些集合体里的凝聚（cohesion）和整合（integration）日益增加，合作和相互依赖的网络日益扩展。群体生活变得越来越不可选。

这种集合体面临颠覆的问题。合作网络创造了搭便车的突变体（mutants）剥削的可能性。保留了个体生殖能力的诸实体的这个集合体有陷入达尔文主义"公地悲剧"的危险（Hardin 1969; Kerr et al. 2006）。不过，我们现在可以引入一系列改变形势的因素。

一个因素就是瓶颈。如果一个新的集合体产生自一个单独的较低层次的个体，那么结果就是——至少最初是——该集合体

123

在遗传上是统一的。瓶颈的影响也可以根据前面章节使用的术语来描述。如果我们把较低层次的实体视为形成了被囊括进群体的一个大种群,那么,瓶颈就是在那个种群里产生相互关联的互动的一种方式。

这样,假设集合体是通过一个瓶颈形成的,偶然性决定了哪些较低层次的实体会成为将长成一个新集合体的繁殖体——存在着一种胚种乐透。这样,繁殖体就会是迄今为止集合体生涯中那些在生殖上做得好的较低层次个体的代表。不过,如果存在一个生殖细胞系,那情况又不一样了。假设有些集合体获得了这个特点;在每个集合体的生命早期,为了繁殖体的形成,较低层次个体的一个世系变得特化了,而其他世系则不能扮演这个角色。现在,如果在集合体里有一种类型竞争胜出了,这可能会影响到集合体生殖多少,但不会影响将长成下一个集合体世代的繁殖体的构成。一个新的集合体的典型发起者不再是一个在集合体内部竞争中做得好的个体的后代,而是一个成功的集合体的生殖细胞系中的个体的后代。这里,我们想象了一连串的事件,集合体在其中获得了一系列反颠覆的装置。不过在这一连串的事件里,集合体也成功地获得了一个在它们自己的层面上生殖的确定模式的一些特点(第5章讨论了这些特点)。

这个转型是以一种抽象的方式来得到描述的,不过它无疑具有从单细胞生物体到像我们这样的多细胞生物体的转型所具有的特色。它之所以具有这样的特色是因为,颠覆问题以一些特殊的途径得到了处理。事物还可能走上别的途径。在上面的场景里,较低层次竞争的后果被隔离的生殖细胞系缓和了。处理颠覆问题的另一个途径可以是,集合体里的其他成员完全地阻止了一个成员的生殖。发起者依然保持完整,产了无数的卵,产生整个的集合体,就像是一只蜂后。

第三个途径则是这样的途径,在其中集合体没有瓶颈,集合体是由更大的片段形成的,不过每个新集合体有一个成员部分地控制着其他成员的生命和活动,特别是控制着其他成员的生殖。一个成员控制其他成员的一个好途径可能是,吞噬它们,正如大概 20 亿年前一个细胞对另一个细胞所做的那样(Lane 2001)。

向真核细胞的转型常常被视为不同于在此与之相比较的另两种转型。用奎勒(1997)的话说,向多细胞体的转型是一个"兄弟般的"转型(a "fraternal" transition),而真核细胞的演化则是一个"平等主义的"转型(an "egalitarian" transition)。在平等主义的事例中,两种非常不同的实体结合在一起,在结合中它们各自的能力运行良好。它们面临的问题是竞争剥削的可能性。而在兄弟般的事例中,诸实体起初是相似的。这样的转型面临的"障碍"是,最初从转型中是否能获得什么好处。好处可能来自规模的优势,而不是不同的、相互补充的能力的融合。这一点用来自卡尔科特(Calott 2008)的术语可以说得更清楚。要出现一个转型,就必须以某种方式既有好处的产生,又有生殖利益上的结盟。奎勒和卡尔科特都认为,两者之间存在着某种类似交易的东西。兄弟般的事例中的颠覆可以通过集合体里亲密的亲属关系而得到缓解,问题是好处的产生。不过这假设了,某种机制在兄弟般的事例中产生了高度相互关联的互动。否则的话,颠覆就是一个有待解决的问题。

124

因此,在一个转型里,存在着对较低层次实体"去达尔文主义化"的几种途径,真核细胞、多细胞生物体,以及真社会性昆虫的事例展示了三种可能的途径。在每个事例中,最初的集合体最终进行着确定的较高层次的生殖,这包含着对较低层次上独立演化的限制。

在本章剩下的部分,我将更具体地讨论多细胞体(multicellularity)的事例。首先,我将进一步推进上面理想化事例的逻辑,然后再考察该事例的一些更加经验性的特点。⑤

正如早先讨论的,一旦较低层次的实体被压缩进了一个牢固的集合体,但它们依然能够生殖,那么,看待这些实体的途径就有两个。一个途径是,把每个集合体视为分离的、短命的达尔文主义过程的竞技场。另一个途径是,展望较低层次实体形成的这整个种群。在这个事例中,可以非常有用地进行格式塔转化。

如果我们开始分别地来处理每个集合体,事情就像这样。与通过其他途径形成的集合体比起来,通过瓶颈形成的集合体具有低变异(V)。因此,演化变化的燃料很少。(这么说是简化事情,因为,可遗传的变异可以通过"表观的"细胞层面的继承系统而迅速出现。)第二种视角则包含着,追踪一个完全较低层次种群里的变化在集合体之间的扩散。现在我们假设一个更大的、更加可变的种群,集合体层面的瓶颈所扮演的角色是,以一种特殊的方式"压缩"变异。

在第 3 章,我使用了参数 α 来表征一个种群里竞争性互动的

---

⑤ 这个讨论受到了巴斯、米肖德和罗泽的影响(Buss 1987; Michod and Roze 2001)。对这些问题的另一种观点则强调层次间的和睦而不是冲突,请见奥托和黑斯廷斯的论述(Otto and Hastings 1998)。

程度。我们可以把一个分裂成了诸多封闭集合体的种群视为这样一个种群,在该种群里群体内部存在着许多互动,而群体之间的互动则要少得多。当封闭的群体是通过一个瓶颈形成的时候,密集互动的个体就是在遗传上相似的。这给了我们一个不同的方式来看待一个种群里高度相关联的互动的情况:演化途径不相同的个体之间的互动要比较弱;演化途径相同的个体之间的互动要比较强。

因此,或许应该调整对 α 的处理,把 α 和 V 之间的关系考虑进来。典范的达尔文主义种群的特点不仅仅是种群里的某个地方真正的竞争性互动,而是变化着的个体之间的互动。与组织成了异质集合体的细胞或根本就没有组织成集合体的细胞比起来,组织成了内在同质集合体的细胞不那么算是达尔文主义种群。

现在,我来讨论集合体层面生殖细胞/体细胞划分的后果。当我们把每个集合体考虑为一个分离的达尔文主义竞技场所的时候,一个生殖细胞系不具有特别的后果。生殖细胞系仅仅是某些较低层次实体(常常安静地)生活的地方。集合体种群与遍布于集合体的那些完全较低层次的种群之间的关系要更加重要。这样,集合体层次的 G 和较低层次的 S 之间存在着一个关联。

S 还是现实的适应度差异依赖于该种群成员间内在差异的程度。上一章针对生物体及其构成细胞,讨论了 G 和 S 之间的关联。当像我们这样的生物体里存在一个生殖细胞系的时候,还存在着其他细胞或细胞类型,它们具有很高的适应度,或者很低的适应度。在短期和长期的意义上,这都是真的。在短期的意义上,一个细胞可以获得诸多内在的特点,这些特点使它能够产生许多后代细胞。不过,只有生殖细胞系里的细胞才能够产生漫长的世系。这些细胞主要是位置独特,与生物体的其他部分的关系独特。这一点也适用于所有集合生殖者的较低层次的元素。当集合体层次的 G 值高的时候,较低层次的 S 值就会降低。由于 S 与典范的达尔文主义事例相关联,因此,生殖细胞系在一个集合体里的出现就把集合体之下的种群部分地去达尔文主义化了。

126　　　如下事实把这个关系复杂化了:集合体之间的适应度差异也影响了较低层次上的 S。如果一个集合体与其他集合体比起来具有非常低的适应度,遭遇了早亡,那么,那个集合体的所有成分的适应度就都被拉低了。而如果集合体是内在地同质的,那么,死掉的较低层次实体就具有共同的内在特点。这里,我们再一次遭遇了使情况变得复杂的事实。在像这样的事例中,较低层次的生殖事实在某种程度上包含了集合体的生殖事实,但前者在某种程度上不同于后者。

　　这里我已经讨论了复杂集合体各部分的去达尔文主义化。这种过程有可能如此彻底,以至于使得系统完全失去一个种群的明显特点。第八章将会更具体地讨论这个命题,不过现在我就来介绍这一思想。不是所有的事物配置,甚至不是所有的不同部分的集合都适合看作一个种群。一旦事物被过于牢固地绑进一个网络,根据它们在那个结构中的位置而扮演高度不对称的角色,则种群概念就失去了它们的控制力。例如,一个大有机分子自然不被视为原子的种群。这不仅是因为原子不生殖,还因为不是所有的种群都是达尔文主义种群。暴乱是一个种群现象,即便没有个体在生殖着。

在像我们这样的生物体里,细胞居于有组织的网络中,已经失去了它们自主性的重要部分。我们已经踏出了几步,从根本上不再是细胞的种群。不过,我们还没有踏出许多步;我们体内的细胞依然保留着它们的边界,保留着生殖的能力。它们独自保留着关键的达尔文主义特征。它们已经失去了它们的远祖曾经享有的自主性,但它们还没有变得像线粒体那样——它们还没有放弃它们生殖装置的根本部分。(红细胞在成熟的时候失去了细胞核,这是一个例外。)我们的细胞不是——或者,尚不是——“后种群的”(post-populational)。不那么牢固地绑在一起的生物体(例如珊瑚和树),其各部分之间更多地保留了种群模样的关系。

这个命题与丹·麦克夏(Dan McShea)讨论过的一个命题也有关系,麦克夏认为,随着集合的实体变得越来越复杂,越来越得到整合,构成它们的个体就倾向于在结构和行为上越简单,其部分往往会随着演化的时间而丧失(Anderson and McShea 2001;McShea 2002)。这种情况的发生可能有多种原因,不同种类的部分都有可能丧失。从目前的观点看,生殖装置的丧失具有特殊的地位。

本节的最后部分将把上面对多细胞体的讨论与更加经验性的细节和生命史联系起来。第一个复杂化来自如下事实:在复杂多细胞体的演化之前,许多单细胞生物体已经广泛地运用了性——进行着复杂的有丝分裂(mitosis)和减数分裂(meiosis),分解和重组着它们的遗传物质。植物、动物、真菌里多细胞体的演化发生在一个细胞层次的主链(a cell-level backbone)上,用梅纳德·史密斯和塞兹莫利的话说,这个主链包含着“古老的单倍体／

二倍体循环"(ancient haploid/diploid cycles)。

当集合体是由仅仅无性地生殖的实体构成时,很容易存在瓶颈,但不存在生殖细胞系,反之亦然。不过,性别自身使得瓶颈更有可能存在(Grosberg and Strathman 1998; Wolpert and Szathmáry 2002)。这部分与内部竞争问题有关;即便一个给大繁殖体提供配子的特殊亲代里的所有细胞本身在遗传上非常相似,配子也会有所不同,这是因为,许多独立的重组事件在性的过程中争夺着基因和染色体。因此,性放大了内在冲突问题。一个大型的有性繁殖体的可能性或许还存在别的问题。格罗斯伯格(Grosberg)和斯特拉斯曼(Strathman)提出了发育早期阶段细胞的协调机制问题。沃尔波特(Wolpert)和塞兹莫利主张,这样的生物体很难有一个连贯的发育程序。正如人们已经发现的,有瓶颈却没有生殖细胞系,这种情况很普遍(Buss 1987),而有生殖细胞系却没有狭窄的瓶颈,这种情况(就我所知)根本就找不到。

在第5章里,我强调了瓶颈对一个种群的演化潜能的影响,瓶颈使某些种类的变异成为可获得的。正如我在当时指出的,我们可以进一步主张,由于瓶颈这么做,因此瓶颈也演化了。我在上文讨论了瓶颈在阻止颠覆时扮演的角色。这可以解释瓶颈的广泛存在,但它可能也是一个副产品。说到起源,在某种意义上瓶颈(单细胞阶段)首先出现,瓶子是随后才出现的。说到保留,瓶颈可能在许多种群里都得到了保留,这是由于性的要求、复杂的发育,或者别的一些原因。

我也会讨论 G 所扮演的角色的复杂性,以及生殖细胞/体细胞划分的复杂性。在细胞世系"孤立"开来产生性细胞的意义上,

植物没有生殖细胞系。我在图 5.1 里把植物归为具有中等程度的
G 值,因为有些细胞遵循的路径通常会阻止它们生殖出新的植
物。不过,有人可能会疑惑,没有生殖细胞系的大型植物在面临
颠覆问题时是如何保持存活的。如果像我们这样的大型动物要
保持存活就必须有生殖细胞系,那植物是如何没有生殖细胞系而
保持存活的?

　　答案部分可能是,颠覆性的细胞在植物里远远不是破坏性的
(Buss 1987; Klekowski 1998)。事实上,癌症一般的生长在植物体
内很常见,它们似乎不像在诸如我们这样的动物体内那么有害。
反过来,情况之所以如此,似乎部分是由于如下事实,即植物细胞
不能够在生物体内四处移动,而是由于其坚硬的细胞壁而被固定
在一个位置上。植物肿瘤不会像动物肿瘤那样危险地扩散。情
况之所以如此,还有一部分是由于如下事实,即植物组织中相互
依赖的程度要弱于动物组织中相互依赖的程度;一个地方的失灵
不会频繁地导致整体的灾难。因此,如果我们问,谁的确需要一
个生殖细胞系,那么鉴于这些理论思想,答案就会是:有着高度组
织和相互依赖的、大型的、长命的、其细胞能够在生物体内到处移
动的生物。

　　种群随着演化,它们也改变了作为进一步演化基础的那些特
点。这些特点包括了生殖的本性。这些特点中有一些(例如瓶颈
和生殖细胞系)影响着种群下游的演化可能性。生殖的性质通常
不会由于那些影响而发生变化,可一旦它们发生了变化(不论是
出于什么原因),新的演化大门就敞开了。

128

第 7 章 基因之眼观点

7.1 基因和达尔文主义种群

基因作为生物体的部分;遗传学说明;对支架生殖者的选择;转座子,归位核酸内切酶,减数分裂驱动。

　　对许多生物学家和哲学家来说,前面几章始终存在着一个被故意忽略的麻烦。这个麻烦不算大,但却时时闪烁,无处不在。这就是基因,以及从"基因之眼观点"来处理许多或全部问题的可能性。这不只是在更多地运用遗传学;它还包含着把基因个体视为演化单元的进路。

　　"基因之眼观点"与一系列思想联系在一起,其中有些是更加经验性的思想,有些则是不那么经验性的。首先是如下思想,即在一些事例——或许一些非常特别的事例——中,选择的单元是基因,而不是生物体或其他东西(Burt and Trivers 2006)。其次是另一个非常不同的主张,即生物演化的所有(或几乎所有)事例都可以用这种方式来表征。基因之眼观点让我们可以得到一种可用的描述,它与对同一些事例的其他描述并存。对于这个主张,还可以再加上如下这个主张,即有些现象只能有一个基因层面的描述(Sterelny and Kitcher 1988)。这样,就有了我们在道金斯

（1976）那里看到的这种观点的最强版本，它主张，把大多数事例描述为对基因之外的其他东西的选择，这个做法是错误的。自然选择乃是复制子之间的竞争，而基因几乎就是唯一的复制子——显然，生物体和群体通常不具备复制子的资格。

对于这些思想，已经存在各种各样的哲学批评，许多批评都指向了上面列出的后两个观点。（对此的综述请见 Okasha 2006；Lloyd 2006。）不过，与之相对地，我们也可以发现不只是诸多的哲学辩护，还有越来越多的经验事例，在这些事例中，基因之眼观点似乎是很有帮助的——我们已经通过这一思考方式处理了大量现象。这其中的有些事例可以被基因之眼观点的批评者们接受，它们是一些特殊的现象，能够与多层演化图景相调和。然而这样的话，我们就得弄清楚，为什么基因层面的描述在那些事例中是恰切的描述，但在其他事例中却不是。对于基因之眼观点的捍卫者来说，"特殊的"事例仅仅是这样一些事例，基因行为的一般性质在这些事例中是以纯粹的形式被发现的。

这里的处理同样是通过运用前述章节所捍卫的框架来推进的。这弄清了在某些特殊的事例中基因层面描述的恰切性，解释了在其他事例中根据纯粹的基因术语来描述的不自然性，还解释了这两者是如何相关的。以下是对主要观点的一个勾勒。在某些情况下把基因处理为"选择的单元"，乃是把它们处理为形成了一个达尔文主义种群。大致说来，基因是支架生殖者；DNA 的复制是一种生殖。在某些方面，基因类似于细胞：它们是生物体的微小部分，由于它们能够生殖，因此就构成了较低层面的达尔文主义种群。基因也是细胞以及整个生物体的继承中的核心。如此一来,其他那些层面的许多演化变化都可以根据基因术语来追踪。这个描述的很大一部分具有一种很容易被误读的特别地位。它常常呈现为这样一种描述,即在其中一种达尔文主义的解释模式被运用于基因,但事实上达尔文主义描述乃是被运用于根据其遗传属性而得到描述和分类的生物体。不过,除此之外还有一些现象,在这些现象里基因自己进入了它们独特的达尔文主义过程。这些事例的大部分都是真核有性机制的诸多细节的产物。事实上,从演化的观点看,基因作为单元的存在是依赖于这一现代有性机制的。于是,为什么会存在这样的机制,这个问题就显得非常突出了。

基因作为达尔文主义个体的地位与本书中讨论的其他事例非常不同。根据某些严格但合理的标准,基因根本就不是演化的单元。根据更加宽松的标准,它们是演化的单元。基因层面的演化解释需要宽松的标准。而"自私的基因"的事例并没有起到模型或范本的作用,在这些事例中,演化的全部性质都是以一种纯粹形式的方式被看待的。

首先,让我们看看基因在生物遗传中的位置。细胞是生物体的组成部分。染色体是细胞的组成部分。基因是染色体的组成部分。最后一个主张可能会有点令人不安,其原因下面将会讨论。但至少在一开始,我将把基因处理为有生命的东西的组成部分。

在前面的章节中,当我讨论生物体的低层次组成部分的时候,我常常选择细胞。细胞给了我们一个如何处理基因的部分的模型,然而,这两种东西在多个方面都是不同的。首先,基因是支架生殖者,它不像细胞,后者是简单生殖者。DNA 是通过作为细胞分裂过程的一部分而得到复制的,细胞分裂过程乃是一个更大的机制。在某种意义上,细胞也不能够"自己"生殖,因为环境条件需要是合适的。但在基因的事例中,所需要的环境条件非常特别——它们需要包含遗传生殖的几乎所有机制。此外,基因所承担的角色被性和减数分裂搞得复杂了,性和减数分裂用来自分离来源的基因的新结合创造细胞。我在上一章指出了,在细胞的事例中,生物学家们常常聚焦于每个生物体里分离种群中的演化,而不是(例如)人类细胞的整个种群的演化。相比之下,在基因的事例中,人们常常根据扩展至跨生物体的种群——整个人类基因池里的演化——来思考。但原则上,两种分析在这两个事例中都可以进行。①

　　在这个领域里,研究文献已经演化成了特殊的"混合"讨论方式,它们没有以直接的方式运用达尔文主义的概念。我将给出两个例子。第一,在把基因简单而直接地处理为潜在的达尔文主义个体的做法里,所有基因大小的 DNA 片段都是潜在地相互竞争的。相比之下,人们常说,在一个给定的位置上,一个基因只与它的等位基因相竞争。这组织起了许多关于基因竞争的谈论,然而,我们也知道这是不正确的。与"转座子"(transposons)——在基因组里活动的基因——相关的多种现象都表明,上述说法是错的。那些现象是(并且也被认为是)达尔文主义的现象。基因本身并不遵守"只在一个基因座(locus)之内竞争"这个规则。基因

---

　　①　像我们这样的生物体里的细胞种群是无性的。相比之下,人类细胞的"整个"种群表现出了无性细胞分裂,制造着配子的还原细胞分裂以及配子融合。因此,它是一个复杂的系统——不过,许多原生生物(protist)种群也是如此。

的竞争既是跨基因座发生的，也是在基因座内部发生的；它们仅仅是一个基因能够占据的不同环境罢了。

第二，关于基因所扮演的演化角色的许多讨论实际上都是关于从遗传学的角度刻画的生物体的讨论。我们在计算中可以发现这一点。在标准的模型里，一个二倍体生物在一个特定基因座上将被描述为 AA、Aa 或者 aa。例如，我们可能会说，当 AA 结合的适应度高于 Aa 结合的适应度，并且 Aa 结合的适应度高于 aa 结合的适应度时，A 等位基因相较于 a 等位基因就被选择出来了。这会导致 A 相较于 a 的频率增加。这个我们熟悉的描述要比它看起来的更加不寻常。如果 AA 生物体比 aa 生物体更多，则根据上文的意思，这并不意味着在种群里 A 等位基因的物理拷贝就比 a 等位基因的物理拷贝更多。Aa 生物可能比 AA 生物含有更多细胞，这样，a 的物理拷贝可能更多。在标准的计算中，每个二倍体生物都被算作等价的，每个都为种群在那个基因座上的基因结合计算贡献了两个单元。

因此，有多种可能的方式来计算一个种群里的基因。"标准的计算"（standard count）把每个生物都算作等价的，无视细胞的数量，因而也无视基因拷贝。另一种计算方式则同等地对待所有的基因拷贝，它可以被称作"简单的计算"（simple count）。标准的计算方式的特点也体现在了对基因座的处理之中。当一个基因跳到另一个基因座，标准计算不把这处理为旧基因的一个额外的拷贝。在主流的模型之中，关于选择如何导致了一个基因增殖（如此等等）的讨论通常是混合的。有些讨论直接追踪一个基因拷贝的扩散。但许多讨论实际上讨论的是从基因的角度来刻画的对生物体的自然选择。②

　　从基因的角度来对生物体作出描述和分类，这绝不是偶然的。基因的属性不仅给予了一个便利的标签。基因行为对一个生物体的生殖常常比对另一个生物体的生殖负有更多的因果责任，基因对生物体层面的种群里的继承模式来说也是核心性的。因此，基因的属性对生物体的演化角色来说是关键性的。但在这个情况下，达尔文主义种群是在生物体层面——我们追踪和解释的乃是生物体的生殖——被识别出来的，这个达尔文主义种群受着其个体的基因属性的影响。这就是（如演化生物学里所讨论的那样）基因有时看起来特别抽象，不像是完全物质性的原因之一：关于基因的讨论并不是用来指由 DNA 构成的物理细节，而是讨论生物体的可分享属性的一种方式。

　　让我们来考虑，采取一种纯粹基因层面的观点，这会涉及什么。第 6 章讨论了生物体以及构成生物体的细胞这个事例中的一般转变。在细胞的事例中，视角的转变主要是"调焦"的事情，或者我们多近地来观察的事情。当组织得当的时候，生物体层面的生殖主要是细胞层面的生殖。细胞层面所发生的全部事情构成了生物里发生的大部分事情。这里的关系是简单生殖者和集合生殖者之间的关系。但在基因的事例中，情况就不是这样了。在遗传学的事例中，当我们使用显微镜的时候，可以采用的一个类比是给生物体层面的种群"染色"（staining）的类比。假设我们要给世界上的所有 DNA 染色，其染色的方式使得每个生物体的

---

　　②　基因之眼观点仅仅是一个"簿记"（bookkeeping），有关的论说最初是由威姆萨特（Wimsatt 1980）和古尔德（Gould 2002）提出的。我要补充说，进行簿记，这不是一种简单的、直接的基因计算，而更像是对被其遗传属性指引着的生物体的计算。

其余部分都看不到了。这样,我们也缩进镜头了。我们将会看到有关遗传生殖、变异和继承的一大堆事实。我们也将会看到一包包的遗传物质被分组为各种互动着的团块。假设我们看的是人。这样,我们就会看到许多小包,它们包含着固定数量的纠缠在一起的链条。这些小包内在地各不相同,但它们里特定对的链条是相似的。这些(细胞层面的)小包聚合成了(生物体层面的)团块,各处的小包形成的团块内部都非常相似。变异主要存在于生物体大小的团块之间,而不是团块内部。我们也发现,任何一段DNA 的许多拷贝都是没有前途的,都只产生了很短的世系,因为它们是体细胞。有一小部分拷贝产生了很长的世系,它们的团块不同于别的拷贝,主要的原因是它们的位置。

当我们以此方式考察演化的一个事例时,基因生殖、增殖并对世界产生影响的大部分机制都在消失——它们在染色之下是不可见的。支持基因之眼观点的人并不否认那种机制的重要性,但他是把它作为背景,作为基因行为的脉络,作为基因竞争的竞技场而纳入图景的。我们为什么能够有理由这样看待一个事例?在有些例子中,我们有很好的理由这么做。这类例子被归为"自私的基因要素"(selfish genetic elements, Burt and Trivers 2006)。下文将会讨论关于"自私"的谈论,但这些事例的关键特征在于,它们谈论中的关键步骤是:存在着一个基因层面的生殖差异,该差异不是通过对生物体层面的生殖造成差异而发生的。

这样的例子有很多,也很吸引人。我将讨论三个例子(取自伯特和崔弗斯的观点),它们展示了不同形式的现象。早先提到了,转座子是基因组里活动于不同地点的遗传要素。如果当新的拷贝加入时,旧的拷贝得到了保留(这种情况发生在有些事例中,但不是所有事例),那么该遗传要素的频率相较于其他遗传要素的频率就增加了。对转座子的描述给讨论遗传竞争的那些我们熟悉的方式施加了压力,因为,它并不涉及"为了在一个基因座上再现"而发生的竞争。不过,如果一个细胞里的线粒体可以在生殖上竞争,那么细胞核的 DNA 片段也可以。这种生殖优势可以通过多种机制获得。我在第 4 章讨论"形式的生殖"时给出了一个例子。一个 LINE 转座子为一个 mRNA 分子指定了遗传密码,这些遗传密码得到翻译,制造出与该 mRNA 绑在一起的一对蛋白质,并在一个新的地方把 RNA 逆转录进一个细胞的基因组里。因此,在基因组里现在就有那个要素的两个拷贝了,而原先在基因组里只有一个拷贝。

在这个事例中,一个遗传要素在一个细胞之内,并且跨越基因座而增殖了。在细胞以及基因座里还有一些增殖的例子。"归位核酸内切酶"(homing endonuclease)基因利用细胞的机制来修复 DNA。当二倍体生物中的一个染色体失灵了的时候,细胞使用另一个配对或"同源"染色体作为模板来修复它。这是因为,与缝合裂口一样,断裂处两端的有些 DNA 常常必须要被替换。如果同源的原封不动的染色体与坏掉了的染色体不一样(如果细胞在那个基因座是一个杂合子[heterozygote]),那么,这个修复的过程就会制造出未坏染色体的那个 DNA 序列的一个新拷贝。归位核酸内切酶基因利用了这个事实。它们为一种酶指定了密码,这种酶在特定的地点切割 DNA,这被叫作一个"识别序列"(recognition sequence)。为切割器指定密码的 DNA 也被插入了识别序列中

134 间。这干扰了识别序列,因此,切割器不会切割它自己。不过,在杂合子细胞里,一条染色体包含着切割器基因,另一条则没有。在修复的过程中,切割器将破坏另一条染色体,从而诱导细胞把它拷贝进另一条染色体之中。

第三个例子是"减数分裂驱动"(meiotic drive)。这些遗传要素形形色色,但其一般的模式是下面这样的。能够"驱动"的一条染色体包含着一个"杀手"要素和一个"抵抗"要素。在一个将要形成单倍体性细胞的杂合子细胞里,有一条染色体会有"驱动"复合体,而同源染色体则没有。所产生的每个性细胞都将仅仅包含两者中的一个。在减数分裂的过程中,"杀手"在某个点上活动,破坏包含着另一条染色体的新生性细胞。驱动染色体在"杀手"染色体针对的基因组位置上具有一个"抵抗"的要素。这阻止了驱动染色体破坏包含了它自己的性细胞。这个事例不同于前两个事例,因为,现在基因层面的优势常常是通过对细胞层面的适应度所做的贡献而得以产生的。整个的细胞被驱动复合体破坏了,特定的遗传属性也就被破坏了。而在转座子和归位核酸内切酶的事例中,在基因之间造成了生殖差异的过程则是在一个单一的细胞中发生的。

因此,在转座子和归位核酸内切酶的事例中,基因层面的生殖差异并不是通过对细胞层面或生物体层面的生殖差异作出贡献而发生的。这样,遗传要素要想扩散,细胞和生物体生殖的普通机制就必须进入这个图景。不过,把这个机制作为单纯的背景,这么做才合理,因为关键性的基因层面的优势是通过一个细胞里的过程而获得的。在减数分裂驱动的事例中,基因层面的优势是通过对细胞层面的生殖差异作出贡献而产生的,但不是通过对生物体层面的生殖作出贡献而产生的。至少,当驱动机制单独活动的时候情况是这样的,不过,它常常不是单独活动的。在许多事例中,具有两个驱动基因拷贝的个体要么死亡,要么不育。即便不考虑这个,由于细胞层面的适应度,减数分裂驱动与其他两个事例一样都不是纯粹基因层面选择的事例。

一个生物学家说:"一个基因出现了,它作出 X,……然后它将增殖。"这个说法通常的意思是,一个生物体出现了,它具有一种新的遗传属性。其后果是,生物体将会成功地生殖。(在此脉络中,基因导致了更好的伪装,导致了更好的疾病抵抗力,导致了更动人的歌唱能力。)结果就是,有了越来越多具有那种遗传特点的生物体。该生物学家有时候的意思是,具有那些遗传属性的一个生物体将会帮助具有同样遗传属性的其他生物体进行生殖。第 6 章讨论了这种事例。如果你帮助一个兄弟,或者一只工蜂帮助蜂后生殖,则一个生物体对具有它的遗传特点的其他生物体的增殖间接地作出了贡献。有性生殖造成了种群里遗传相似性的复杂整合模式。结果常常是,需要令人晕头转向的精细遗传计算(Queller and Strassman 2002)。尽管如此,所考虑的达尔文主义种群是由生殖着的个体构成的,而细胞和基因则是个体的某些组成部分。上述的生物学家非常偶然地意指的是,基因在个体细胞里做了某个事情,使得该基因比那个细胞里的其他遗传物质更具优势,或者使那个细胞比该生物体里的其他细胞或该生物体所产生的其他细胞更具优势。

因此,在有些事例中,聚焦于 DNA 本身的活动,而把细胞层

135

面和/或者生物体层面生殖的大多数机制作为背景,这么做的确
是有道理的。不过,那些事例是不同寻常的,就我们生物体是基
因行为的产物而言,我们不是那种基因行为的复杂结合的产物。
相反,情况乃是像这个样子的。要有演化,必须要有某种生殖,而
演化常常导致了非常复杂的生殖类型。一旦出现了某些类型的
适当生殖机制,通过高度支架性的、有时寄生的生殖,就有了各种
额外的达尔文主义可能性得以产生的余地和空间。假定出现了
精致的有性生殖机制,那我们就会预期出现某种这样的东西。然
而,这些现象并不代表达尔文主义演化的一般模式,正如寄生生
物并不代表生命活动的一般模式那样。

　　在本节使用的伯特和崔弗斯的综述(2006:25)里可以看到这
个图景的一部分。自私的基因要素可靠地产生了,它们倾向于席
卷种群。但它们常常造成一些条件,这些条件破坏了它们自己;
"自私的基因要素几乎总是在合适的地方设置会导致它们自己退
化的力量"。

7.2 基因的演化

*基因作为演化的单元;对互换的依赖;团队重组类比;重组的演化
和基因的起源。*

　　本章到目前为止的考察是在基因是什么样子的这个特别的
图景中开展的。基因被处理为 DNA 的一个小片段,它们常常在
世代之间完整地得到了保留,但又通过有性生殖而不断进入新的
结合。这个观点常常是用类比来描述的:基因就像被不断切洗的

卡片;基因就像被混编进新团队的桨手(Dawkins 1976)。许多时候,这个图景足够准确。不过,它包含着一种理想化,一个强加的简单化图景。在某些语境中,理想化变成了误导人的东西。细致地考察一下,这个图景是在哪里、是如何失效的,会使我们对基因作为达尔文主义个体和选择单元的地位得出更多的结论。

　　我将立刻介绍主要的观点,然后从多个角度切入它。当基因在演化的脉络中被视为单元的时候,一个 DNA 片段被算作一个基因,这不只是因为它影响了生物体,还因为它得以传递的方式。基因被视为在这个过程中具有一定程度的独立性和持久性。因此,据说,一个特定的基因拷贝能够造成一个特定的后代世系,即便染色体不能够做到这一点。

　　染色体不能做到这一点,而基因能做到,这是交换(crossing-over)的结果:在减数分裂的过程中同源染色体之间遗传物质的交换。正如基因之眼观点的支持者们所指出的,出于演化解释的目的,一个基因的"大小"依赖于种群里的交换比率(the rate of crossing-over)。人们通常讨论基因的方式乃是基于如下的所谓事实:交换使得染色体是暂时的,基因才是持存的、确定的单元。我将论证,情况不是这样的。

　　这影响到了演化的问题。在最直接的事例中,达尔文主义种群是由一系列确定可数的事物构成的。把基因说成自然选择的对象,这要依赖于不同的、更宽松的标准。我的论证不是说,关于基因层面生殖和适应度的讨论根本上是无意义的——我的论证无意与上一节相抵触。不过,基因并不像它们看起来那样,它们很难说是达尔文主义个体的直接例子。在某些方面,它们是边缘

136

性的事例。这不是说,在遗传的领域不存在任何自然的单元。染色体和核苷酸都是有边界的自然单元;我们知道它们的分界线。然而,在它们之间的单元——基因——则要可疑得多。在演化的脉络中,讨论遗传物质要准确得多,它们可以是一些较小或较大的团块,它们可以被传递,具有各种因果角色。*

现在,我将更具体地考察这些思想。我们可以从细菌开始。在一个典型的细菌里有多少基因?标准的回答是有几千个(例如,在大肠杆菌[*E.coli*]里有 4000 个)。这个数字基本上是对顺反子(cistrons)——负责单个蛋白质生殖的基因要素——的计算。这些要素的现实给了我们每个单元的长度(大概一千个核苷酸)和它们之间界限的大致位置。于是,似乎在一百万个细菌的一个局部种群里,可能出现了几十亿的基因拷贝。我们可以计算细菌,我们说,在每个细菌里有几千个基因。

然而,正如许多演化论者很快就会打断的,这在演化的脉络里并不是真正正确的计算。为了简单起见,假设这些细菌没有进行质粒交换(plasmid exchange),遗传物质的生殖和扩散只是通过简单的细胞分裂发生。于是,整个的细菌基因组就是作为一个演化单元而起作用的;我们没有任何根据把它视为不同的、复制着

---

    * 戈弗雷-史密斯在本章讨论的是基因之眼观点,该观点把演化竞争和选择的单元仅仅理解为基因。不过,戈弗雷-史密斯运用本书第一部分的空间表征框架,在上节和本节通过对一系列例子的分析而论说了,基因只是遗传要素的一种类型,任何一段 DNA 片段都可以是遗传要素,只要它在自身的生殖中扮演了一个因果角色;基因构成的达尔文主义种群在有些事例中是典型事例,在有些事例中则不是。对于戈弗雷-史密斯的这些论说,我们还可以从"遗传学"这个学科名称的构词来理解。genetics 这个词是 1872 年由英国生物学家威廉·贝特森新造的,它的词根虽然看起来和 gene(基因)有关,但实际上乃是"genetic",其希腊语词原意为起源。因而,genetics 在最初的含义就是"起源(genetic)的规律(-ics)",自 1891 年起进一步获得了"对遗传的研究"这个含义。就此而言,genetics 的汉译"遗传学"很恰切,且可以使我们避免望英文而生义的谬误。——译者

的东西的集合体。

　　现在,我们转到人的事例,人是二倍体的,也是有性生殖的。每个人里有多少基因?标准的数字是大概 25,000 个。于是,就像上面那样,我们可以对人类的一个局部种群里基因拷贝的数量进行一番计算。每个细胞包含两组 25,000 个。我们把它乘以一个人身体里的细胞数量几万亿,再乘以该种群里的人数。不过,25000 这个数字在演化的脉络中并不是直接可运用的。它乃是类似顺反子的单元的总数。这个总数要比它在细菌的事例中更加复杂、更加成问题,因为真核生物基因组的组织非常精密,不过,让我们认可它离正确答案足够接近——当然,它不是一个完全任意的数字。[③]

　　在细菌的事例中,几千个这些东西被结合进一个单独的遗传生殖着的实体。在人的事例中有多少这样的东西?至少,染色体很容易计算。暂时假设人类种群里不存在交换。这样,每一个人的二倍体细胞就会包含 46 个承担了真正演化角色的单元;染色体会是高保真的支架生殖者,它们在性之中重组为新的结合体,并由于突变而沿着它们自己的无性世系而逐渐分化。不过,在人这里存在交换,染色体并不是原封不动地被传递的。基因之眼观点的支持者们论说到,这迫使我们把较小的基因单元视为复制着的实体。

――――――――――

　　[③]　在本节的论说中,我将出于简便考量而常常不利用如下事实,许多扮演了一个已知演化角色的"基因"根本就不像顺反子,而是调控因子(regulatory elements),它们在特定的脉络中具有确定的表型效应(Moss 2003)。这些现象强化了该论说。随着我们对基因组组织的知识的不断增长,计算基因时的复杂性也不断增长,对此的研究请见 Griffiths and Neumann-Held(1999),以及 Griffiths and Stotz (2006)。

假设我们努力以一种纯粹的方式遵从这个逻辑,仅仅基于关于交换的事实来认识遗传的单元。于是,我们就遇到了以下问题,交换并不遵守顺反子之间的界限或任何类似的界限。交换破坏并重组遗传物质,标志着离散单元的唯一不能被破坏的界限是个体的核酸。交换不会完全胡乱地破坏染色体;有些区域不会被破坏,其他区域则是"热点"(hot spots),在其中破坏常常发生。大多数交换事件将攻击非编码的区域,这仅仅是因为它们占据了大多数基因组。不过,交换并没有以一种遵守离散的遗传单元之间基本界限的方式来重组这些单元。因此,有关交换的事实决定了DNA 在一个给定的时段内很可能持存的片段的长度,但这些事实没有决定一个染色体分裂为那个长度的确切片段。长度可以在任何地方开始和结束。它们就像是时间的片段,而不像是如同卡片的单元,被挑出来重新排列。交换可以给我们尺度单元意义上(in a units-of-measurement sense)的"单元"(事实上它们就是厘摩[centimorgan]),但不是建筑模块意义上(in the building-blocks sense)的"单元"。

总结一下这一组论证:与桨手团队做类比,乃是误导人的。桨手是有组织的可数的单元,当他们调换位置成为新的结合的时候,他们在个体上依然是原封不动的,他们在他们的团队里相当一贯地承担着因果角色。而在像我们这样的一个种群里,没有哪个遗传要素具有诸属性的那种结合。④

我也将从一个稍有不同的方向抵达这个观点。正如上文指出的,基因之眼观点的支持者们说,在一个演化的脉络中,基因的

---

④ 或许除了 Y 染色体,或者至少是 Y 染色体主要的非重组部分。

大小依赖于特殊的交换率（Williams 1966；Dawkins 1982a）。随着交换率越来越高，基因数量大致也会越来越高——或者至少，它会越来越高，直到有某种崩溃（collapse）。假设交换出现在了每个减数分裂事件中的每对核酸那里；两个染色体出现了一种几乎完全的序列重组。这样一来，我猜想，基因作为演化的单元就将根本不会存在；在核酸和染色体之间将不会有任何基因要素被当作一个单元而拷贝。

　　人里每次减数分裂事件的平均交换率大概是每对同源染色体两次。（这个数字在不同大小的染色体那里有所变化。）我们如何输入这个数字以计算人体内演化基因的数量？在这一点上，基因之眼观点的捍卫者们说，演化基因的大小不仅依赖于交换率，还依赖于选择的强度。威廉姆斯在他 1966 年的经典著作里说，基因是 DNA 的任何一个片段，它服从于一种"相当于其内生变化率数倍或许多倍的选择偏向"（a "selection bias equal to several or many times its rate of endogenous change", p.25）。内生变化既包括突变也包括交换。不过这样一来，我们就遇到了如下事实，"选择差数"（selection differentials）随着环境、总体的遗传构成，以及种群变化里所发现的行为的变化而变化。随着各种选择差数变得更大或者更小，基因将会时有时无——尽管没有改变它们的内在物理特点。

　　"人里有多少演化基因的个例？"这个问题结果乃是无法回答的——这不是因为我们对事实知道得还不够，而是因为不存在任何确切的数目以待我们得知。有多少人，有多少人类细胞，有多少人类染色体，有多少人类 DNA 核酸，这些都有一个相当确切的数目。人的顺反子也有个大致的数目。不过,不存在一个确定的演化基因的数目,对已提供的计算的唯一勾勒会得出一个明显任意的数目,它也会随着选择压力的变化而变化。

一方面,存在一系列意见一致的关于减数分裂、选择和基因组结构的事实。另一方面,存在一种标准的讨论基因的方式,即基因是原封不动地传递的单元,与此同时它们又做着影响了它们复制率的事情。我要论说的是,所描述的习惯和为那些习惯提供基础的事实之间的关系并不像人们通常以为的那样简单。当以一种贴近的和经验的方式观察基因时,讨论着基因层面选择的人们所使用的语言往往承认这些事实。伯特和崔弗斯在他们 2006 年的广泛综述里并没有讨论"自私的基因",反而讨论了"自私的遗传要素",后一个短语引领读者离开了如下思想,即这些东西是经典遗传学里所假定的那种离散的单元。我听出,他们的"要素"这个术语并不是在暗示某种元素性的(elemental)东西,而是在指任何一片遗传物质,只要它在给定的局部脉络中有能力以一种不同于促进生物体层面生殖的方式而在因果上影响"它的"生殖率。

道金斯本人论说到,这里提出的种种事实完全无关紧要,因为在复制子和演化基因这些概念里存在着一种无害的"灵活性"(elasticity, 1982a: 90)。我同意,如果一个人的观点是足够实用主义的,那这些事实确实不太紧要。我们可以挑出一个种群里某些生物体中 DNA 的任何一片,并指出它在特定的脉络中因果上影响自己生殖率的能力。当该脉络或我们的关切变化了,那片 DNA 将不再是一个看起来凸出的单元。不过,这些因素会有关紧要,如果我们的目标是对经历着达尔文所描述的那种变化的真正实体给出一个说明的话。⑤

在对遗传学的一个更加一般的讨论中,斯特雷尔尼和格里菲斯(1999)说,"基因"这个词已经成为一个"流动的标签"(floating label),标记任何适度地小的 DNA 片段,该片段的角色在特定的讨论中是值得注意的。无论这一般说来是否正确,它都适用于演化遗传学的事例,在此,造成了一种演化差异的 DNA 片段可能会非常不像经典的基因(Moss 2003)。在这一点上,与种群本身的地位做个比较是很有用的。我论说了,在我们辨识一个种群的边界时,存在某种自由。早先得到讨论的两个演化因素(性与竞争)影响了诸个体的一个集合体在多大程度上被"黏合"成了一个自然的单元。不过,正如前面章节所讨论的,有可能会辨识出一些小的演化着的种群,"把它们缝合在一起"以获得一个更大集合体里演化变化的图景。基因的情况不一样。我们不是首先辨识出一系列确定的个别实体,然后在我们将之集合成群体以供分析时遭遇某种灵活性。这里不存在实体本身的任何明晰清单。

到目前为止,本节的论说都是基于当今有关基因和染色体的事实。在本节的结尾,我将从一个更加历史的观点看待这些问题。上述论说的一个部分可以通过以下说法来概括:作为交换的一个结果,基因是唯一的演化单元——就它们终究是演化的单元而言。这使如下问题变得生动起来:交换的演化起源是什么?

———————

⑤　道金斯也直接谈到了其中一个问题。他说,顺反子里的交换通常不会破坏一个基因;只有当破坏是在两个多态点位之间的时候,旧的结构才会丧失。而在其他时候,旧的结构会被破坏,随后又被恢复(1982a: 90)。这个回应把拷贝与一个结构的复现这个单纯的事实合并起来了。如果复制子被破坏成了两半,然后由于基因池的运气,同样的序列得到了修复的话,那么,复制子并不是被可靠地拷贝了。

交换是三种主要的遗传物质互换之一。细菌从事于一种性，即"接合"（conjugation），它是从生殖分离出来的，细菌发出和接受微小的遗传物质包，这些物质包可以被整合进一个细菌的染色体或是独立地被细菌携带。（细菌也可以获得漂浮在周围的游离DNA片段，或是从病毒得到 DNA 片段。）我们可以想象一个图式化的历史，在其中，细菌的性最初是生物体之间唯一的一种遗传互换，直到真核细胞的出现。在真核细胞里，环状的细菌染色体被某些更大数量的线状染色体取代了。在某个时刻，真核细胞开始进行单倍体和二倍体的循环，需要遗传物质的依次加倍（doubling）和减半（halving）。此时，我将在关于随后固定下来的那些选择压力的一个特殊假设的框架内推进这个故事。我把这个假设暂时挑选出来，是因为它特别明显地突出了某些关系，而不是因为我有专门的理由认为它比别的假设更好。海格和格拉芬（Haig and Grafen 1991）阐述了这个假设，它聚焦于细胞内冲突（intra-cell conflict）所扮演的角色。

想象这样一个情况，生物体在单倍体状态和二倍体状态之间循环。在一个特定的时刻，一个类似减数分裂的过程从二倍体细胞形成了单倍体细胞，这个过程把二倍体一半的染色体分发进每个单倍体细胞之中，其方式类似于普通的减数分裂，不过没有交换。海格和格拉芬论说道，这为破坏性冲突创造了丰富的机会。如果出现了一个"杀手"染色体（a "killer" chromosome），它能够破坏单倍体细胞而又没有终结于此细胞，则该"杀手"染色体会在该细胞种群里扩散开来。然而，本章前一节中描述的那种典型的"驱动"染色体（"driving" chromosomes）有两个构件，一个是破坏性的元件,还有一个元件阻止杀手破坏它自己。这些染色体被发现在驱动复合体(the driving complexes)里是牢牢地连接着的,这是上述假设的线索。如果在这种单倍体-二倍体循环的情况里不存在任何交换,那么全部染色体的资源可能最终就是迂回的驱动机制的演化(the evolution of devious driving mechanisms)。杀手和它的防护在染色体上可以离得很远,但依然作为一个单元而被可靠地传递,它们在染色体上也可以有辅助装置。交换阻止了这样的大型武装综合体——这样的"染色体终结者"——的可能性,因为它打破了染色体上的遗传关联,除非它们是物理上非常接近的关联(或者是得到了倒位[inversion]的保护)。海格和格拉芬假设的复合体和专门部分表明,这些事实现实地将会选择出促进交换的遗传要素。这里我将假定,他们的假设为交换的演化给出了一个真正可能的机制(a *bona fide* possible mechanism),无论它是不是现实的机制(the actual mechanism)。

如果这个演化就是这样进行的,那么结果的图景就会是这个样子。大致说来,基因是后来者。它们是发生在细胞里的复杂演化措施的产物,用以抑制若没有它们则会在染色体层面发生的大屠杀。在真核细胞里,单倍体-二倍体循环出现之前,作为演化单元的基因并不存在。我之所以说"大致说来",乃是因为在演化的早期阶段遗传互换扮演的角色非常复杂。更确切的表述如下。类似基因的单元只有一个演化角色,即作为某种混洗过程(*some shuffling process*)的结果,因此,微小的遗传要素可以独立于其他要素而得到传递。如果我们就此而言所拥有的只是整个细菌基因组的生殖,或是整个真核细胞基因组的生殖,那我们就可以拥有可辨认的顺反子(和各种调控因子),但我们并不拥有作为演化单元的基因。细菌接合(bacterial conjugation)是一种混洗;染色体的分离是另一种混洗;交换则又是一种混洗。交换的演化把微小的遗传要素解放为演化的参与者。这就是给了我们基因的"演化转型"。不是所有的转型都从小东西里产生出大东西;交换的演化从大得多的东西里创造出了新的小东西。

人们常常认为,类似基因的东西是生命史上早期的到场者。在某些"RNA 世界"的情节里,它们是所有到场者里最早的。倘若是这样的话,则它们作为演化参与者在很大程度上失落了至少十亿年。这里我脑海中想到的是细菌细胞的起源和类似于真核细胞的性的起源这两者之间漫长的间隔。后一个事件在演化期再次赋予了微小的遗传要素一个角色。它们周期性地给包含着它们的生物体带来的麻烦部分地乃是对生物体而言的"性的代价"(不过这种代价不同于由雄性的出现带来的双重代价)。

即便在讲述这个故事时作出的强烈经验性假定里,也存在一些限定性条件。细菌的接合以及有关的现象包含着前真核的混洗(pre-eukaryotic shuffling),它们可能扮演了一种宽泛的演化角色(Woese 2002)。我在上一节也认可了,一个细胞里遗传要素拷贝数量上的简单增加——正如转座子那样——具有一种达尔文主义特征。原则上,这种情况可以没有混洗而发生。但性——它造成了基因组常规的破碎——以一种新的方式解放了微小的遗传要素,这里原则上的可能性也是重要的可能性:它是这样一种演化转型,它释放了先前只是在某些方面或在变量的意义上被刻画为一个整体的微小东西。

7.3 能动者、利益和达尔文主义妄想症

集合体的诸多属性……存在大量本质性的重要特征,这些特征都对群体本身的福祉和存活作出了贡献,在必要的时候都使个体的利益居于次要地位。这些特征之一就是生殖率(the reproductive rate, Wynne Edwards 1962:19)。

四十亿年过去了,古老的复制子们的命运会是什么?它们没有灭绝,因为它们是生存技艺的老手。不过,不要指望它们浮游于海洋之中;它们很久以前就放弃了那种无忧无虑的自由。现在,它们拥挤在一个巨大的集落体里,安全地生活在庞大笨重的机器里,与外界隔绝开来,它们通过迂回曲折的间接途径与外界联系,通过遥控来操纵外部世界。它们就在你和我的体内;它们创造了我们,创造了我们的肉体和心灵;保存它们乃是我们存在的终极原因。那些复制子取得了长足的进展。今天,我们称它们为"基因",我们是它们的"生存机器"。(Dawkins 1976:19-20)

把基因处理为演化单元,这一做法常常伴随着一种"能动"进路的演化观,这一进路把演化过程理解为具有目标和策略的能动者之间的竞赛。基因是选择的单元这个思想常常是通过如下说法得到表达的,基因是演化自利(evolutionary *self-interest*)的单元,是在演化的时间尺度上搏斗着的真正竞争者,是生物体的适应"为了"的能动者。

对演化的明显能动的描述是使用了隐喻的一个大家族或一

个分级系列的一部分。最极端的描述是对策略和阴谋的谈论。有些极端的描述逐渐变成不那么有强烈倾向的对福祉和目标的谈论，有些描述则逐渐变成对直接根据适应性的成分——存活机会、交配次数等等——来理解的成本和收益的讨论。隐喻在哪里结束，正式的用法在哪里开始，这些可能是不清晰的。这种谈论也可能具有多个不同的计划中的角色。它可以被视为对一个深刻真理的隐喻性表达（例如在 Dawkins 1976 那里），也可以仅仅被视为一种以简单的方式来思考某些复杂问题的实用工具（Haig 1997）。

把握这种谈论的地位的一个好法子是把它置入近来心理学和人类学提供的一个语境之中，这两个学科近来的工作也给思想史带来了新的曙光（Medin and Atran 1999; Griffiths 2002）。这个工作有一些在第 1 章已经得到了勾勒。它论说了，在处理生命世界的时候，人们自然地使用了一个特殊的概念工具包。这些概念工具包括一种本质主义的生物体因果模型，目的论思维习惯，还有根据能动者和议程来解释事件的愿望。这些习惯并不是在所有领域都以同样的方式活动的。生物世界要比别的领域更能触发这个概念工具包，不过，亚里士多德的科学展示了该工具包的某些要素得到非常系统性地运用的潜能，而当它在面对复杂性和挫败时可以得到更广泛的运用。

对演化过程的描述有个特点，它们常常把种群概念与目的论形式的描述及能动者形式的描述混合起来。⑥ 于是，关于演化如

---

⑥ 较老的习惯的影响在研究学生对演化思想的理解的心理学作品里显露了出来，即便学生们已经得到了广泛的指导（Lombrozo et al. 2006; Shtulman 2006）。

何进行的各种观点的切换就将伴随着关于能动的讨论如何得到运用的切换。看看 20 世纪中期到晚期有关演化过程的一些著名争论，就可以说明这个现象，在本节的开头所引用的段落里就概括了这些争论。

　　20 世纪中期的一些演化论作者自由地援引比生物个体更高层次的选择，特别是在解释合作与各种约束的时候。最终，有了一种针对这一思维的抵触，汉密尔顿、威廉姆斯和梅纳德·史密斯就是其中的带头人。他们论说了，通常援引的更高层次选择的机制事实上不会是演化上有效的，因为，较低层次的演化会导致合作的群体的颠覆，即便这样的群体在某种程度上比非合作的群体更加适应。对这样一些过程的遗传模型的关注导致了基因之眼观点本身的发展。到了 20 世纪末，出现了根据多层选择来进行解释的复兴，但这些解释采取了更加严格的形式，就像在 6.2 节所讨论的那些模型。

　　这个过程伴随着所使用的语言相继切换为能动性和收益。这样的语言常常扮演着一种健谈的角色。例如，当一个学生被告知，基因是演化自利的终极单元时，他或她听到这个的时候应该会偏向演化机制的一个家族——这些机制可以根据其他术语而得到精确的描述——而远离另一个家族。不过，在从基因观点出发作出的描述中，这些表述彰显了一种不寻常的力量和角色。它们变得不只是一个速记（shorthand），它们不是只被用来概括复杂的思想，而是被用来塑造对演化的根本描述。第 2 章讨论了对此的一个例子。我在那里讨论了道金斯的一段话，在这段话里一种能动的演化图景被用来论说一个要求，即任何自然选择过程都要求包含某种长期持存的实体。（当所有事物都只有一个拷贝的时候，你不能通过在事物之间作出选择而得到演化。）我论说了，这个观察表明了对演化的能动描述的限制条件，而不是在要求长期持存的实体。这真是科学狗上摇摆着的一条隐喻性的尾巴。⑦

基因之眼观点是如何获得如此明显的力量，而成为一个基础性的描述的？我猜测，这是因为关于演化的基因之眼观点乃是一种特别类型的能动叙事。

我们可以在一般的设定了能动者的范畴里区分两种解释图式，它们具有一种特别的心理潜能。第一种图式是家长主义式的（a *paternalist* schema）。在此，我们设定一个巨大的、仁慈的能动者，它意指的是，一切最终都是出于好意。这个类别包括了各种神，包括了哲学里黑格尔式的"世界精神"，也包括了更强形式的"盖亚"假说，根据该假说，整个地球乃是一个有生命的生物体。第二种图式是妄想症式的图式（a *paranoid* schema）。现在，我们设定一个隐藏的能动者集合体，它们所追求的议程与我们的关切相交叉或相对立。这类图式的例子包括恶魔占据叙事（demonic possession narratives），弗洛伊德心理学的亚人生物（sub-personal creature，超我、自我、本我），以及自私的基因和弥母（meme）。

正如这些例子所暗示的，我认为妄想症式的解释计划普遍会设定微小的能动者，而家长主义式的解释计划则普遍会设定较大的能动者。当然，这个趋势并不是不可变化的，撒旦和天使就证明了这一点。尽管有时候有巨大、仁慈的能动者或微小、邪恶的

---

⑦　有时，摇尾的方向是明确的："我们寻找'选择单元'的整体意图是，要找到一个合适的行为者来在我们的意图隐喻中扮演领导的角色。"（Dawkins 1982a: 91）

能动者在起作用,但所列的那些例子试图暗示的是,这些假说的心理诉求常常远远超过了它们的经验保证。

我上文说过,生物学里解释的不同风格之间的转型伴随着从一类受益者到另一类受益者的调换。和谐的群体被代之以自私的基因。不过,新的一类受益者获得了一种过于强大的角色,对演化的基础性描述的一个传统发展成了达尔文主义妄想症。

我在这个语境中对"妄想症"的讨论吸收了理查德·弗朗西斯(2004)的工作。弗朗西斯论说了,一部分当代生物学最重视的是,根据隐藏的基本原理来对生物特征作出解释。生物学家被诱导着指望存在某种这样的几乎关于所有东西的基本原理,而如果我们不能够发现它,那就是一种科学的失败。弗朗西斯对"达尔文主义妄想症"这个短语的使用要比我的使用更加宽泛,更少心理学的意味。对于弗朗西斯来说,生物学里纯粹的适应性思维本身趋于妄想症,即便没有设定隐含的密谋能动者。适应这个概念在此具有一种特别的中间地位,它在很强的准目的论意义上和弱得多的最低意义上都可以使用(Lewontin 1985; Burian 1992)。不过,在生物学里还有一种选择思维(selectionist thinking),我认为它没有涉及任何形式的妄想症。它就是如下这种研究,在此我们问:假设一个种群是这样的,然后出现了一个如此这般的突变,那么它会发生什么事情? 这样来思考,并不需要如下思想,即基因是某个事情的"最终受益者"。

遗传物质的生殖是细胞和生物体生殖的一个部分。对遗传物质的争夺是性的后果。这些事实支持对基因的两种达尔文主义描述,一种更弱,一种更强。弱的那种描述得到了以下事实的支持，位于生物体内合适位置的任何 DNA 片段的集合体都可以被描述为在生殖中变化着、传递着它们的差异，都可以被描述为在影响着它们被拷贝的机会。在一些特殊的事例中可以看到那种更强的描述，在这些事例里，基因通过一个其关键性步骤并未对生物体层面的生殖作出贡献的过程而增殖。那些过程主要依赖于性的机制。随着对遗传物质的争夺，就有了独立行为的可能性，而自私的遗传要素则是一部分代价。

在早期的和经典的遗传学里，以"微粒"的方式来思考基因，这无疑是进步的。先是孟德尔的"因素"（factor），后是基因（它们在世代之间传递而保持原封不变，保持纯粹，尽管它们与不同生物体内的其他因素结合在一起），这些设定都是巨大的推进。不过，随着我们的知识变得更加精细，当我们研究这种物质的特定片段的因果角色时，对作为单元的基因的讨论正逐渐被对遗传"物质"——一堆材料（a stuff），而不是离散的单元（a discrete unit）——的讨论所取代，被对遗传"要素"的更加灵活的讨论所取代。已知的由自然选择导致的演化的典范事例依赖于对遗传物质的高保真拷贝，但基因本身绝不是最明晰、最根本的选择单元，它们在很多事例中乃是边缘性的达尔文主义个体。

第8章 文化演化

8.1 文化的种群模型和达尔文主义模型

种群解释的局限；确定文化里达尔文主义种群的两种方式；关注不同层次的整合区分。

在达尔文主义许多抽象表达式的背后都有一个动机，这就是，要打造一个在新领域也会有用的工具。文化变化是一个突出的例子，用达尔文主义的术语来思考文化，其历史几乎与生物学里的达尔文主义一样久远。在这段历史中，前赴后继的作者们常常攫取"达尔文主义"框架中截然不同的部分并大加利用。不过，近年来出现了一大批作品，它们集合在如下这个图景周围：人的一般文化能力大致有一个遗传基础，是一种生物的适应。社会学习——特别是通过模仿的社会学习——在此和语言能力同样至关重要。不过，一旦这些能力到位了，文化变化就获得了它自己的达尔文主义动力。在这个故事的某些版本中，结局就是在一个新的达尔文主义舞台上的文化复制子——自私的弥母——之间的竞争。[①]

① 关于这一揽子构想的基本原理，请见 Dawkins（1976），Cavalli-Sforza and Feldman（1981），Boyd and Richerson（1985），Hull（1988），Durham（1991），Dennett（1995），Tomasello（1999），Jablonka and Lamb（2004），Mesoudi et al.（2004），Richerson and Boyd（2005），Hodgson and Knudson（2006）。

　　这些就是本章要评估的思想。本章的主要目标是考察,在人类文化中可能会发现的各种机制是如何在原则上与达尔文主义的框架相关联的,而非哪些机制是经验上最重要的。"达尔文主义的"这个术语在此的含义与本书其他部分的含义一样;它涉及由自然选择导致的变化,通过有差异的生殖或复制导致的变化,不过,在本章的末尾,我将考察对文化的说明可以利用的达尔文主义思想的其他含义。

　　上文浮现的图景具体如下。有些"文化演化"是由一类特定的遗传机制导致的普通生物演化。一旦我们超越那些事例,就会遭遇前文具体讨论过的东西:现象可能具有某些达尔文主义的特点,或与这些特点相近,但又不具备与典范事例相关联的那些特征。因此,这些现象倾向于招致一种达尔文主义的描述,尽管这一描述将只是部分地适用的,并且有误导人的能力。不过,我们在近来的讨论中看到,也有一些可能的现象在冒险的意义上是真正达尔文主义的现象——在这些现象里,文化的确形成了一个新的达尔文主义领域。这些现象是心理和社会因素特殊配置的结果。达尔文主义不大可能以其鼓吹者们宣称的方式统一和改造社会科学。但文化有着达尔文主义之根,在各种情况因缘际会的时候就会导致新增的达尔文主义现象。

　　这个情形可以先用三个嵌套的范畴来表征。图 8.1 表现了文化领域和其他领域里的三种说明模式之间的关系。

　　"种群"范畴指的——大致——还是第 1 章讨论过的迈尔的种群思维概念。不过,当种群思维被用于文化而不是生物时,这个进路的某些明显适用于生物事例的特点会变得更加可疑。因此,图 8.1 里最宽泛的"种群"范畴不大可能涵盖所有的选项域。

　　当我们开始进行种群思维的时候,我们把一个系统处理为个体事物的全体(ensemble),这些个体事物具有某种程度的自主性,有着相当数量的共同属性。我们也可以大致认识到,一个事物在哪里结束,另一个事物在哪里开始。事物的某些集合体整合得太过紧密,以致无法把它们有效地视为种群——例如,一个血红蛋白分子里的原子。而另一些系统的各个部分又过于互不相同,它们的角色主要依赖于那些差异——例如,一辆汽车的发动机。一个高度结构化的、具有异质的和不可互换部分的网络,是一个不同于种群的东西。相比之下,一场暴乱则是一个种群现象,它就如同瓦斯里不同分子的混合。在这些明显的事例之间,存在一些中间性的事例—— 一个议会,或一个管弦乐团。它们是由具有许多共同属性和某些自主性的东西组成的,但这些构成要素之间也存在明显的不对称性,已发生的许多事情都是这些不对称性所导致的。

图 8.1　三类解释

如果一个血红蛋白分子不是原子的一个种群,那么一个有机体里细胞的集合是一个种群吗? 在本书中,我常常把像我们这样的有机体处理为达尔文主义的细胞种群。不过,我们也是混合的或居间性的事例。我们体内的细胞具有一些特征,这些特征清楚地证明了种群进路的正当性——特别地,我们体内的细胞是简单的生殖者。不过,它们的组织,以及它们造成有机体整体诸多特点的方式,在这个意义上仅仅是部分地类似种群的。人体里的细胞有点类似于一个议会,或一个管弦乐团——但这个"管弦乐团"的成员是作为管弦演奏活动的一部分而得到生殖的。

因此,虽然最初看起来很显然,文化变化是一个种群现象,但在目前的意义上,这个主张绝不是微不足道的。有些文化现象是符合种群特征的现象,有些则不是。所有种类的文化现象都依赖于组成种群的诸个体的活动,但一个种群完全有可能造成一些不宜用种群术语来处理的产物。

持存的共同体层面的人造物——例如,建筑和计算机网络——乃是种群活动的产物,不过它们一旦存在,它们继续扮演的角色就不符合种群特征了。诸如此类的结构一旦变得非常精细复杂,就可能以减少社会生活的种群特征的方式影响行为。高度结构化的、具有从上到下控制的社会也不大服从种群处理方式。激增的思想来自社会中的某个地方,无论它们的内容是什么,无论当地的后果是什么。莱斯曼(2005)论说了,随着权力关系变得越来越不对称,达尔文主义文化模式会变得越来越不适用。我将会把这个主张扩展为一个关于一般种群模式的主张。当一个社会发展出的互动网络在角色上具有广泛的不对称特征时,它就不那么像种群了。

这些特点以不同的术语得到了描述,它们已经成为对如下思想的广泛拒斥的基础,即文化变化是一个达尔文主义过程——弗拉基亚(Fracchia)和列万廷的论述(1999)就是一个有力的例子。不过,我们不应该把那些反种群的观察搞成一种过于一般化的方法。比较简单的文化形式可以比更加复杂的文化形式更具有种群特征；一种初始的种群互动模式可以导致别的东西。

　　假设接下来我们要处理一些显然是种群的现象。在文化领域，这些现象可能包括个体的日常行为（饮食、交流、合作）模式的变化。这样的变化过程什么时候也是达尔文主义过程？运用前述章节给出的说明，应该是可以回答这个问题的。我们问的是，所考虑的东西是否构成了一个达尔文主义种群，它们是否作为变异、遗传以及不同的生殖率的一个后果而变化着。②

　　在文化的事例中，可以通过多种方式辨析出达尔文主义种群。我将把这些方式分为两个主要的类别。第一类方式是最简单的。构成种群的东西是普通的生物个体，例如人，文化则被视为他们的表型的一个方面。人具有文化属性（技能、语汇、习惯），不同的人在这些属性上各不相同。当人生殖的时候，他们的后代在这些特点上常常与亲代相似，这是教导和模仿的后果。并且，某些人生殖的后代比另一些人更多。结果就是演化变化。

　　这是文化特征可以在其中通过达尔文主义过程而演化的一个明显方式。事实上，它不是该理论的一个新应用，而只是一个普通的应用。达尔文主义不需要任何特殊的遗传机制，这里的机制是非遗传的。关于生殖和适应的讨论是以通常的方式得到理解的，即根据后代的生殖来得到理解的。

　　第一类方式显而易见是有局限的。它不能把握人从其他人

150

------

② 我们在种群的解释和达尔文主义的解释之间可能还有一个类别，它被称为"演化的"解释——这类解释使用了来自达尔文演化论之外的演化论的其他机制。我将出于简单性的考虑而在很大程度上忽略这个可能性，不过里彻森和博伊德（Richerson and Boyd 2004）讨论了这个问题。这个话题也出现在了本章的最后一节。

那里,而不是从亲代那里复制行为的事例。(它只处理不同于"水平"传播和"倾斜"传播的"垂直"传播。)因此,看起来或许我们需要一个不同于生物亲代概念的"文化亲代"概念(a "cultural parent")。你复制了别人的一个特定的性状,就该性状而言,他们是你的文化亲代。个体的人依然被看作达尔文主义种群的成员,但他们现在是通过一个非生物的养育关系联结起来的。

当我们考察诸如口音、表情、风尚等现象时,这可能看起来是个大有希望的进路。不过,它并非真是一个把达尔文主义的思想运用于文化的方式。生殖是一个新事物、种群的一个新成员的诞生。当你采纳一个你从别人那里听来的习语侃侃而谈时,你已经被改变了,但你没有被再造或再生。在此,有人可能会回应说:把文化理论和生殖这个观念联系在一起,这更加糟糕。这在许多方面都是正确的反应。但还是有一个达尔文主义的方式来处理这类现象,我们需要进入第二类方式。

第二个进路是,把文化变异型的例子视为构成了它们自己的达尔文主义种群,该种群由生殖关联。你父亲的天主教信仰,或你最好朋友的天主教信仰可能是你的天主教信仰的来源;他的情况是你的情况的来源。这里所考虑的东西可以是行为、心理状态,或物质性的人造物。我将以一个宽泛的方式使用"文化变异型的例子"(instances of cultural variants)这个短语,把所有这些东西都包括在内。

这第二种进路在原则上并不需要复制子。我在这里一如此前,把复制子理解为达尔文主义种群的成员,它们高保真地无性生殖,在许多世代的复制中都"保存着结构"。虽然这第二个类别不需要根据复制子来得到呈现,不过通常还是有复制子的。这就是道金斯和其他一些人发展弥母假说的原因,弥母是如同基因一样有复制能力的东西,弥母的活动机制造成了文化变化。

上述广义的区分最初以一种个体主义的方式得到发展。或者,人类生物体构成了一个传递着文化表型的达尔文主义种群,或者,个别的人所展示的文化变异型的诸实例构成了种群。不过,同样的区分可以被运用于群体层面,这两种情况在群体层面都可能存在。以下观点可以得到论说:人类群体具有传递给后代群体的诸多文化表型(Henrich and Boyd 1998; Sterelny,即出),或者说,群体层面的诸多文化变异型本身(诸如政治组织的形式)可以构成生殖着的东西的一个"池子"。因此,我们就有两个整合的区分,一个关注据说构成了种群的事物的类型,因而关注相关的生殖概念,而另一个则关心种群所存在的那个层面。

8.2 生殖和因果

群体生殖和持存;重返大观园;通过文化变异型的形式生殖;因果方向性。

我在本节将更细致地考察上述两个进路中的生殖、遗传和适应。第一个进路把文化处理为个体的一系列特征,它们通过一种非基因的途径在代际之间传递。当所考虑的种群是人类种群或其他动物种群时,无需对生殖概念作任何特别的处理。这依然只不过是普通的达尔文主义。

当第一个进路被运用于社会群体或共同体层面时,就出了大问题。这是我们在之前章节的讨论中所熟悉的东西:什么时候我们有了真正群体层面的生殖?达尔文主义的语言常常以某种方式被运用于社会群体和共同体,这种方式关注于群体的持存(和灭绝形成了鲜明对比),或者关注于群体的增长(和萎缩形成了鲜明对比)。非洲努尔人(Nuer)和丁卡人(Dinka)之间的竞争活动就是一个著名的例子,它常常被用来展示"文化的群体选择"(Sober and Wilson 1998: ch.5)。努尔人和丁卡人是苏丹境内密切关联的两个部落,它们之间的暴力竞争在二十世纪早期得到了细致研究。努尔人胜出了,这主要是通过他们战斗队中更好的大规模组织。在本书,我把包含了增长和持存,但又没有生殖的达尔文主义过程处理为边缘事例。这不是一个规定性的问题(a stipulative matter),因为它显示了可以给出的解释的类型。例如,起源解释是达尔文主义解释中特别重要的形式,而当选择只是有差异持存的问题时,选择并没有被包括进起源解释。一个持存着的群体的确有机会转变为另一种群体——在这个意义上,持存与新颖性相关。但这个关联要比有差异生殖出现的地方可以观察到的关联弱得多。因此,一种显著的"文化群体选择"所需要的并不只是有差异的持存,而是有差异的生殖,尽管这两者之间的界限是模糊的。

　　第二组进路把文化变异型的诸实例本身视为构成了达尔文主义种群。用本书的语言说,这样的观点乍听起来有点新颖。它是个新颖的观念,虽然这个事实可能会被一些描述模式弄得模糊不清,这些描述模式把文化性状具体化,使得诸如"观念"这样的东西听起来比它们实际所是地更加具体。虽然它是个新颖的观

152

念,但有时也可以是个有用的思想,我们在前面的生物学例子中已经碰到了大约半数的新颖性。

在第 4 章"大观园"的最后,我讨论了"形式生殖"的事例。在大多数的生物生殖中,亲代既通过物质的方式为后代作出贡献,也通过形式的方式为后代作出贡献。实际上,这里的"物质 vs.形式"之间的区别在任何时候看起来都很勉强,也很可疑(Oyama 1985)。不过,存在一些特别的事例,在这些事例里,亲代—子代之间存在着一种与达尔文主义有关的关系,但亲代没有在物质上给后代作出任何贡献。那里讨论的事例是逆转录病毒、朊病毒,以及 LINE 转座子。这些是一类特别的支架生殖者,它们的生殖高度依赖于它们之外的装置。由于这种依赖性,它们的生殖能力因而就很脆弱。环境稍有不同,它们就完全不能生殖了。不过,它们全都可以以不同的程度进入达尔文主义过程。逆转录病毒(它们的生殖方式穷凶极恶)就是典范的事例——它们的存在倘若没有达尔文主义就会非常令人困惑。因此,形式的生殖可以是达尔文主义演化的一个基础。

这些事例为以下观念提供了一个生物学模型:生殖——与达尔文主义相关的生殖——可以是文化变异型的一个例子和另一个例子之间的关系。假设你是第一个把转盘用作乐器的人。少数人看到或听到了你,然后做了同样的事情。这个举动就扩散开来。说你的个人举动是他们行为的亲代,这虽然不太确切,但意思倒也差不多。他们具有了这么做的倾向,这是你的举动的结果。

在最简单的事例中,新的采纳者通过观察一个人的所为而获得了习惯。然后,该习惯的实例将会存在一个无性的生殖世系。不过,这个单亲特点不是根本性的——这么想的话就过于承认复制子框架了。达尔文主义过程所需要的那种遗传可以有不只一个亲代,只要生殖关系是明确的。下一节我将提出一个例子。

　　不过,这些"形式的"生殖具有特殊的特点。在普通的生物生殖事例中,亲代对后代负有全部的因果责任;后代最初丝毫不存在,它实质上是通过亲代而开始存在的。但在形式生殖的许多事例中,都有一个先行存在的、其状态或组织有所不同的东西,这个东西具有自己的因果属性。结果就是,一种混合的原因导致了某个东西得到生殖。

　　生物学事例再次提供了一个模型。朊病毒蛋白在碰到"转变了"它的朊病毒之前并不是纯粹未成形的材料。它是一个有着特定形状、特定氨基酸序列的蛋白分子,因而具有一系列响应其他分子的倾向。碰巧某些蛋白在碰到朊病毒时的响应会使它呈现为朊病毒的形状。(不是所有的朊病毒都有亲代朊病毒。有些朊病毒是自发地出现的。)这可以被描述为,朊病毒诱导蛋白重新折叠为朊病毒的外形,但一个巴掌肯定是拍不响的。

　　在生物学领域,这是一个很不寻常的事例。而在文化的事例中,这个情况就很常见了。习惯、口音、观念的生殖主要是采纳某变异型的那个能动者的倾向造成的后果。就达尔文主义过程的可能性而言,这没有太大的区别。由提供者和接受者的非常不同的混合原因可以导致一个性状的类似传播模式。假设有一个不同颜色的个体所组成的种群,每个个体都努力把该种群的其他成员涂成自己的那种颜色。如果涂色的熟练性以某种方式受到了颜色的影响，那么，一种特定的颜色——例如，红色——就可以传播开来。随着红色在种群中的传播，我们可以追踪出它的实例的一个增长树。完全不同的因果过程也可以导致同样的传播模式。现在，个体不再把他们的颜色加给别的成员，而只给他们自己涂颜色。他们通过观察种群的其他成员来选择他们自己的颜色。如果一种颜色——红色——更有可能被选出来，则它就可以传播至整个种群，它的传播路径的树状图与第一种情况的树状图可以是一模一样的。只有当形势受到了某种干扰时——当我们想象能动者的涂色政策或倾向发生了改变时——这两种情况之间的区别才会显露出来。在第二种情况下，一种颜色的"接受者"几乎对所发生的一切都负有因果上的责任——涂色的偏好，对榜样的选择，把榜样的颜色与"接受者"自己的颜色关联起来的活动。如果接受者改变了那些政策的任何一个，两个个体之间的配对——以及红色沿之传播开来的链条中的连线——就不会发生了。

154

许多的文化变异型都是通过更近乎第二种情况的方式传播的。而许多生物学生殖中的因果定向性（the causal directionalities）则类似于第一种情况。

在此，回到早先的章节曾讨论过的格里塞默的某些想法会很有帮助。格里塞默认为，生物的生殖涉及"物质上的重叠"。我反驳了那个观点。但格里塞默的确讨论了他称之为"复制"的那些过程，它们并不涉及物质上的重叠。他强调了这些事例与在其中存在着物质上的贡献的事例之间的经验性区别。如果一个东西生殖了，但没有发射出某种物质性的繁殖体，则它就高度依赖于周围条件来完成绝大多数工作。生物系统不能够经常性地信赖它们的周围事物来为它们做这个工作；如果它们要生殖，它们就需要自己操作物质，而这又常常需要把物质带进它们自己之中，并在能量的帮助下重塑物质。这是真的，不过下面这个情况同样是真的：有时候，一个生物体的确发现自己能够依赖于外在的机械装置来为它做这些事情，我们在逆转录病毒里就看到了这个情况。

在其他"自私的基因要素"那里可以看到某种同样的情况，即便当它们的生殖的确包含了物质的贡献之时。一旦某个机械装置可靠地到位了——性、减数分裂、交换，就有了一个竞技场，在其中就可能出现一系列特别的达尔文主义过程。类似地，一旦人类能动者的一个种群有一系列恰当的倾向，文化变异型的实例就可能激增，形成可以用生殖术语来描述的世系。在遗传要素的事例中，这个机械装置只是通过演化过程而缓慢地发生着变化。而在文化对象的事例中，所需要的外在"机械装置"则更加脆弱，而且常常根本就不出现。只有当能动者运用简单的模仿习惯，挑出行为的榜样，复制他们，而又不对所获得的行为进行转化和个性化设置时，外在的"机械装置"才存在（Sperber 1996, 2000）。在许多时候，人类能动者并不是像那样行动的，并且，由于能动者整合了更多的信息，调整了他们的选择，因此亲代—后代关系先是变弱，然后消失。

前文我以一种非常宽泛的方式讨论了"文化变异型"，但文化的不同方面可能会更适应这些需要，也可能会不那么适应这些需要。这个领域的许多作者都假定了，达尔文主义可以帮助我们解释的"文化"存在于某种心理结构之中，或者存在于诸多的行为倾向之中(Richerson and Boyd, 2004)，那个选项也成为许多批评的靶子。斯特雷尔尼(2006)论说了，文化复制子的最佳选项不是观念，而是持存的人工物——例如，工具，尤其是在人类历史的早期阶段。原则上说，像工具这样的人工物可以是支架生殖者；请回顾第 5 章里对鸟巢的讨论。但如上所述，某种类型工具的重现或成功扩散对于一个达尔文主义过程来说还不够。所需要的乃是，人工物的每一个实例都有少数"亲代"实例，由此无性的世系或家庭才得以形成，在世系链条间才有一种遗传的模式。

155

罗杰斯和埃尔利希(Rogers and Ehrlich 2008)在介绍对波利尼西亚独木舟的讨论时，翻译并引用了法国哲学家"阿兰"(Émile-Auguste Chartier)写于 1980 年的一段话，后者主张，由于"每只船都是由另一只船拷贝而来"，因此可以采取一种达尔文主义的解释进路。设计糟糕的船将会沉没，因而不会被拷贝，因此，"大海塑造了船，拣选出好使的，覆灭了其余的"(p.3417)。如果关于对船的拷贝的这个主张是真的(或者更确切地说，对船的拷贝曾经是真的)，那么，我们就有了所需要的东西。所需要的不仅是，一只现存的船在新船的建造中占据一个特别的因果角色。那可以与以下情况并立：新的造船者主要把旧船用作修补和试验的一个激励物(a spur)。不过，精确的或忠实的复制是不必要的——船无需是复制子。在一个演化相关的亲代—后代关系中看到的因果角色位于这两者之间；亲代以造成了两者之间相似性这一方式为后代承担因果责任。所需要的关系在比整个船更小的东西之间也可以成立。对于一个像船这样的人工物来说，当将其考虑为一个整体时，可以有许多的亲代人工物，不过，每一个亲代人工物都只以一种离散的方式影响了新人工物的某个方面。（桅杆复制自这只船；舵板复制自那只船。）文化的生殖可以比生物的生殖更加零碎，而这并不会阻止我们细致地识别出人工物里的世系。不过，一旦广义的智能介入了，使得一系列模糊的、离散的榜样都对新船、新巢或新屋作出了混合的、个性化的贡献，则达尔文主义模式就消失了。

8.3　模仿的规则和他者

模仿的机制；与达尔文主义过程的关系；模仿规则作为一个更大家族的一部分；自私的弥母。

接下来，我将讨论一些新近的工作，它们可以被用来阐明和扩展上一节的命题。这是一些由于社会学习而导致的种群内变化的抽象模型（Skyrms 2003; Nowak 2006）。这些模型主要是运用计算机模拟来研究的。一个理想化的种群——常常位于某种空间网络之中——包含了诸多个体，它们相互作用，根据它们作出和遭受的行为而得到收益，继而，它们的经验使它们更新自己的行为倾向。这些模型为更新自己的行为而使用了若干不同的规则。在这个语境中，一个特别有趣的规则是，"模仿你最好的邻居"（"imitate your best neighbor", IBN）。假定每个个体在每个步骤都与一些直接的邻居进行互动（可能是一个晶格上边的、下边的、左边的或右边的邻居，如图 6.2 所示）。每个个体也都能够观察到这些邻居由各自全部的互动而得到的全部收益。在下一个步骤，每个个体都作出了邻居根据先前步骤而得到最高收益的那个行为。（或者，这个个体作出了同样的行为，如果它比所有的邻居都做得更好的话。）这样，该种群里的每个个体就会不断地根据局部成功的东西来改变它的行为。

斯科姆斯（Skyrms）的模型表明，局部互动与根据 IBN 规则更新行为这两者结合起来，导致了这些理想化的种群里引人注目的合作性或"亲社会性"局面。一个例子就是"猎鹿"博弈（"stag hunt" game）。在此，每个个体在每一个步骤都必须在"猎兔"（独自活动）和"猎鹿"（需要合作）之间作出选择。收益受到了伙伴选择的影响——互动是成双成对的。如果你选择合作狩猎，则当你的伙伴也选择合作时你的收益是 3，当你的伙伴不选择合作时你的收益为 0。如果你选择独自活动，你的收益是 2，无论你的伙伴选择什么。在每个步骤，每个个体都是独立于其邻居来进行这个博弈的，该游戏的总收益是每个个体收益的总和。

斯科姆斯发现，当这个博弈是在一个晶格里根据 IBN 规则来进行时，种群几乎总是会演化出合作的结果。其他一些得到了充分研究的博弈也得出了类似的结论，例如"分钱"博弈（"divide the dollar"）。在此，两个人就一笔意外横财如何分配提出自己索要的份额。如果两个人索要份额的总和小于或等于 100，则两人得到各自索要的份额。如果两人索要份额的总和超过了 100，则两人将一无所得。在这个博弈的一个简化版本中（其选项要比通常的更少），斯科姆斯发现，根据局部互动和 IBN，种群几乎总是会演化出如下的情况，每个个体都只索要公平的 50%。

斯科姆斯运用这些结论勾勒了，我们的"道德感"可能是如何演化出来的，以及为何合作的行为可以是始终稳定的。这个解释表明,在令人吃惊的程度上,合作的行为在某些种类的种群机制中起到了"吸引子"(attractor)的作用。

这些模型显然是上文所讨论意义上的种群模型。它本身可以成为批评的基础;由于社会角色里的权力结构和其他不对称性非常重要,因此,道德学习,还有我们的道德直觉或许并不是以种群方式活动的文化要素例子(Levy,即出)。不过,让我们把那个问题悬置起来,假定它们的确有潜力解释某些重要的东西。这样的模型如何与文化变化乃是一个达尔文主义过程的思想产生关联呢?

这在任何明显的意义上都不是一个被生死驱动的场景。相反,它被更自然地解释为这样一个场景,能动者在其中持存着,并根据经验改变着它们的状态。(生死可能会发生,但这是不相干的。)不过,如果模型遵循 IBN 规则,则它就可以被解释为前文描述的第二种意义上的达尔文主义模型,在这种意义上的达尔文主义模型中,文化变异型的实例本身构成了一个达尔文主义种群。当一个个体接下来的行为乃是从一个特定的邻居——它在前一个步骤里做得很好——那里拷贝而来的,则一个个体在时刻 t 的行为就是另一个个体在时刻 $t+1$ 的行为的形式上的亲代,是后代行为分支的祖先,该行为在种群中扩散开来了。每个行为实例都是短暂的,但如果它是成功的行为,则它就可以在因果上导致同一种类的其他行为。行为本身在这个系统中是复制子。[3]

因此,给定所有能动者都遵循的一个特定的规则,行为就能够形成亲代—后代关系,就能够成为达尔文主义过程的一部分。

---

③ 我们可以对某个时刻出现的行为池进行"接合"分析("coalescent" analysis);例如,你可以确定两个随机选择的行为具有一个共同祖先的平均时间。

如果能动者开始对它们的经验作出不同的响应,则亲代—后代关系就会瓦解。这些替代项无需是特别有创造性的。IBN 规则就是这种能动者可用的合理规则之一。比 IBN 规则更加简单的一个模仿规则乃是"拷贝常见的"(copy the common)。在此,能动者评估各种行为的局部(或者可能是全局)频率,并在下一个步骤作出最常见的行为。这个模仿规则没有 IBN 规则那么"聪明",它也缺乏 IBN 规则的达尔文主义特点,这既因为它不是被成功所驱动的,也因为任何给定的行为在先前步骤都不会只有单个的"亲代"行为。不过,"拷贝常见的"这类规则在实际的种群里常常得到运用(Richerson and Boyd 2004)。

　　斯科姆斯自己比较了 IBN 规则与其他博弈理论家常常使用的那种"最佳响应"规则。这种规则的一个简单例子是,一个在下一个步骤作出的行为是对它的邻居在前一个步骤所做行为的最恰切响应。最佳响应规则要比 IBN 规则更加"聪明",因为它需要的不只是追踪其他人实际得到的收益,还要追踪在各种各样的情况下哪个行为会做得好。有趣的是,斯科姆斯发现,在他的模型中,最佳响应规则所导致的合作结果要比 IBN 规则所导致的合作结果更少。在猎鹿博弈中,这意味着,诸个体考虑它们自己的利益时聪明得过头了,因为,如果它们全都选择合作的话反而会有最好的结果。最佳响应规则也缺乏 IBN 规则的达尔文主义特点。它是被成功驱动的,但它没有导致如下这种情况,即在其中特殊的行为形成了亲代—后代世系。

　　一旦我们聚焦于形成世系(lineage-forming)这个属性,我们就会看到,IBN 规则乃是一个相当特别的规则。不过,它不是唯一能够造成达尔文主义结果的规则。假设一个个体不是通过模仿单个邻居来确定其接下来的行为，而是通过把它的两个得分最高的邻居的行为混合起来或者求其均值，以此来确定自己接下来的行为。（如果行为选择是一个二选一的情况，例如合作或背叛，那么，这可能会涉及对每个行为的概率的调整。）现在，每个行为实例都有两个亲代；这在行为池里是有性生殖。正如第 2 章所讨论的，这可以是一个达尔文主义系统，即便不存在复制。④ 行为将依然展示出可遗传性。行为实例将不会像在 IBN 规则的最简单形式中那样形成无性世系分支，而是会形成像人类"谱系"那样的网络。

我们在此已经发现的东西是可能更新的规则的一个家族或空间，在此家族或空间中，一个个体的行为是它遭受的东西的某种函数。一个个体的行为是其邻居的属性的一个函数，这与一个人的行为是某个邻居的一个拷贝是不一样的。后者是前者的一个特例。这些更新的规则中有一些具有达尔文主义特征，有些甚至允许我们辨析出复制子。但除了达尔文主义的方式，还有其他许多方式，在这些方式里，一个种群的过去可以前馈影响它未来的状态，这种方式包含着局部个体响应的聚集。

沿着上述的论证，我将对这个情况作出更加形式化的描述，我将用一个公式表示更新的规则的某些家族，这个公式包含了使得所产生的过程多多少少是达尔文主义过程的多个可调参数。假设一个个体用它的经验来为下一个步骤 $Z(t+1)$ 确定某个特有

---

④ 正如这里所讨论的，这个遗传系统将会导致变异的消失。关于对行为的文化遗传而又没有复制子的讨论和模型化，也请见 Henrich and Boyd（2000）。

行为 Z 的值。Z 是一个连续可变的量(尽管它可能是作出一个二选一的概率)。假设个体有 n 个邻居,在此邻居 i 在时刻 t 的行为用 $X_i(t)$ 来表示。于是,$Z(t+1)$ 可以是所有邻居在时刻 t 的行为、它们在时刻 t 的收益(W_i),以及该个体先前状态 $Z(t)$ 和收益 $w(t)$ 的一个函数。因此,一般说来,$Z(t+1)$ 是如下这些变量的一个函数:$(X_1(t), X_2(t), \cdots, X_n(t), W_1(t), W_2(t), \cdots, W_n(t), Z(t), w(t))$。这使得大量的规则得以可能,其中有些规则可以像下面这样表示:

$$Z(t+1) = uZ(t) + vX^*(t) + (1 - u - v)\sum_{i=1}^{n} X_i(t)/n \quad (1)$$

这里,$X^*(t)$ 是时刻 t 得到了最大收益的那个邻居的行为,或者是时刻 t 的焦点个体的行为,如果该个体的收益比所有邻居的收益都高的话。"权值"u 和 v 是正值,其和是介于 0 和 1(包含 1)之间的某个数值。

该思想是,任何个体的新行为选择都可能受到以下因素的影响:(i)它上个时刻所做的行为,(ii)邻居们最近所展示出来的那些成功行为,(iii)那些行为在局部的流行。一个个体可以赋予惯性、追踪最近有效的东西、做常见的东西等因素以某种影响。u 和 v 这两个参数反映的是这些因素被赋予了多大的影响。因此,当 $v = 1$ 的时候,我们就有了 IBN 规则,当 $u = 1$ 的时候,个体就从不改变,而当两个参数都是 0 的时候,我们就有了"拷贝最常见的"这个规则。但这两个权值也可以是 0 和 1 之间的某个值。

在这个规则的家族中,一个个体唯一能够直接响应成功的方式就是致力于 $X^*(t)$。另外的影响因素是惯性(inertia)和从众

(conformity)。不过,个体的这个行为变化的过程可以是包含着生物学生殖的最典型达尔文主义过程。这样,一个个体将天生就有一种起初的行为,并且它会根据某个特定的规则——u 和 v 的某些特定设置——来更新这个行为。这样,这些权值就可以在世代之间演化。个体什么时候可以最好地固执于它遗传自亲代的行为($u=1$)?什么时候可以根据它自己的经验来最好地调整行为?如果它应该作出调整,它应该多快地来作出调整?在一个非常喧闹的世界,个体更好的做法是使 u 接近于 1,这样它就只需要根据常见的东西或成功的东西来对它的行为进行缓慢的更新。⑤让这个系统更细致地模型化,这将会很有趣。

在这个舞台上,达尔文主义过程造成了一个社会学习的规则,而这个规则本身可能具有达尔文主义的特征,也可能没有。如果 v 的演化离 1 越来越近,则行为池里的机制将会变成达尔文主义的机制;行为者本身将会形成亲代—后代世系。如果 v 的演化离 1 越来越远,则行为池将不会具有这些达尔文主义的性质。达尔文主义的生物过程可以产生达尔文主义形式的或非达尔文主义形式的社会学习。

正如我们已经看到的,公式(1)里的可能性范围也是更新的规则的冰山之一角。该公式并没有包括最佳响应——对诸多成功邻居之规则的混合(或许是根据这些邻居有多成功来权衡)——这个选项,也没有包括许多其他选项。简单的试错学习(它有着它自己特殊的达尔文主义特征)通常也将有自己的地

---

⑤　这使得该模型与更多研究学习的演化的文献联系起来了。Stephens（1991），Bergmann and Feldman（1995），Godfrey-Smith（1996），Kerr（2007）.

位。⑥ 因此，演化可以造就能动者，它们以多种方式运用社会经验来影响它们的选择。一个令人吃惊的事实是，这些方式里的有一些——包括 IBN 规则——可以在行为池里产生一个新的达尔文主义种群。不过，演化可能会造就这样的能动者，也可能不会。它可能会起初造就了它们，后来又造就了超出了它们的东西——假设生物演化在一个种群里造成了相继"越来越聪明"的规则：先是"拷贝最常见的"这个规则，然后是 IBN 规则，接着是最佳响应规则。行为池起初是非达尔文主义的，后来变成了达尔文主义的，接着再次变成了非达尔文主义的。

我在本节的最后将对弥母这个观念作些进一步的讨论。上文所描述的观点认可了某些类似弥母的文化现象的可能性。我这么说指的是，构成了拷贝世系的文化变异型——以高保真的和无性的方式得到生殖的离散的文化实体。一旦这被视为一种可能性，则问题就变成了，这种可能性有多常见？为什么会出现这种可能性？有可能特殊的文化环境造就了这种现象，或者造就了某种至少近似于它们的东西。我在上文强调了造成这些东西的个体层面心理倾向的简单性。一旦人们联合了太多的信息来源，过于聪明地操控那些信息，则这种现象就会消失。不过，也可能存在一些事例，在这些事例里，尽管聪明是唾手可得的，但通过简化文化变异型的传播，还是可以造成这种现象的。或许，对文化变异型的传播的简化包括了超载（overload）的情况——随着文化可能性变得如此复杂，以至于铺天盖地，人会有一种倾向，即以一

⑥　请见 Campbell（1974），Dennett（1974, 1995），Hull et al.（2001）。

种离散的、简单的方式采取某种文化变异型。在当代西方文化里,离散的文化碎片——品牌、图标、简洁称呼的政治身份,还有社会概况——越来越有力量,我们从中可以看到一些这样的倾向。我意识到,这可能只是反映了我们的如下需要,我们需要简单地描述某些本身是多样化的、嘈杂的东西。我们离我上文将之与文化复制子联系起来的那种传播的极端简单性还很远。但随着各种可选项变得难以应付的时候,人们难道就不会变得愿意对文化选择以及文化描述采取一种更加离散且组合式的进路?

到目前为止,我还没有提到,当道金斯提出弥母假说时,使该假说如此令人吃惊的那种特点。这不是一种文化演化论的思想,甚至也不是一种类基因“微粒”思想,而是自私的文化粒子的思想——文化的实体怀有演化的关切,而且它们的关切与我们的关切并不是完全一致的。例如,如果某个人感到奇怪,为什么一个特定的宗教思想能存活下来,则这是根据如下的理论来解释的:该思想具有一些属性,这些属性可以被视为在像我们这样的人类能动者的环境中复制的有效策略。

前面章节对能动演化观点的批判在这里也适用。我们被诱导着通过一个能动的眼光来打量一个复杂的现象。我论证了,这启动了我们心理学的一个特殊的部分。而随着我们被邀请去相信的那些能动者是微小的、可能无用的,结果就是达尔文主义妄想症的另一场大爆发。解释的现象学——“啊哈”这种感觉——在此也发挥了作用。我们感觉,当我们能够把一个事件分排进一个隐藏的议程时,我们就获得了一种特别的洞见。对一个议程的洞见标志着一种感觉:理解完成了。

　　这个情况还有另一个方面,这个方面反映了我们在关于生物演化的基因之眼观点事例中遭遇到的东西。在对弥母的许多讨论之中,特别是在丹尼特对这一思想的发展之中(1991,1995),一个消极的观点被提出来了。有关人类能动者如何采取文化变异型的一种传统的"理性选择"模型受到了反对。在我上文讨论的有些部分,我使选择听起来像是一个自由的选择,无论能动者是以一种简单的方式模仿,还是做一些更加复杂的事情;能动者审视各种选项,根据哪种选择能达成他的目标来作出选择。对于有些人来说——包括丹尼特——这是关于人类决策的一个非常不精确的观点。我们不可能像理性能动者那样退一步思考,审视呈现在我们面前的各种文化片段;更确切的说法是,我们在任何时候都恰恰就是这些片段的一个集合体,这个集合体的组织使得某些新的片段进入并成为我们的一部分,而另一些片段则没有进入我们。因此,"自私的弥母"这种观点不只是假定了文化变异型的拷贝,还反对了如下观点,即人类能动者是"一种点状的、笛卡尔式的好生活发生地"(a sort of punctate, Cartesian locus of well-being, Dennett 2001: 70)。

　　我的回应是:或许关于人类能动者的传统理性选择图景真的失败了。这样,它们应该被取代,对于观念和习惯得到采纳的方式,我们应该给出一个新的理论。不过在推进这个事情的时候,我们无需提出一类新的隐秘能动者。统一的能动者的瓦解可能留下了一个最初的真空,但这并不意味着,得要有某个别的类似于能动者的东西来填补这个真空。或者至少,我们不应该在没有任何直接支撑凭据的情况下就设定新的能动者。在文化演化论里不存在任何这样的支持证据。这样的理论所能做的顶多是,描述生殖着的事物的一个新种群——形成了世系并发生了演化的文化实体所构成的一个池子——的存在及其机制。

正如前文所讨论的,对基因的能动描述属于从对演化过程的一种"受益者"的讨论转到对另一种"受益者"的讨论。和谐的群组先是被代之以自私的个体,后又被代之以自私的基因。一旦我们处于一种能动的描述模型之内,我们就会很自然地用一个新的受益者来标示新的因果模型的到来。这样的讨论的确逐渐变成了对可以得到严格解释的适应的影响的讨论。但对演化的能动讨论始终都只是对真正种群现象的隐喻性注解,都潜在地容易误导人,无论它们选择的受益者是什么。

这里还要指出一个反讽。捍卫对演化和文化采取基于复制子的观点的人常常对宗教作出了各种紧缩的心理学处理(Dawkins 2006; Dennett 2006)。他们把对经验的宗教解释部分地归于我们如下的自然倾向,即我们自然地就倾向于把复杂的事件归因于隐秘的能动者。我同意,这可能是对宗教在人类历史中流行的解释的一部分。但这个做法同样属于用自私的复制子来处理演化过程,只不过现在是采取一种相对立的小能动者的形式(a flip-side small-agent form)。

8.4 结论

我在本章辨析了文化领域里相当于达尔文主义过程的几种机制、现象和可能性。我是根据两个整合区分来组织它们的。第一个区分涉及可能构成了达尔文主义种群的两个选项。第一个选项是，种群由某种普通的生物学生殖者构成，而文化性状乃是这些个体的特征，是他们表型的诸多方面。第二个选项是文化变异型的实例——行为、观念、人工物、词语，它们本身可以构成达尔文主义种群，进行某种形式上的生殖。

第二个区分涉及层次。上述两个可能的选项都同时可以发生在（大致来说的）个体层面和群组层面。就第一个选项来说，意思很清楚。个体或群组可以是讨论中的生物学生殖者。就第二个选项来说，层次之间的区别与构成了种群的文化变异型的性质有关。变异型可以是个体层面的习惯（例如说"cheers"*），或者是群体层面的习惯（例如用无记名方式投票）。不同层次之间的区别在第二个选项里没有那么明确，因为，很多文化特征最好要么被视为个体层面的倾向，要么被视为一个共同体的特点。语言的各种属性就是一个非常著名棘手的例子。

对于所有这些选项，我已经论证了，一个文化过程要是达尔文主义过程，得具备一些相当特别的条件。有人可能会说，事物在此被以一种不大合理的方式窄化了。例如，我说过，只有简单类型的模仿才会使得文化变异型的实例形成达尔文主义种群。只要人们用一种更复杂的方式来处理他们的选择，把榜样和影响混合起来，则生殖世系就会消失。我对此的回应是，我们或许可以论证，这个世界充满了如下这类现象，它们看起来是达尔文主义的现象，但不会契合这些狭窄的要求；诚然，世界充满笔记本电

---

* "cheers"在英国英语，特别是澳大利亚英语里很多时候表示的是"谢谢"或者"再见""下次再聊"的意思，不同的人说这个词的习惯不一样。——译者

脑的方式与它充满兔子的方式看起来非常像。然而,文化变异型的单纯再现(recurrence)还不够,甚至再现再加上先前实例的某种因果角色——受到某种类型的早先个例约束的再现——也不够。我们需要的乃是过去实例的一种特殊类型的因果责任,这种因果责任导致了生殖世系和遗传的可能性。我们无需在最粗略的、显然的粒度分析中发现它——即便当人工物整体不存在世系的时候,它的微小特点也可以构成世系,但这个要求是一个强要求。

在此,达尔文主义的概念应当以某种方式扮演一个更大的角色,这种感觉也可能源自以下事实,即许多过程都算是目前意义上的种群过程,但不算是达尔文主义过程。一个例子就是一个行为通过尊奉习俗偏见("复制最常见的")或者最佳响应规则而得以维系和传播。我在上一节论证了,这些例子可能起初看起来就如同诸如"模仿你的最佳邻居"这个规则一样是达尔文主义的规则,然而,事实上它们不是。后一个规则导致了亲代—后代世系,前一个规则却没有。当我们评估文化里的"种群"机制这个更宽泛的范畴的效用时,我们无需把达尔文主义的事例作为基本的事例,或者迫使其他事例被纳入达尔文主义的模型。有时人们认为,达尔文主义过程必定是基本的,因为只有它们才能够解释一个种群里的"适应"。但这个论证在文化脉络中没什么力度,在文化脉络中,我们处理的是智能的能动者,它们能够通过各种各样的手段积累技能和信息。

"达尔文主义"过程还有一些更宽泛的含义,在这些含义上,文化过程可以被说成是"达尔文主义"过程。目前为止,在达尔文主义的旗帜下对复杂的人类文化性状所做的研究中，或许在经验上最有益的研究是，表明了"演化树重构"这种当代生物学方法可以被成功地运用于语言学变化（Gray and Atkinson 2003; Gray et al., 即出）。这一研究已经表明，该方法既能够回答有关语言本身的问题，也能够回答关于说这些语言的种群的迁徙问题。这是对达尔文主义的"宏观演化"方面的一个更加远景式的运用。系统发生学方法运用于语言变化的可能性并没有使我们有理由相信，一个语词的每种表达都是从一个单一的或少数"亲代"表达生殖而来的，尽管表面上看来是如此。相反，它表明的是，由低层次达尔文主义过程的大量积累所产生的类似树的结构也可以由不同种类的较低层次事件的积累而产生。

即便以这里所捍卫的狭义方式来理解，在文化领域里，达尔文主义过程也可以在人类历史中扮演重要的角色。这样一些过程可能只是很少地发生，但它们是在关键的时期和语境中发生的。托马塞洛（Tomasello 1999）已经论证了，个体层面的模仿学习在人类走上他们奇怪的、史无前例的演化路径的早期阶段扮演了一个至关重要的角色。其他学者也已经论证了，当群体成为传播和改进文化特征的单元时，这样的过程将会变得特别有力，它们使人类开始精心实施合作（Bowles and Gintis 2003）。而随着人类能动者演化它们的心理和社会生活，他们可以不时地想出不同特点的组合，这些组合在文化变异型层面造成了达尔文主义过程。不过，这个领域中达尔文主义的可能性只占据了更大空间的一部分。与其说文化变化是广义达尔文主义过程的一个特别的事例，倒不如说达尔文主义演化——以及生殖和遗传——乃是一个种

164

群能够把它的过去注入未来的多个途径中的一种。

对文化演化的这个分析例示了本书的一般命题。我的目标始终是,尽可能直接地运用一些核心的达尔文主义概念,并尽可能径直地扩展它们。在有些领域,这导致了一种对问题的简化——关于选择层次的问题就表明这一点。它在其他地方造成了新的压力,特别是围绕着生殖这个概念的压力。我已经论证了,一套达尔文主义思想的这个"径直"追求把我们带向了表征着达尔文另一个伟大思想——对生命树的谱系解释——的那些纠结的分支。

附录：模型

每一节的标题都指示了(在圆括号里)早先篇章中的某一节，所讨论的问题出现在了那一节里。唯一的例外是最后一节，它是独立的。

A.1 变化方程(2.1)

本书把达尔文主义种群这一思想视为在描述一个"布局"，视为事物在其中可以得到配置的一种方式。不过这些配置的重要性来自如下事实，它们以特有的方式起作用。我们对这些行为所具有的知识很大程度上采取了模型拼凑的形式。本节审视了用方程来表征由自然选择导致的变化的几种方式，强调了在这些形式主义之下的演化图景。

我将比较三种表征。第一种表征是一类模型，它们把演化描述为各种类型的频率上的变化。这些模型常常被运用于许多时步；它们的输出可以被视为另一轮变化的输入，而无需加上进一步的信息(一种"足够动态的"模型[a "dynamically sufficient" model]或一种"递归")。这些模型包括许多遗传模型，"复制子动力学"(replicator dynamics)，还有演化博弈论里的一些模型。

这种模型里最简单的是无性生殖且世代离散的种群模型，假设没有变异、迁移或漂变。假设有 A 和 B 两个类型，它们各自的频率是 p 和 $(1-p)$。符号 W 用来表示各种与适应度有关的属性——它将被稍有不同地定义好几次。在第一个方程里，W_A 和 W_B 表示的是 A 类型个体和 B 类型个体分别产生的后代平均数量。这样，p' 这个 A 类型在经历了一个世代的变化后的新频率就可以被计算为：

$$p' = \frac{pW_A}{pW_A + (1 - p)W_B} \qquad (A1)$$

（A1）的分母意为适应度，它可以用符号 $\overline{W}$ 来表示，这样，$p' = pW_A/\overline{W}$。如果适应度是 p 的常数或函数，则输出就可以被用作一轮新变化的输入，因此，该分析可以扩展到许多时步。这个最简单的事例可以在多个方向上得到扩展。一个变体是给出使用了连续时间的模型，在该模型里，出生和死亡不断地发生。适应度参数现在表征的是一种给定类型的个体通过生殖和死亡对种群作出的个均贡献率。这样，A 类型频率的变化就可以被表征为 $\frac{dp}{dt} = p(W_A - \overline{W})$。这就是"复制子动力学"（Taylor and Jonker 1978; Nowak 2006）。这个术语有时也被用于（A1）里的模型，在这些事例中，可以区分离散的复制子动力学和连续的复制子动力学。

　　扩展（A1）里模型的第二个方式是，引入二倍体个体和性。现在，我们同时追踪一个基因座上的等位基因（A 和 a）的频率，通过有性生殖形成基因型 AA、Aa、aa 的结合体的适应度分别为 W_{AA}、W_{Aa} 和 W_{aa}。等位基因 A 和 a 的频率分别为 p 和 q。适应度可以被解释为那种类型的个体存活的机会和该个体随后产生的变成下一代的配子数量的组合度量(Roughgarden 1979: 28)。假设交配(配子相结合)是随机的,世代是离散的,种群是巨大的,没有突变和迁徙,则变化公式就变成:

$$p' = \frac{p(pW_{AA} + qW_{Aa})}{(p^2 W_{AA} + 2pqW_{Aa} + q^2 W_{aa})} \qquad (A2)$$

分母再次意为平均适应度($\overline{W}$)。该模型也可以扩展为两个遗传点位以及更多的遗传点位。

对变化的一个非常不一样的表征是"繁殖者方程"(Breeder's equation):$r = h^2 s$。这里,r 是对选择的"响应",它被界定为某些量化特性在选择之后的均值和在选择之前的均值之间的差异;h^2 是遗传率,s 是选择强度。在最简单的事例中(Roughgarden 1979: ch.9 里使用了它),这个"强度"是繁殖了的亲代世代里的个体均值与那个世代中的总体均值之间的差异。

繁殖者方程基于一个潜在的遗传模型,它假定了许多具有微小影响的基因。当一个性状的遗传基础是复杂而未知的时候,就可以运用该方程。不过,我们也可以抽象得多地来理解它,因为我们可以用一种不假定基因出现的方式来理解遗传率本身。(A.2)

繁殖者方程本身也不要求种群能够根据类型来分类,它只要求个体具有量化特征的值。该方程只在单个时步内才是有效的;即便假定 s 在世代之间是不变的,遗传率也会随着种群的演化而变化,而这个变化在该方程本身之中并没有被追踪。即便在这个约束里,该方程在许多事例之中都只是大致地适用,而不是精确地适用(Heywood 2005)。

不过,该方程体现了一个非常直观的演化图景,这个图景影

167　响了许多的词语讨论:适应度差异并不足以产生变化,如果适应的特征没有在某种程度上"被传递"的话。遗传率是世代之间的一种"渠道",它可能是清晰的,也可能是嘈杂的,或是彻底消失了的(当 $h^2 = 0$ 时)。

　　扩展(A1)里模型的第三个方式使用了"普莱斯方程"(Price 1970, 1972, 1995; Frank 1995)。这个方程与繁殖者方程一样,都只适用于单个时步或(更确切地说)间隔的情况,它不要求持存的类型出现在种群里。不过,它不像繁殖者方程那样,它是精确地适用的。我在这里以及下一节对普莱斯的讨论借鉴了奥卡沙的研究(2006)。

　　假设一个祖先种群和一个后裔种群,它们的每个个体都能够根据量化特征来描述,假设有个关系(把它解释为生殖)把两个时候的个体联系起来。变化再一次被表征为适应度差异和(一般意义上的)遗传两者相结合的后果。该方程的一个版本是:

$$\Delta \overline{X} = Cov(W,\ X)\ +\ E(W\Delta X) \qquad (A3)$$

这里 X 是量化特征,$\overline{X}$ 是在间隔开始时它的均值。$\Delta \overline{X}$ 被界定为 $\overline{X}_0 - \overline{X}_1$,在此,$\overline{X}_0$ 是时间间隔期末的均值。W 是适应度的另一个稍有不同的尺度:亲代世代里的一个个体所拥有的后代数量除以亲代世代个体所拥有后代的平均数量。亲代世代里的每个个体都通过它的 X_i 和 W_i 而得到刻画,它的表型和它的适应度;也通过 X'_i——它的后代的 X 平均值——来刻画;还通过 ΔX_i——它的 $X'_i - X_i$ 的值——来刻画(下标从[A3]里省掉了)。这样,$Cov(W,$ $X)$ 就是种群里 X 和适应度之间的协方差。$E(W\Delta X)$ 是 W 和 ΔX 值的乘积的平均值。

在繁殖者方程里,遗传率(h^2)被用来衡量一个世代里的适应度差异在多大程度上对下一代会产生影响。在普莱斯方程(A3)里,并没有出现遗传率。普莱斯方程并没有把遗传视为类似于一个"渠道",该方程区分了不同的事物。第一个项描述了,如果特征跨越时间间隔有着完善的传递,则变化将会如何发生,第二个项加上了对"传递偏差"的校正。

普莱斯方程可以被用来描述一个类型的频率的变化(通过对X作出合适的选择),但它也能够被运用于被视为独一无二的个体所组成的种群。有些人把对个体的聚焦视为该方程潜在倾向的一个重要部分(Grafen 1985),我认为,这在概念上以及在技术上都的确如此。普莱斯方程适合于我早先捍卫的"演化唯名论"观点:把个体分组为"类型",这在演化描述中应该是可选的。更确切地说,演化论应该允许,不论用以描述一个系统的"晶粒"是什么,它的关键理论思想都应该是可运用的。对一个种群的某个描述可能会把它们分组为少数几个类型;另一个描述则可能会使用一个更精细的"网格"作为分类框架,因而会识别出更大的一套类别,每个类别的个体更少。第三个描述可能会如此精细,以至于没有哪两个个体落在了同一个类别之中。最初,这可能看起来使得描述的尝试失败了,但事情不是这样的。独一无二的个体在某种度量标准下可以多多少少互相相似,多多少少相接近。

这里的潜在模型在某种意义上也是时间的模型,而不是世代的模型。即便没有任何亲代生殖,但有些亲代活过了一个时间间隔,有些则没有,在这种情况下该方程也是适用的(Rice 2004)。下文最后一节将会更详细地讨论这个问题,那里提出了对该方程

168

的一种一般化。

普莱斯方程不像本节前文中讨论的遗传模型,它不是理想化的,所谓理想化就是包含着有意的简化。它的运用可能会包含着对一个特定情形的理想化,但运用该方程进行的分析并不是通过想象事物是随机交配、具有不变的适应度值来进行的。相反,它接受了一个特殊的变化事例(无论该事例是假定的还是预测的),并通过把变化分解为各个部分来表征变化。这与如下事实有关,即它并不是作为递归来进行分析的,递归的输出总是可以回填为同一个方程的新输入。

这里,我已经讨论了简单的表述短期变化的方程,我强调了它们作出的不同的理想化以及它们潜在的图景。这些模型采取了各种事物分类方式和默认假定,这些分类方式和默认假定常常是通过比较而得到澄清的(Winther 2006)。我分别呈现了三个公式,但它们可以以各种各样的方式关联起来——例如,普莱斯方程可以得到重新表达,从而出现遗传率(请见下面的 A.2),有些作者讨论了普莱斯方程加上额外的假定就可以作为递归来运行的方式(Frank 1998)。还有一些人尝试赋予单个的方程更加雄心勃勃的角色——对演化的总体趋势的表征,特别是对适应和适应度的极大化的表征(Fisher 1930; Grafen 2007)。

A.2　遗传率和遗传(2.2)

对由自然选择导致的演化的所有处理都包含着一个要求,即性状的继承。复制子观点要求结构的可靠传递。我论说了,这是不必要的。相反,相关的东西是全种群的亲代—后代相似性尺度。某些概括使用了一个比较的标准:亲代和后代必须要比其他对个体更加相似(Lewontin 1985: 76; Gould 2002: 609)。我将在下文回到这些问题。常常出现在形式化的模型里的东西是协方差。（当 n 是成对的测量值时,变量 X 和 Y 之间的协方差是

$$\frac{1}{n} \sum_{i=1}^{n} (X_i - \overline{X})(Y_i - \overline{Y})$$

这里 $\overline{X}$ 和 $\overline{Y}$ 是两个均值。）亲代和后代之间的协方差在遗传率尺度中特别地得到了运用。协方差要求性状在每个世代里有一个均值。这可能是一个像身高这样明显量化的性状,也可能是产生一个给定行为的概率,或是一个特征,性状出现了就打 1 分,没有出现就打 0 分。

　　我将更细致地考察一下遗传率。有一类遗传率概念(Jacquard 1983; Downes 2007)。有些假定了一种因果继承模型,把基因或某个类似的东西包含于其中。但我们也可以以一种更加最低限度的方式走向这个概念,我们只打算表示亲代和后代之间的可预测性关系。这样,遗传率就可以作为后代特征向亲代特征线性回归的斜率而得到衡量(Roughgarden 1979: ch.9)。这个斜率是亲代特征值和后代特征值的协方差除以亲代值的方差。当存在两个亲代的时候,可以使用它们的平均值(双亲中值)。

　　当我们用遗传率来表示对由自然选择导致的演化的概括中的继承要求时,遗传率有多好? 它导致了各种各样的问题。这些问题的出现是因为,遗传率是一个如此抽象的概念;它抛却了如此多的信息。结果,我们可能会拥有适应度差异和遗传率,但在此继承系统的细节和适应度差异在某种程度上协力导致了没有

任何净变化这一结果。

第 2 章给出了一个简单的例子。布兰登（Brandon 未发表；Godfrey-Smith 2007a 讨论了它）介绍了另一个例子。在这个简单的例子里，存在适应度差异、高遗传率，但在世代之间没有变化，因为遗传系统里存在一个"偏向"，它正好抵消了适应度差异。正如布兰登所说，尽管遗传率等于一个回归线的斜率，但回归分析给了我们两个参数，斜率和纵轴的截距。"偏向"在截距里显露出来。因此，如果遗传率被理解为回归斜率，那么，当我们用遗传率和适应度来预测变化的时候，至少需要考虑一个附加参数。

我们可以运用以下事实来阐明第三个事例，通常计算遗传率的方式考虑的是整个亲代世代，而不理会适应度差异。想象一个无性种群，它包含着高度上的变异。亲代高度和后代高度之间存在一个正协方差。但在世代之间却没有任何变化。这是因为，尽管个子更高的个体通常拥有更多的后代，并且个子更高的个体通常拥有个子更高的后代，但有着高适应度的更高个子个体与有着更高个子后代的高个子个体不是同样的高个子个体。适应度高的高个子个体不是后代多的高个子个体。这里是一个简单的用数字表示的例子。在一个无性种群里只有六个个体。有三个是矮个子，有一米高，每个个体都有一个后代，这些后代的高度也是一米。有两个是高个子（两米高），它们每个都有一个后代，其身高也是两米。还有一个个体也是两米高，有七个后代——非常高的适应度——但它的后代在身高上是多变的。其中四个有两米高，三个有一米高。这样，我们就得到了相同的种群统计数据，但总体的种群规模更大。对于这个"遗传率没有拟合"（heritability fails in the fit)的事例的一种回应是,以一种给适应度加权的方式来理解遗传率,海伍德(Heywood 2005)笼统地捍卫了这个进路。下文将会讨论其他回应。

2.3 节里使用的例子是稳定化选择(stabilizing selection)的一个例子。那个事例和上面两个事例都有一个共同的事实,如果不存在适应度差异的话,继承系统单独地就会产生变化。因此,我们可以通过以下说法来回应这些事例:对由自然选择导致的演化的概括的目标不是说,什么时候选择会从我们此前拥有的东西出发造成变化,而是说,什么时候选择会从没有选择时会发生的事情出发造成一个差异。当我们考虑诸如迁徙这样的因素的可能侵入时,这也有意义。

那个回应不能处理稳定化选择的另一个例子——一个有性别的例子。这是一个杂合子在适应度方面占据优势的例子,而不是一个杂合子在表型上占据优势的例子。假定所讨论的表型是身高。中等的身高是选择所偏好的,它是由一个基因座上的杂合子(Aa)产生的,结果是基因频率的稳定平衡。存在着这样一个趋势,矮个子个体趋于产生矮个子个体,高个子个体趋于产生高个子个体,即便当种群处于平衡状态的时候。在这个平衡状态中的诸个体之间存在着适应度差异。然而不存在任何变化。假设种群在一个世代开始的时候的基因型频率为 $0.25AA:0.5Aa:0.25aa$。两种纯合子正好有一半数量活不到繁殖的时候,而所有杂合子都活到了繁殖的时候。因此,配子池里 A 和 a 等位基因的比例是 $50/50$。如果交配是随机的,这样,新的世代将会再次具有$0.25AA:0.5Aa:0.25aa$ 这样的基因型频率。在这个事例中,并不是适应度差异抵消了继承系统"独自"趋于产生的某种变化。倘若根本不存在选择(以及随机交配),新的世代本来也会具有同样的基因型频率。不过,在这个事例中,亲代表型在某种程度上预测了后代表型,且亲代表型也预测了适应度。

在这个事例中,表型是可遗传的,但适应度是不可遗传的;列万廷在表述他 1970 年的概括时指出了这些事例,并指出这不是那个表述的反例。不过,要求适应度是可遗传的,而不是要求表型是可遗传的,这带来了其他问题。这个做法带来的后果是,如果在某个特殊的世代里不存在任何适应度差异,则从前一个世代到下一个世代的转型就不能被算作由于自然选择,即便在产生新的世代时存在着广泛的变化,(例如)旧世代里的白色个体都死了,因为它们都被鸟吃光了,而颜色是高度可遗传的。

这里是另一个有趣的例子,它要归功于大卫·海格(个人交流),它是在建模出生体重的语境中得到阐述的。假设个体 i 的表型是由函数 $X_i = T_i + E_i$ 决定的,在此变量 T 表征基因型,它可以有三种状态(1、2 或者 3),E 表征环境,它也有三种状态(1、2、3),其可能性相等。T 的无性继承是完全的。不过适应度是由函数 $W_i = E_i$ 决定的,因此独立于 T。这样,X 将是可遗传的,并且是与适应度相关联的,不过,个体之间的所有适应度差异都是出于环境,都与基因型不相关联。结果,尽管存在遗传率差异和适应度差异,但却没有演化变化。

这个问题来自如下事实,环境在此是适应度和表型的共同原因。有几个方式来回应这个事例。第一,我们可以简单地主张,适应度要因果地依赖于表型,而非仅仅与表型相关联,这是由自然选择导致的演化的一个要求。这只是部分回答。第二,在海格的事例中,某个类似于上文所讨论布兰登例子里的"偏向"继承的东西扮演了一个角色。如果我们只考虑每个基因型类别里的适应个体,我们会发现,它们的后代在表型(和适应度)上是有偏向地向下的。第三,它是列万廷 1970 年的表述处理了的一个事例,因为适应度不是可遗传的,尽管表型是可遗传的。

所有那些问题事例都可以通过使用普莱斯方程而以一种不同的方式得到理解。奥卡沙(2006: sec.1.5)论说了,通过重组普莱斯方程,从而明确地出现遗传率这一项,我们就可以看到,使用着遗传率的传统三部分配方在预测变化的时候一般是精确的,除非在事例中出现了两个显性基因效应中的一个或两个。一个效应是,回归线里的 Y 截距被用来计算遗传率,上文提到了这一点。另一个效应是个体的适应度和用回归线来预测个体后代的表型时所发现的"错误"或偏差之间的协方差。奥卡沙指出了这第二个效应的抽象可能性,但没有给出例子;海格的事例是一个相当现实的事例,在其中出现了这个特点。上文"遗传率没有拟合"的事例也有这个特点;用定义遗传率的回归线很难预测适应度高的个体的表型。

从这个观点出发可以对稳定化选择的事例作出一个不同的分析。普莱斯方程里的适应度这一项要求特征和适应度之间的协方差,在稳定化选择里则没有它。因此最初,普莱斯方程似乎根本就没有承认适应度差异。不过,我们可以通过以下方式来重新分析稳定化选择的事例,我们将对平均身高的偏差视为被分析的特征 X,而不是将之视为高度本身。这样,我们就有了 X 和适

172

应度之间的一个负的协方差,也有了一个抵消它的转型偏向(第二项)。

正如我上文指出的,有些概括以一种比较的方式表达了继承这个要求。列万廷(Lewontin 1985)要求"个体与其亲属更加类似,与无关的个体则不那么类似,并且,后代特别类似于其亲代。"有几种方式来解释这些标准,不过这里是一种:亲代—后代之间的平均差异小于不同世代个体之间的平均差异。不考虑适应度差异,每个亲代个体都与它的表型 X 相关联,每个个体也有一个 X'值,其后代的平均表型值,如果它有后代的话(请见上文对普莱斯的讨论)。偏差是平方。当两个检验都可以得到运用时,对遗传率的这个比较的标准和协方差标准就是一致的:不同世代个体间的平均偏差平方与一对对亲代—后代之间的平均偏差平方的差异,与亲代—后代协方差成正比。然而,比较的标准可以被运用于不能运用协方差标准的一些事例。假设在两个世代里都有许多性质上不同的类型,类型的传递是可靠的,但有一定的突变概率。亲代和后代这一对个体的类型"相一致"的概率很高,但其他一对个体的类型"相一致"的概率低得多。每一个世代里都不存在明确的均值,因而也就不存在对均值的背离,也不存在协方差,但比较的标准可以得到运用(每对相一致的时候打 0 分,不一致的时候打 1 分)。要使用协方差检验,我们需要重新描述该种群,这样,每个世代里的所有个体的 X 值就在一个数值刻度上被打分了。

鉴于所有这些事例,我们应该如何考虑对由自然选择导致的演化的描述中的这个遗传要求?达尔文主义过程要求,亲代要产生与它们相似的后代。亲代—后代相似的一个事例是否是演化上相关的事例,这依赖于对整个种群的统计学描述。因此,"相似"是含糊的,不过,描述情况的种群层面的模型不是含糊的。些微的相似常常足以使适应度差异产生一个演化响应。协方差是一个通用的联结尺度,它常常被用在了预测一个给定性状的变化的方程里。不过,一类统计标尺是在不同的事例中相关的。

173

A.3　恩德勒的概括(2.2)

我在第 2 章里讨论了对由自然选择导致的演化的一些简单文字概括。我使用了一些问题事例来显示它们的局限。这里,我来考察一个更细致、具体的概要,它要归于恩德勒(Endler 1986:4)。

自然选择可以被界定为这样一个过程,在其中:

如果一个种群:

a. 个体之间在某个属性或性状上存在变异:变异;

b. 那个性状和交配能力、受精能力、生育能力、繁殖能力,以及/或者存活之间存在一个始终不变的关系:适应度差异;

c. 亲代和其后代在那个性状上存在一个始终不变的关系,该关系至少部分地独立于一般的环境影响:继承。

那么:

1. 除了与从个体发育的角度所预期的不同之外,性状的频率分布在不同年龄段或生命史的不同阶段将还会有所不同。

2. 如果种群不是处于均衡状态,则除了与从条件 a 和 c 单独预期的不同之外,种群里所有后代的性状分布都还将可预测地不同于所有亲代的性状分布。

a、b 和 c 是出现自然选择过程的充要条件,它们得出了推论 1和 2。作为这个过程的一个结果(不过不是必然的),性状分布在许多世代之后可能会以一种可预测的方式发生变化。

恩德勒的表述考虑了给更简单表述带来了问题的那些因素中的许多个。它没有认为适应度就等于一个个体产生的后代数量(或者一种类型产生的平均数量)。在条款 b 里,许多属性都与适应度相关联,他显然是打算涵盖可能会影响有年龄结构的种群里的变化的所有特征。

然而——很大程度上——该表述就有了问题。这是因为,它是作为一个变化配方来表述的。有些限定性条件减少了它的预测性内容,不过这不是我脑子里想到的东西。要点在于,处理适应度和遗传的那些方式并没有使该表述可被用作对变化之充分条件的描述。在条款 b 里,恩德勒列出了与适应度相关的若干属性,但没有把它们塌缩为一个单独的尺度。据说存活、交配能力等等作出的贡献没有任何的"底线"。如果没有任何"底线",则恩德勒就留下了一种可能,例如交配能力差异可能会抵消存活差异,这就导致了没有任何演化变化。

174   如果我们不考虑恩德勒的表述打算扮演的配方角色,则它是一个有价值的表述。例如,条款 2 提到了(上文讨论过的)继承系统自己造成变化的可能性,并把这个情况从归因于自然选择的变化中"排除了"。条款 1 也类似地排除了个体发育的可能影响。我在第 2 章里说过,有两种方法可以走向对自然选择的抽象描述。一种方法是进行理想化。这样就有可能保持概括的简单性,同时也指明了产生变化的充分条件。另一种方法是避免理想化,而试图捕捉每一个事例,但对事例的这一"捕捉"不再包含给出产生变化的充分条件。恩德勒的表述尽管是像配方一样设置的,但它采取的是第二种方法。

A.4　利他和相互关联的互动(6.2)

第6章比较了图6.1和6.2中的两个模型。在第一个模型里,种群在其生命循环的一个阶段形成了暂时的群体。世代是离散的,生殖是无性的。在第二个模型里,种群没有形成群体,而是居于一个晶格之上。

群体结构在其中是暂时的,这样的利他演化模型得到了广泛的讨论(Matessi and Jayakar 1976; Uyenoyama and Feldman 1980; Wilson 1980)。A 类型是"利他者",它背后的洞见是,所有个体都从它们身处一个包含着更多——而不是更少——利他者的群体中受益了,但在任何给定的群体脉络中,B 类型都要比 A 类型更适应。这就好像,A 类型"捐出"了一些适应度给它群体里的所有个体。这里是在这样一个事例中分配适应度的一个规则。令 W_i^A 为一个 A 类型个体在一个有着 i 数量 A 类型个体(包括其本身)的种群里的(绝对)适应度,令 W_i^B 为一个 B 类型个体在一个有着 i 数量 A 类型个体的种群里的适应度。

$$W_i^A = z - c + (i - 1)b$$
$$W_i^B = z + ib$$

(A4)

这里,z 是一个基线适应度(a baseline fitness),c 是只由 A 付出的成本,b 是所有个体从它们群体的每个其他 A 类型成员所获得的收益。(假定 c 和 b 都是正的。)这个情形的结果不仅依赖于适应度,还依赖于群体是如何形成的。如果它们是随机地形成的,则 A 类型就会消失,不论具体情况如何。(在这里,还有本节的下文,所假定的乃是一个巨大的种群。)不过,如果群体是以两种类型"类聚群分"的方式形成的,从而同类倾向于与同类互动,则 A 可以盛行(B 可以入侵并保持稳定)。这样,在周围有 A 类型个体的好处就倾向于主要落到其他 A 类型个体的头上。这一类聚群分的指标就是 Q:

$$Q = \frac{\sigma^2 - \sigma_R^2}{\sigma_R^2} \tag{A5}$$

175 这里 σ^2 是群体里 A 的局部频率的方差,σ_R^2 是群体随机形成造成的方差。这样,我们可以表明,当且仅当条件(A6)成立的时候,A 类型有着更高的适应度(Wilson 1980; Kerr and Godfrey-Smith 2002b):

$$Q > c/b \tag{A6}$$

因此,高度的"类聚群分"有助于利他的类型。这与下文讨论的汉密尔顿规则有着明显的关系。我现在要转到更加非正统的模型,在该模型里,个体居于没有群体界限的一个晶格结构或类似的网络之中,与它们的邻居进行着互动。(我将用"网络"这个术语来指离散群体在其中消失了的所有这类结构。)现在 W_i^A 指一个有着

i 数量 A 类型邻居的 A 类型个体的适应度,W_i^B 的所指类似[*]。每个个体都一共有 n 个邻居。B 类型个体的适应度公式与(A4)里 B 类型个体的适应度公式是一样的;A 类型个体的适应度公式则稍有不同,因为 i 现在只指邻居:它是 $W_i^A = z - c + ib$。这样一个模型的另两个部分是邻域分布(the neighborhood distributions)和网络形成规则(the network formation rule)。邻域分布 $N_i^A(t)$ 和 $N_i^B(t)$ 表征的是每个类型的个体在一个给定的时刻 t 里遭遇到有着 i 数量 A 类型个体的邻域的频率。如果我们知道了某个时刻的这些邻域分布状况,它们与适应度以及两种类型的频率就足以预测变化。这里,p 是 A 类型在时刻 t 的频率,p' 是它在下一个世代的频率。

$$p' = p \sum_{i=0}^{n} N_i^A(t) W_i^A / \overline{W}$$

$$\overline{W} = p \sum_{i=0}^{n} N_i^A(t) W_i^A + (1-p) \sum_{i=0}^{n} N_i^B(t) W_i^B$$

(A7)

首先,假设邻居是随机地分布于该网络之中的。这样,我们就可以表明,根据上面的适应度,A 类型会消失(Godfrey-Smith 2008)。

因此,我们转向非随机的网络形成规则。复杂性源于如下事实,演化变化是适应度结构和邻域分布的结果,但该模型里的因果假设给予我们的乃是网络形成规则,而这两者之间的关系可能是非常复杂的。如果我们可以使用能被称作"双硬币模型"(a "two-coins model")的东西,则可以简化事情。在随机事例中,我们想象着用抛硬币的方式来预测一个个体的每个邻居,不过现

---

[*]　指一个有着 i 数量 A 类型邻居的 B 类型个体的适应度。——译者

在,硬币根据焦点个体是 A 类型还是 B 类型而有所不同。一个 A
类型个体的邻居是用这样一个硬币来预测的,该硬币选择 A 的概
率是 P_A;对于一个 B 类型个体来说,硬币选择 A 的概率为 P_B。这
个模型不能精确地运用于图 6.2 里稠密拥挤的晶格,因为每个个
体在晶格中的分配都应该受到其他几个个体的约束,而不是只受
到一个个体的约束,不过我们可大致地使用这个模型(例如,通过
独立地填充每一行,这样横向邻居之间就有了互相关联,但纵向
邻居之间则没有相互关联)。

　　双硬币原则得到了汉密尔顿(Hamilton 1975)和纳尼(Nunney
1985)实际上的运用,他们从对近亲繁殖的处理中借用了参数
$F(0 \leqslant F \leqslant 1)$,把它用作衡量非随机联结的尺度。$F$ 与 p 一起被
用来产生两种类型个体"经验到" A 类型邻居的频率。

$$p_A = p + (1 - p)F \tag{A8}$$
$$p_B = p - pF$$

当适用的时候,当我们假定了(A4)里的适应度规则时,就导致了
一个简单的结果。A 类型个体具有更高的适应度,当且仅当:

$$Fn > c/b \tag{A9}$$

尽管它们是通过不同的路径得出的,但用来指群体的参数 Q 和用
于网络的参数 F 所做的工作非常相似。我们也可以把群体结构
模型视为邻居结构模型的一个特例;对于离散的群体这种结构,
也可以运用使用邻居互动的模型。

A.5　汉密尔顿规则(6.2)

原初形式的"汉密尔顿规则"说的是,当且仅当 $r>c/b$ 的时候(Hamilton 1964),一个利他的行为会受到偏好。这里,c 是行为者的成本,b 是作为该行为后果的某个东西得到的收益,r 是行为者与获益者之间的亲缘系数。例如,因为人类亲兄弟姐妹的 r 值是 $1/2$,亲代和后代之间的 r 值也是 $1/2$。该规则最初是用来理解指向生物亲属的利他行为的,但对理解其他类型的利他行为与合作帮助很小。不过,汉密尔顿自己看到了,该原则可以得到更广泛的运用。"(亲)属关系应该被视为只不过是在(利他行为的)接受者中获得基因型正回归的一种方式,而……对利他行为来说至关重要的正是这种正回归。"(1975:337)在第 6 章里,我讨论了奎勒对这一思想的表述,这里我来勾勒一个他的模型和推导的简化版本。

假设一个无性种群,它的成员是一对一对地互动的。每个个体的表型有一个 P 值,如果该个体在它的配对中是利他地行动,P 就等于 1,否则的话 P 就等于 0。每个个体也有一个 P^* 值,它是该个体的伙伴的表型(再一次地,如果该伙伴是一个利他者,则 P^* 等于 1,否则的话 P^* 等于 0)。每个个体也有一个 G 值,这是该个体的基因型,有一个 G^* 值,这是该个体伙伴的基因型。(我在这里再次使用了"G"这个符号,它在早先的章节里代表生殖细胞系参数,但我在这里将遵从奎勒的记号和标准的记号。对"G"的第二种使用仅限于本节,本节里没有"G"的生殖细胞系/体细胞使用。)G 的值最初可以被认为是 1 或者 0,分别指利他时候和自私时候的 G 值,不过我们下文就会看到,这个假定无关紧要。做一

个利他者的代价是 c，有一个利他伙伴时得到的收益是 b。W_0 是最初的或基线适应度。这样，个体 i 的总体适应度就可以写为：

$$W_i = W_0 - cP_i + bP_i^*\qquad(A10)$$

假定 G 是忠实地从亲代到后代传递的，G 的均值里的变化的普莱斯方程可以被写为 $\Delta\overline{G} = Cov(W, G)/\overline{W}$。把（A10）的右部带入 W 并进行重排，当 G 的均值增大的时候，该模型就产生了两个等价的标准。其中一个如下：

$$\frac{Cov(G^*, P)}{Cov(G, P)} > \frac{c}{b}\qquad(A11)$$

另一个表达式左部的分子为 $Cov(G, P^*)$。无论哪种方式，"亲缘"在此都被代之以对行为者的表型和受行为影响者的基因型之间关联的抽象测量。接受者无需与行为者具有同样的表型，行为者无需与接收者具有同样的基因型。此外，对"基因型"的讨论在此实际上是无关紧要的，因为该模型里的 G 所充当的是一个潜在地与 P 相关联的量化特征，并且该特征在生殖中得到了传递——这是对 G 的唯一约束。例如，转型可以是文化转型，并且更一般地，该模型不要求，种群要能够分为离散的类型——利他者和自私者。P 也可以具有许多值。如果一个种群的个体有很高程度的利他性（正如身高的事例），该模型会让我们或者粗糙地把它们分为利他的群体和自私的群体（就像高个子群体和矮个子群体），或者追踪所有的细微差异。因而，该模型是与上文所捍卫的那种演化唯名论相容的。正如前文所讨论的，该模型也可以得到扩展，以涵盖合作在其中通过互惠而得到偏好的事例（Fletcher and Zwick 2006）。如果一个个体的行为是对其环境敏感的，而不是固定的,并且合作是以一种区别对待的方式(或许是通过一种"一报还一报"的规则)来产生的,则 $Cov(G^*, P)$ 可以很高,即便配对最初是随机的。

我将运用该模型提出一个额外的论说,把第二、六、七这几章联系起来。对演化的遗传描述是"类型"在演化思维里最牢固的寓所。不过演化唯名论也适用于这里;遗传类型———旦我们有了一段长度可观的 DNA 序列——乃是一个粗粒度的东西(a coarse-graining),正如表型类型一样。如果我们考察一个基因的许多"同一的"拷贝,我们最终将会发现一种渐变。如果这个遗传序列与那个遗传序列之间存在沉默替换(a silent substitution),那么它们是同一种类型的吗?或许那些并不算同一种类型的个例,但突变如果只是影响到蛋白质的不重要部分呢?遗传序列是通过一个替换空间中的距离关联起来的,也是通过类型同一性关联起来的。

这影响到了对遗传合作的讨论。密切关联的细胞或生物体里两个相同的等位基因的"合作"常常被视为可以很容易地得到解释;在演化上重要的意义上,它们并不真的是两个不同的东西,而是一个共同类型的两个实例。做得好或者做得坏的是类型——"战略上的基因"(strategic gene)(Haig 1997),而类型的物质个例则公正地活动,在它们自己的拷贝和它同类的拷贝之间不偏不倚。不过,如果 DNA 的一条链得到了一个沉默替换,它不会突然就被排除出合作的圈子。这里,对汉密尔顿规则的奎勒表述是有用的。该模型(部分通过它的普莱斯方程的根)解释了适应度在诸实体——这些实体在解释中被视为独一无二的、可以通过

178

相似而关联起来的特殊者,它们无需共有一个类型——之间的捐赠。有着同样序列的两个基因拷贝的事例则被视为更加广泛的现象的一个极端事例。

A.6 连接、修饰和后裔

一个达尔文主义种群里的演化是一个对象系统里历经时间而发生的一种变化,本书的一个焦点就是如下思想,达尔文主义演化逐渐变成了其他种类的变化。一个相关的话题是不同的"描述层次"之间的关系。这里,我想到的不仅是像在第 6 章里那样的选择的层次,我还想到如下事实,达尔文主义种群是物理系统,而在物理的层次,不同类型的描述都适用于它们。每个达尔文主义个体都是物质微粒的一个集合体,沿着空间和时间运动,不断地失去物质,获得物质。通过从一大堆物理事件中"把镜头拉远",达尔文主义过程变得清晰可见。在本节,我呈现了表征和研究其中有些问题的一种形式化的方式。本节的所有工作都是与本·克尔合作作出的,方程(A12)是由他提出的。

假设一个系统包含了事物的两个集合体,它们存在于不同的时候,这两个实体之间至少存在某些因果联系。两个时候被标记为 t^a 和 t_d,分别意指"祖先"时间点和"后裔"时间点,而诸实体的集合体也被指为祖先集合体和后裔集合体。自始至终,上标都会指祖先的属性,下标都会指后裔的属性。

假设至少有些后裔实体是与有些祖先实体相联系的。这种"联系"最初可以被考虑为某种因果责任,但对这个术语的理解是非常宽泛的。如果一个对象从 t^a 到 t_d 都保持原封不动,这对联系来说就足够了。我们熟悉的那些种类的生殖也得到认可。但是该分析里允许任何的联结模式。正如图 A.1 所显示的,祖先之间在它们与后裔成员全体的连接数量上可能各不相同,后裔之间在它们与祖先成员的连接数量上也可能各不相同。有可能有的祖先没有任何后裔,也有可能有的后裔没有任何祖先。唯一的约束条件是,至少存在一个联系。

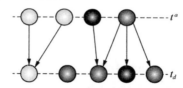

图 A.1　祖先实体和后裔实体

下面我将描述对这种系统里的变化的一个表征。首先,回顾一下迄今为止所假设的东西,这么做很有用。想象一下,我们处于对图 A.1 里的系统的早期分析阶段。我们还没有识别出构成了祖先全体和后裔全体的不同对象。我们只知道,在 t^a 的整个系统导致了整个的 t_d 系统。要达到图 A.1 所刻画的分析阶段。首先,我们得要识别出两个时间点上的不同对象。第二,限制在不同对象之间识别出来的联系。初步的阶段在图 A.2 的(a)和(b)里得到了表征。

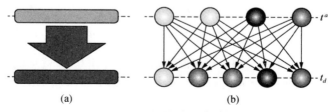

(a)　　　　　　　　　(b)

图 A.2　在图 A.1 之前的分析阶段

　　第二个步骤,从图 A.2(b)到图 A.1,包含着一种粗粒化(a kind of coarse-graining)。我们可以假设,出现在 t^a 的一切对象都对 t_d 的一切对象有某种影响——如果没有别的影响,也有微小的引力影响。为了达到一个有限联系的图景,我们忽略了这些影响中的许多个,只处理某些显著的影响。早先的步骤,从图 A.2(a)到 A.2(b),是在哲学上更有争议的步骤,但也可能包含着一种类似的粗晶化。为了达到 A.2(b),我们把整个系统的某些部分处理为部分地独立于其他部分的,它们的身份可以跨越变化而转移到该集合体的其他成员之中。这与第八章作出的种群和高度整合的网络这两者之间的区别有关。

　　假设我们已经得到了图 A.1 里看到的那种图景,我们已经有了不同实体的集合体,以及这些实体之间有限的联系。下一个目标是,表征时间间隔里的变化。令在时刻 t^a 存在 n^a 个实体,在时刻 t_d 存在 n_d 个实体。令 C_j^i 为祖先实体 i 与后裔实体 j 之间联系的指标变量。那么:

$$C_j^i = \begin{cases} 1 & \text{如果祖先实体 } i \text{ 与后裔实体 } j \text{ 相关} \\ 0 & \text{如果祖先实体 } i \text{ 与后裔实体 } j \text{ 无关} \end{cases}$$

这样,祖先实体 i 所联系的后裔实体总数为 $C_*^i = \sum_{j=1}^{n_d} C_j^i$,后裔实体 j 所联系的祖先实体总数为 $C_j^* = \sum_{i=1}^{n^a} C_j^i$。这些就是祖先与后裔联系的绝对标尺。我们也可以通过用 C_*^i/n^a 和 C_j^*/n_d 分别除以 C_*^i 和 C_j^* 来定义两个相对的联系尺度 $\tilde{C}_*^i$ 和 $\tilde{C}_j^*$。就是说,我们用祖先的平均联系和后裔的平均联系分别来除以两个绝对的标尺。这里,C_*^* 是联系的总数,或者 $\sum_{i=1}^{n^a} \sum_{j=1}^{n_d} C_j^i$。

X 是实体的某个可量度的特征。令祖先实体 i 的 X 值为 X^i，令后裔实体 j 的 X 值为 X_j。祖先全体的特性均值为 $\overline{X^a}$ = $\dfrac{1}{n^a}\sum_{i=1}^{n^a}X^i$，后裔全体的特征均值为 $\overline{X}_d = \dfrac{1}{n_d}\sum_{j=1}^{n_d}X_j$。这样，我们就可以用把这两个均值联系在一起的一个方程来表征变化了；令 $\Delta\overline{X}$ 为两个均值之间的差异，或者 $\overline{X}_d - \overline{X^a}$。我们可以表明:

$$\Delta\overline{X} = Cov(\tilde{C}^i_*, X^i) + E(\Delta X_j^i) - Cov(\tilde{C}_j^*, X_j) \qquad (A12)$$

这里，$\Delta X_j^i = C_j^i(X_j - X^i)$ 表示特征跨越一个特殊联系而发生的变化；$E(\Delta X_j^i)$ 是跨越一个联系的平均变化。

　　尽管这个方程的布局很复杂，但它很容易解释(相关的更多细节，请见 Kerr and Godfrey-Smith，即出)。右边的前两项映射的是标准的普莱斯方程里所发现的那些项。第一项是每个祖先的特征值和它与之相联系的后裔的数量之间的协方差，相对于祖先里所看到的总体联系程度。因而，$\tilde{C}^i_*$ 是一种适应度标尺，它把一个向下箭头的出现视为祖先实体的影响的一个单元。因此，$Cov(\tilde{C}^i_*, X^i)$ 用适应度来衡量祖先特征的协方差。第二项衡量的是一个联系会发生差异的总体趋势——它就像一个"转型偏向"项。第三项不是标准的普莱斯方程的一部分，它就像第一项的一个镜像——适应度项。它衡量的是后裔的特征和后裔与之相联系的祖先数量之间的协方差，相对于后裔里所看到的总体联系程度。

　　普莱斯方程常常被视为对演化变化作出了一个完整的分解。不过，变化与当标准普莱斯方程两个项是 0 值时的情况一致的。对"消失的项"的解释如下。人们通常假定，亲代世代成员可能会有不同数量的后代,但人们通常不假定,后代世代成员可能会有不同数量的亲代。相比之下,目前的模型对于一个个体所拥有的亲代数量没有作出任何预先的假定;任何联系模式都被视为可能的,包括每个方向上的一对多联系和多对一联系。标准的普莱斯方程涵盖了一个特殊的事例,该事例是通过有关祖先全体和后裔全体之间联系模式的一个(常常合理的)简化假设而出现的。

展示第三项的角色的一个简单的例子是,从外部向一个种群的迁徙。在这个分析的语境里,一个迁徙者是一个没有祖先的后裔。当后裔全体中的有些个体是迁徙者而有些不是,并且迁徙者与本土者在特征上有所不同的时候,$Cov(\bar{C}_i^*, X_j)$ 将不会是 0。另一个例子是有性和无性生殖的混合(如同在图 A.1 里看到的情况)。这样,再一次地,个体的亲代数量将会有所不同,而如果那些有着或多或少亲代的个体在特征上也相互区别的话,则 $Cov(\bar{C}_i^*, X_j)$ 将不会是 0。人们已经常常指出,主流演化论的结构更适宜用于果蝇和鸟,而不那么适宜用于植物和展示出有性、无性混合的动物(请见第 4 章;Jackson et al.1985;Tuomi and Vuorisalo 1989b)。这里对普莱斯方程的一般化为演化论提供了处理那些事例的装备,而无需把那些事例(如同人们也可能采取的做法)还原到遗传层面,在该层面生殖要更加统一。与通常的普莱斯方程比起来,这里的分析也是可逆的。方程(A12)把从祖先全体到后裔全体的变化处理为祖先适应度差异、转型偏向,以及在适应度以后裔为焦点的镜像中的差异的一个结果。不过,由于任何联系模式都是被允许的,因此使用(A12)的分析就可以描述从"后裔"全体到"祖先"全体的变化。

　　普莱斯方程的用处部分地源于它可以被运用于遗传上有结构的系统的方式。普莱斯方程的第二项或"预期"项——它对应于(A12)里的第二项——可以被分解为一个更低层次的协方差项和一个更低层次的预期。方程(A12)也有这个特点,但预期项分解成了三个较低层次的项,每个分别对应于上面所描述的项(请见 Kerr and Godfrey-Smith,即出)。

　　当提出有关遗传的这些要点时,人们通常假定,分析者提前知道,存在着一个较低层次的生殖着的实体。目前的这个框架可以被用来表现,如何可以得到这样一些结论。为了看出这一点,让我们回顾一下图 A.2。上面的方程可以被运用于图 A.2 里的事例,但没有提供多少有益的信息。该分析在图 A.2(a)里将是没有价值的,因为只存在一个联系,每个全体只有一个成员。因此那一个联系上的变化是 $\Delta \bar{X}$。在图 A.2(b)的事例中,分析相对来说也将没有多少有益的信息,尽管不是没有价值的。在图 A.2(b)里,所有的祖先都共同地对所有的后裔负有责任,只有第二项可以不是 0。当后代数量(有差异的适应度)或祖先数量有所不同(或者这两者都有所不同),并且这些事情扮演了一个重要的角色时,该方程所给出的分解就提供了非常有益的信息。当第一项,即适应度差异项扮演了一个重要角色的时候,变化就具有更加达尔文主义的特征。当在第二项里所描述的一个联系的某个常规变化原则很重要的时候,变化就具有更多的"转型"特征(Lewontin 1983)。目前还没有一个现有的标签可以捕捉到主要由第三项引起的变化,这是一个"差异收敛"(differential convergence)的问题。

　　回到关于遗传的问题:当人们想知道一个遗传分析是否会提

182

供有益的信息时,他们实际上在开始的时候把构成了我们最初的"聚焦"层次的实体(图 A.1 里的圆形)处理为好像它们每个都像是图 A.2(a)里的形状——被跨越时间间隔的单独联系连接起来的分不开的整体。这样,他们就可以问,这些实体是否能够被处理为集合体——它们是否能够被分解为自己进入了祖先/后裔关系的更小单元。这个问题可以使用上面所描述的针对最初的或"聚焦的"层次的同样标准来处理。是否存在一个自然的划分,把所聚焦的实体划分为各个部分? 如果存在这样一个划分,则该划分是否允许我们识别出一个跨越时间间隔的次级实体之间的、相当稀少的,因而会提供有益信息的联系模式? 这在图 A.3 里得到了刻画。这里我假设,两个更高的层次是相联系的,当且仅当它们之间至少存在次级实体联系。或者,从所聚焦的层次"向上",我们可以评估,所聚焦的实体是否能够集合为更大的单元,在更高的层次上显示出一个达尔文主义的模式。

该分析在构成了种群的实体这一方面显然是非常一般的。它们可能是生物体、生物体的时间片(time-slices of organisms)、细胞、基因、群体,或者文化变异。该分析没有假定,生殖是同步的;后裔实体可能是处于个体发育的一个早期阶段,而不是祖先,两个全体可能内在地以同样的方式而有所不同。有可能存在着没有得到表征的中间世代。此外,在跨越时间间隔而持续存在的东西和伴随着亲代死亡的无性生殖之间也没有作出区分。不管怎样,一个单独的祖先导致了一个单独的后裔。在第 5 章,许多东西都是由生殖和持存之间的区别造成的。那章的参数 B 和 G 所体现的生殖的特点在这个分析中并没有自动地就被赋予了一个角色。那是这里的框架不完整的一个方式。

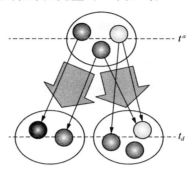

图 A.3　两个层面上的联通性

在 A.1,我区分了对演化变化的两种分析:适用于多时步的分析("动力上充分的"表征,或"递归"),还有"单时步的"分析,后者只包含对一个间隔或世代有影响的信息。使用这个模型,我们可以努力描述各种特点,这些特点将会使我们有可能描述一个具有递归表现的系统。在这个情况下,应该会出现两种简单性。首先,对于联系上的变化来说,有可能存在一个简单的规则。第二,有可能存在一个简单的规则,该规则把一个祖先的特征(X^i)关联于它与后裔世代所具有的联系数量。这样,该规则就可能是一个紧致的动态规则,可以运用于许多时步,例如一个没有突变的离散复制子机制(Nowak 2006)。那个动态机制要求,每个后裔都只有一个祖先,并且联系上的变化是用确定的大概率忠实传递和小概率变成不同状态来得到描述的。它也要求,一个祖先的适应度要么与他的特征有着确定的联系,要么是自己能够在演化上被预测的一些因素(例如一个类型的频率)的一个函数。这样,适应度就系统地与可重复的类型联系起来了。

也可能还有其他简单的规则,它们不要求每个后裔只有一个祖先。但只有当决定了会出现哪条后裔线或联系、从那些联系中会出现哪类种群的那些规则中存在着合理的简单性时,演化过程才会是在很长的时间间隔内有序的和可追踪的。这给了我们一个思考有序的孟德尔继承过程和不那么有序的文化变化过程之间的对比的方法。

参考文献

Abrams, J. and Eickwort, G. C. (1981). "Nest Switching and Guarding by the Communal Sweat Bee *Agapostemon virescens* (Hymenoptera, Halictidae)."*Insectes Sociaux* 28: 105 – 116.

Adelson, G. (forthcoming). "Naming Evolutionary Patterns and Processes: Continuing the Campaign Against Essentialism."

Amundson, R. (1989). "The Trials and Tribulations of Selectionist Explanations, "in K. Hahlweg and C. A. Hooker (ed.), *Issues in Evolutionary Epistemology*. Albany, NY: SUNY Press, 413 – 432.

Anderson, C. and McShea, D. W. (2001). "Individual versus Social Complexity, with Particular Reference to Ant Colonies." *Biological Review* 76: 211 – 237.

Ariew, A. (2008). "Population Thinking, " in M. Ruse (ed.), *Handbook of Philosophy of Biology*. Oxford: Oxford University Press, 64 – 86.

———and Lewontin, R. C. (2004). "The Confusions of Fitness."*British Journal for the Philosophy of Science* 55: 347 – 363.

Avital, E. and Jablonka, E. (2000). *Animal Traditions: Behavioral Inheritance in Evolution*. Cambridge: Cambridge University Press.

Axelrod, R. and Hamilton, W. D. (1981). "The Evolution of Cooperation." *Science* 211: 1390 – 1396.

Bateson, P. (1978). "Book Review: *The Selfish Gene* by Richard Dawkins." *Animal Behaviour* 26: 316 – 318.

———(2006). "The Nest's Tale. A reply to Richard Dawkins." *Biology and Philosophy* 21: 553 – 558.

Beatty, J. (1984). "Chance and Natural Selection."*Philosophy of Science*

51: 183 – 211.

———and Finsen, S. (1989). "Rethinking the Propensity Interpretation: A Peek Inside Pandora's Box, " in M Ruse (ed.), *What the Philosophy of Biology is: Essays for David Hull*. Dordecht: Kluwer, 17 – 31.

Benirshke, K., Anderson, J. M., and E., Brownhill L. (1962). "Marrow Chimerism in Marmosets, " *Science* 138: 513 – 515.

Bergman, A. and Feldman, M. W. (1995). "On the Evolution of Learning: Representation of a Stochastic Environment." *Theoretical Population Biology* 48: 251 – 276.

Bishop, C. D., Erezyilmaz, D. F., Flatt, T., et al. (2006). "What is Metamorphosis?"*Integrative and Comparative Biology* 46: 655 – 661.

Blute, M. (2007). "The Evolution of Replication."*Biological Theory* 2: 10 – 22.

Bonner, J. T. (1959). *The Cellular Slime Molds*. Princeton, NJ: Princeton University Press.

———(1974). *On Development: The Biology of Form*. Cambridge, MA: Harvard University Press.

Boss, P. K. and Thomas, M. R. (2002). "Association of Dwarfism and Floral Induction with a Grape ' Green Revolution' Mutation."*Nature* 416: 847 – 850.

Bouchard, F. (forthcoming). "Causal Processes, Fitness and the Differential Persistence of Lineages." *Philosophy of Science*, PSA 2006 Proceedings.

Bourke, A. F. (1888). "Worker Reproduction in the Higher Eusocial Hymenoptera."*Quarterly Review of Biology* 63: 291 – 311.

Bowles, S. and Gintis, H. (2003). "The Origins of Human Cooperation, " in P. Hammerstein (ed.), *The Genetic and Cultural Origins of Cooperation*. Cambridge, MA: MIT Press, 429 – 444.

Boyd, R. and Richerson, P. J. (1985). *Culture and the Evolutionary Process*. Chicago, IL: University of Chicago Press.

Brandon, R. N. (1978). "Adaptation and Evolutionary Theory." *Studies in History and Philosophy of Science* 9: 181 – 206.

——(1988). "The Levels of Selection: A Hierarchy of Interactors, " in H. C. Plotkin (ed.), *The Role of Behavior in Evolution*. Cambridge, MA: MIT Press, 51 – 72.

——(unpublished). "Inheritance Biases and the Insufficiency of Darwin's Three Conditions."

Buller, D. J. (ed.), (1999). *Function, Selection, and Design*. Albany, NY: SUNY Press.

Burian, R. M. (1992). "Adaptation: Historical Perspectives, " in E. A. Lloyd and E. Fox Keller (eds.), *Keywords in Evolutionary Biology*. Cambridge, MA: Harvard University Press, 7 – 12.

Burt, A. and Trivers, R. (2006). *Genes in Conflict: The Biology of Selfish Genetic Elements*. Cambridge, MA: Harvard University Press.

Buss, L. W. (1987). *The Evolution of Individuality*. Princeton, NJ: Princeton University Press.

Calcott, B. (2008). "The Other Cooperation Problem: Generating Benefit, " *Biology and Philosophy* 23: 179 – 203.

Campbell, D. T. (1974). "Evolutionary Epistemology, " in P. A. Schillp (ed.), *The Philosophy of Karl Popper*. La Salle, IL: Open Court, 413 – 463.

Cavalli-Sforza, L. L. and Feldman, M. W. (1981). *Cultural Transmission and Evolution: A Quantitative Approach*. Princeton, NJ: Princeton University Press.

Charlesworth, B. (1994). *Evolution in Age-Structured Populations* (2nd edn.). Cambridge: Cambridge University Press.

——and Giesel, J. T. (1972). " Selection in Populations with Overlapping Generations II: Relations between Gene Frequency and Demographic Variables." *American Naturalist* 106: 388 – 401.

Cook, R. E. (1980). "Reproduction by Duplication." *Natural History* 89:

88 - 93.

Cosmides, L. and Tooby, J. (1992). "Cognitive Adaptations for Social Exchange,' in J. Barkow, L. Cosmides, and J. Tooby (eds.), *The Adapted Mind: Evolutionary Psychology and the Generation of Culture.* New York: Oxford University Press, 163 - 228.

Crespi, B. J. and Yanega, D. (1995). "The Definition of Eusociality." *Behavioural Ecology,* 6, 109 - 115.

Crow, J. F. (1986). *Basic Concepts in Population, Quantitative, and Evolutionary Genetics.* New York, NY: W. H. Freeman.

Damuth, J. and Heisler, I. L. (1988). "Alternative Formulations of Multilevel Selection." *Biology and Philosophy* 3: 407 - 430.

Darden, L. and Cain, J. A. (1989). "Selection Type Theories." *Philosophy of Science* 56: 106 - 129.

Darwin, C. (1859/1964). *On the Origin of Species* (Facsimile of the 1st edn.). Cambridge, MA: Harvard University Press.

Dawkins, R. (1976). *The Selfish Gene.* Oxford: Oxford University Press.

———(1978). "Replicator Selection and the Extended Phenotype," reprinted in E. Sober (ed.), *Conceptual Issues in Evolutionary Biology.* Cambridge, MA: MIT Press, 1984, 125 - 141.

———(1982a). *The Extended Phenotype: The Gene as the Unit of Selection.* Oxford: W. H. Freeman.

———(1982b). "Replicators and Vehicles," in King's College Sociobiology Group (ed.), *Current Problems in Sociobiology.* Cambridge: Cambridge University Press, 45 - 64.

———(1986). *The Blind Watchmaker.* New York, NY: Norton.

———(1989). "The Evolution of Evolvability," in C. Langton (ed.), *Artificial Life VI.* California: Addison-Wesley, 201 - 220.

———(2006). *The God Delusion.* Boston, MA: Houghton Mifflin.

Day, T. and Otto, S. P. (2001). "Fitness."*Encyclopaedia of Life Sciences*: Nature Publishing Group. <http://www.els.net>

Dempster, E. R. (1955). "Maintenance of Genetic Heterogeneity." *Cold Spring Harbor Symposia on Quantitative Biology* 20: 25 - 32.

Dennett, D. C. (1974). "Why the Law of Effect Won't Go Away, " reprinted in *Brainstorms: Philosophical Essays on Mind and Cognition.* Cambridge, MA: Bradford Books/MIT Press, 71 - 89.

————(1991). *Consciousness Explained.* Boston, MA: Little, Brown.

————(1995). *Darwin's Dangerous Idea: Evolution and the Meanings of Life.* New York, NY: Simon & Schuster.

Dennett, D. C. (2001). "The Evolution of Evaluators, " in A. Nicita and U. Pagano (eds.), *The Evolution of Economic Diversity.* London: Routledge, 66 - 81.

————(2006). *Breaking the Spell: Religion as a Natural Phenomenon.* New York, NY: Viking.

Downes, S. M. (2007). "Heredity and Heritability, " *Stanford Encyclopedia of Philosophy (Fall* 2007 *Edition)* < http: //plato. stanford. edu/ archives/fall2007/entries/heredity/>.

Drake, J. W., Charlesworth, B., Charlesworth, D., and Crow, J. F. (1998). "Rates of Spontaneous Mutation."*Genetics* 148: 1667 - 1686.

Duffy, J. E. (1996). "Eusociality in a Coral Reef Shrimp."*Nature* 381: 512 -514.

Dugatkin, L. A. (2002). " Cooperation in Animals: An Evolutionary Overview." *Biology and Philosophy* 17: 459 - 476.

Dumais, J. and Kwiatkowska, D. (2001). "Analysis of Surface Growth in Shoot Apices." *The Plant Journal* 31: 229 - 241.

Dupré, J. (2002), *Humans and Other Animals.* Oxford: Oxford University Press.

Durham, W. H. (1991). *Coevolution: Genes, Culture and Human Diversity.* Stanford, CA: Stanford University Press.

Eigen, M. and Schuster, P. (1979). *The Hypercycle: A Principle of Natural Self-Organization.* Berlin: Springer-Verlag.

Eldredge, N. (1985). *Unfinished Synthesis: Biological Hierarchies and Modern Evolutionary Thought.* Oxford: Oxford University Press.

Endler, J. A. (1986). *Natural Selection in the Wild.* Princeton, NJ: Princeton University Press.

Eshel, I. and Cavalli-Sforza, L. (1982). "Assortment of Encounters and Evolution of Cooperativeness." *Proceedings of the National Academy of Sciences (USA)* 79: 1331 – 1335.

Fisher, R. A. (1930). *The Genetical Theory of Natural Selection.* Oxford: Clarendon Press.

Fletcher, J. A. and Zwick, M. (2006). "Unifying the Theories of Inclusive Fitness and Reciprocal Altruism." *American Naturalist* 168: 252 – 262.

Forber, P. (2005). "On the Explanatory Roles of Natural Selection." *Biology and Philosophy* 20: 329 – 342.

Fracchia, J. and Lewontin, R. C. (1999). "Does Culture Evolve?" *History and Theory* 38: 52 – 78.

Francis, R. C. (2004). *Why Men Won't Ask for Directions: The Seductions of Sociobiology.* Princeton, NJ: Princeton University Press.

Frank, S. A. (1995). "George Price's Contributions to Evolutionary Genetics." *Journal of Theoretical Biology* 175: 373 – 388.

———(1998). *Foundations of Social Evolution.* Princeton, NJ: Princeton University Press.

———(2007). *Dynamics of Cancer: Incidence, Inheritance, and Evolution.* Princeton, NJ: Princeton University Press.

———and Slatkin, M. (1990). "Evolution in a Variable Environment." *American Naturalist* 136: 244 – 260.

Franklin, L. R. (2007). "Bacteria, Sex, and Systematics." *Philosophy of Science* 74: 69 – 95.

Franks, T., Botta, R., Thomas, M. R., and Franks, J. (2002). "Chimerism in Grapevines: Implications for Cultivar Identity, Ancestry and Genetic Improvement." *Theoretical and Applied Genetics* 104: 192 – 199.

Froissart R., Roze D., Uzest M., Galibert L., Blanc S., and Michalakis, Y. (2005). "Recombination Every Day: Abundant Recombination in a Virus during a Single Multi-Cellular Host Infection." *Public Library of Science: Biology* 3: e89.

Frumkin, D., Wasserstrom, A., Kaplan, S., Feige, U., and Shapiro, E. (2005). "Genomic Variability within an Organism Exposes Its Cell Lineage Tree." *Public Library of Science: Computational Biology* 1: 382 – 394.

Futuyma, D. J. (1986). *Evolutionary Biology* (2nd edn.) Sunderland, MA: Sinauer.

Gannett, L. (2003). "Making Populations: Bounding Genes in Space and in Time." *Philosophy of Science* 70: 989 – 1001.

Gavrilets, S. (2004). *Fitness Landscapes and the Origin of Species.* Princeton, NJ: Princeton University Press.

Ghiselin, M. T. (1974). "A Radical Solution to the Species Problem." *Systematic Zoology* 23: 536 – 544.

Giere, R. N. (1988). *Explaining Science: A Cognitive Approach.* Chicago, IL: University of Chicago Press.

Gill, D. E., Chao, L., Perkins, S. L., and Wolf, J. B. (1995). "Genetic Mosaicism in Plants and Clonal Animals." *Annual Review of Ecology and Systematics* 26: 423 – 444.

Gillespie, J. H. (1972). "The Effects of Stochastic Environments on Allele Frequencies in Natural Populations." *Theoretical Population Biology* 3: 241 – 248.

Godfrey-Smith, P. (1996). *Complexity and the Function of Mind in Nature.* Cambridge: Cambridge University Press.

———(2000). "The Replicator in Retrospect." *Biology and Philosophy* 15: 403 – 423.

———(2006). "The Strategy of Model-Based Science." *Biology and Philosophy* 21: 725 – 740.

————(2007a), "Conditions for Evolution by Natural Selection." *The Journal of Philosophy* 104: 489 – 516.

————(2007b). "Information in Biology," in D. L. Hull and M. Ruse (eds.), *The Cambridge Companion to the Philosophy of Biology*. New York, NY: Cambridge University Press, 103 – 119.

————(2008). "Varieties of Population Structure and the Levels of Selection." *British Journal for the Philosophy of Science* 59: 25 – 50.

Gould, S. J. (1976). "Darwin's Untimely Burial." *Natural History* 85: 24 – 30.

————(1985). "A Most Ingenious Paradox," in *The Flamingo's Smile*. New York, NY: Norton, 78 – 98.

Gould, S. J. (2002). *The Structure of Evolutionary Theory*. Cambridge, MA: Harvard University Press.

Gould, S. J. and Eldredge, N. (1977). "Punctuated Equilibria: The Tempo and Mode of Evolution Reconsidered." *Paleobiology* 3: 115 – 151.

Grafen, A. (1985). "A Geometric View of Relatedness." *Oxford Surveys in Evolutionary Biology* 2: 28 – 90.

————(2007). "The Formal Darwinism Project: A Mid-Term Report." *Journal of Evolutionary Biology* 20: 1243 – 1254.

Gray, R. D. and Atkinson, Q. D. (2003). "Language-Tree Divergence Times Support the Anatolian Theory of Indo-European Origin." *Nature* 426: 435 – 439. Greenhill, S. J., and Ross, R. M. (forthcoming). "The Pleasures and Perils of Darwinizing Culture (with Phylogenies)." *Biological Theory*.

Griesemer, J. (2000). "The Units of Evolutionary Transition." *Selection* 1: 67 – 80.

————(2005). "The Informational Gene and the Substantial Body: On the Generalization of Evolutionary Theory by Abstraction," in M. Jones and N. Cartwright (eds.), *Idealization XII: Correcting the Model, Idealization and Abstraction in the Sciences*. Amsterdam: Rodopi, 59 –

115.

———and Wade, M. (2000). " Populational Heritability: Extending Punnett Square Concepts to Evolution at the Metapopulation Level." *Biology and Philosophy* 15: 1 – 17.

Griffiths, P. E. (2002). "What is Innateness?" *The Monist* 85: 70 – 85.

———and Gray, R. D. (1994). "Developmental Systems and Evolutionary Explanation." *The Journal of Philosophy* 91: 277 – 304.

———and M. Neumann-Held (1999). "The Many Faces of the Gene." *BioScience* 49: 656 – 662.

———and Stotz, K. (2006). "Genes in the Postgenomic Era?" *Theoretical Medicine and Bioethics* 27: 499 – 521.

Grimes, G. (1982). "Nongenic Inheritance: A Determinant of Cellular Architecture." *BioScience* 32: 279 – 280.

Grosberg, R. and Strathman, R. (1998). "One Cell, Two Cell, Red Cell, Blue Cell: The Persistence of a Unicellular Stage in Multicellular Life Histories." *Trends in Ecology and Evolution* 13: 112 – 116.

Haag-Liautard, C., Dorris, M., Maside, X., Macaskill, S., Halligan, D. L., Charlesworth, B., and Keightley, P. D. (2007). " Direct Estimation of Per Nucleotide and Genomic Deleterious Mutation Rates in *Drosophila*." *Nature* 445: 82 – 85.

Haber, M. H. and Hamilton, A. (2005). "Coherence, Consistency, and Cohesion: Clade Selection in Okasha and Beyond." *Philosophy of Science* 72: 1026 – 1040.

Haig, D. (1997). "The Social Gene, " in J. R. Krebs and N. B. Davies (eds.), *Behavioural Ecology* (4th edn.). Cambridge, MA: Blackwell Publishing, 284 – 304.

———(1999), "What is a Marmoset?" *American Journal of Primatology*, 49, 285 – 296.

———and Grafen, A. (1991). "Genetic Scrambling as a Defence Against Meiotic Drive." *Journal of Theoretical Biology* 153: 531 – 558.

Haldane, J. B. S. (1996). "The Negative Heritability of Neonatal Jaundice." *Annals of Human Genetics* 60: 3 – 5.

Hamilton, W. D. (1964). "The Genetical Evolution of Social Behaviour, I." *Journal of Theoretical Biology* 7: 1 – 16.

———(1975). "Innate Social Aptitudes of Man: An Approach from Evolutionary Genetics." Reprinted in *Narrow Roads of Gene Land*, Vol 1. Oxford: W. H. Freeman, 1997, 133 – 53.

Hardin, G. (1968). "The Tragedy of the Commons." *Science* 162: 1243 – 1248.

Harper, J. L. (1977). *Population Biology of Plants*. London: Academic Press.

———and Bell, A. D. (1979), "The Population Dynamics of Growth Form in Organisms with Modular Construction, " in R. M. Anderson, B. D. Turner, and L. R. Taylor (eds.), *Population Dynamics: The 20th Symposium of the British Ecological Society*. Oxford: Blackwell, 29 – 52.

Henrich, J. and Boyd, R. (1998). "The Evolution of Conformist Transmission and the Emergence of Between-Group Differences." *Evolution and Human Behavior* 19: 215 – 242.

———(2002). "On Modeling Cognition and Culture: Why Cultural Evolution does not Require Replication of Representations." *Journal of Cognition and Culture* 2: 87 – 112.

Herron, M. and Michod, R. (2008). "Evolution of Complexity in the Volcocine Algae: Transitions in Individuality through Darwin's Eye." *Evolution* 62: 436 – 451.

Heywood, J. S. (2005). "An Exact Form of the Breeder's Equation for the Evolution of a Quantitative Trait under Natural Selection." *Evolution* 59: 2287 – 2298.

Hocquigny, S., Pelsy, F., Dumas, V., Kindt, S., Heloir, M-C., and Merdinoglu, D. (2004). "Diversification within Grapevine Cultivars goes through Chimeric States." *Genome* 47: 579 – 589.

Hodge, M. J. S. (1987). "Natural Selection as a Causal, Empirical, and Probabilistic Theory, " in L. Krüger (ed.), *The Probabilistic Revolution*. Cambridge, MA: MIT Press, 233 – 270.

Hodgson, G. and Knudson, T. (2006). "The Nature and Units of Social Selection." *Journal of Evolutionary Economics* 16: 477 – 489.

Hollick J., Dorweiler J., and Chandler V., (1997). "Paramutation and Related Allelic Interactions." *Trends in Genetics* 13: 302 – 308.

Hull, D. (1978). "A Matter of Individuality." *Philosophy of Science* 45: 335 –360.

———(1980). "Individuality and Selection." *Annual Review of Ecology and Systematics* 11: 311 – 332.

———(1988). *Science as a Process: An Evolutionary Account of the Social and Conceptual Development of Science*. Chicago, IL: University of Chicago Press.

Hull, D., Langman, R. and Glenn, S., (2001). "A General Analysis of Selection." *Behavioral and Brain Sciences* 24: 511 – 573.

Hutchings, M. J. and Booth, D. (2004). "Much Ado About Nothing…So Far?" *Journal of Evolutionary Biology* 17: 1184 – 1186.

Huxley, T. H. (1852). "Upon Animal Individuality." *Proceedings of the Royal Institution of Great Britain* 1: 184 – 189.

Jablonka, E. and Lamb, M. J. (1995). *Epigenetic Inheritance and Evolution: The Lamarckian Dimension*. Oxford and New York: Oxford University Press.

———(2005). *Evolution in Four Dimensions*. Cambridge, MA: MIT Press.

Jackson, J. B. C. (1985). "Distribution and Ecology of Clonal and Aclonal Benthic Invertebtrates, " in Jackson, Buss, and Cook (1985), 297 – 356.

———and Coates, A. G. (1986). "Life Cycles and Evolution of Clonal (Modular) Animals." *Philosophical Transactions of the Royal Society of*

London. Series B, Biological Sciences 313: 7 – 22.

———Buss, L., and R. Cook, (eds.) (1985). *Population Biology and Evolution of Clonal Organisms.* New Haven: Yale University Press.

Jacquard, A. (1983). "Heritability: One Word, Three Concepts." *Biometrics* 39: 465 – 477.

Janzen, D. H. (1977). "What are Dandelions and Aphids?" *American Naturalist* 111: 586 – 589.

Jenkin, F. (1867). "*The Origin of Species.*" *The North British Review* 46 (92): 151 – 171.

Keller, L. (ed.) (1999). *Levels of Selection in Evolution.* Princeton, NJ: Princeton University Press.

Kerr, B. (2007). "Niche Construction and Cognitive Evolution." *Biological Theory* 2: 250 – 262.

———and Godfrey-Smith, P. (2002a). "Individualist and Multi-Level Perspectiveson Selection in Structured Populations." *Biology and Philosophy* 17: 477 – 517.

———(2002b). "On Price's Equation and Average Fitness." *Biology and Philosophy* 17: 551 – 565.

———(forthcoming). "Generalization of the Price Equation for Evolutionary Change." To appear in *Evolution.*

———Neuhauser, C, Bohannan, B., and Dean, A. (2006). "Local Migration Promotes Competitive Restraint in a Host-Pathogen ' Tragedy of the Commons' ." *Nature* 442: 75 – 78.

Kirk, D. L. (1998). *Volvox: Molecular-Genetic Origins of Multicellularity and Cellular Differentiation.* Cambridge and New York: Cambridge University Press.

———(2005). "A Twelve-Step Program for Evolving Multicellularity and a Divisionof Labor." *Bioessays* 27: 299 – 310.

Kirschner, M. and Gerhart, J. (1998). "Evolvability." *Proceedings of the National Academy of Sciences* (USA) 95: 8420 – 8427.

Kitcher, P. S. (1985). *Vaulting Ambition: Sociobiology and the Quest for Human Nature*. Cambridge, MA: MIT Press.

Klekowski, E. J. (1988). *Mutation, Developmental Selection, and Plant Evolution*. New York, NY: Columbia University Press.

Krimbas, C. (2004). "On Fitness." *Biology and Philosophy* 19: 185 – 203.

Kuhn, T. S. (1962). *The Structure of Scientific Revolutions*. Chicago, IL: University of Chicago Press.

Kukuk, P. F. and Sage, G. K. (1994). "Reproductivity and Relatedness in a Communal Halictine Bee *Lasioglossum (Chilalictus) hemichalceum*." *Insectes Sociaux* 41: 443 – 455.

Kutschera, U. and Niklas, K. J. (2005). "Endosymbiosis, Cell Evolution, and Speciation." *Theory in Biosciences* 124: 1 – 24.

Lane, N. (2005). *Power, Sex, Suicide: Mitochondria and the Meaning of Life*. Oxford: Oxford University Press.

Langton, R. and D. K. Lewis (1998). "Defining ' Intrinsic' ." *Philosophy and Phenomenological Research* 58: 333 – 345.

Lehmann, L. and Keller, L. (2006). "The Evolution of Cooperation and Altruism: A General Framework and a Classification of Models." *Journal of Evolutionary Biology* 19: 1365 – 1376.

Lennox, J. (2006). " Aristotle's Biology." *The Stanford Encyclopedia of Philosophy(Fall* 2006 *Edition)* < http: //plato. stanford. edu/archives/ fall2006/entries/aristotle-biology/>.

Levy, A. (forthcoming). "Source-Based Learning and the Evolution of Morality."

Lewens, T. (2007). *Darwin. London: Routledge.*

Lewontin, R. C. (1955). " The Effects of Population Density and Composition on Viability in *Drosophila melanogaster*." *Evolution* 9: 27 – 41.

———(1970). "The Units of Selection." *Annual Review of Ecology and Systematics* 1: 1 – 18.

————(1985). "Adaptation," in R. Levins and R. C. Lewontin (eds.), *The Dialectical Biologist*. Cambridge, MA: Harvard University Press, 65 – 84.

Lloyd, E. (1988). *The Structure and Confirmation of Evolutionary Theory*. New York, NY: Greenwood Press.

————(2001). "Units and Levels of Selection: An Anatomy of the Units of Selection Debates," in R. Singh, C. Krimbas, D. Paul, and J. Beatty (eds.), *Thinking about Evolution: Historical, Philosophical, and Political Perspectives*. New York, NY: Cambridge University Press, 267 – 291.

————and Gould, S. J. (1993). "Species Selection on Variability." *Proceedings of the National Academy of Sciences(USA)* 90: 595 – 599.

Lombrozo, T., Shtulman, A., and Weisberg, M. (2006). "The Intelligent Design Controversy: Lessons from Psychology and Education." *Trends in Cognitive Sciences* 10: 56 – 57.

Loux, M. (2002). *Metaphysics: A Contemporary Introduction*. London: Routledge.

Loxdale, H. D. and Lushai, G. (2003). "Rapid Changes in Clonal Lines: The Death of a ' Sacred Cow'." *Biological Journal of the Linnean Society* 79: 3 – 16.

McLaughlin, B. and Bennett, K. (2005). "Supervenience." *Stanford Encyclopedia of Philosophy* < http://plato. stanford. edu/archives/ fall2005/entries/supervenience/>.

McShea, D. W. (2002). "A Complexity Drain on Cells in the Evolution of Multicellularity." *Evolution* 56: 441 – 452.

Mameli, M. (2004). "Nongenetic Selection and Nongenetic Inheritance." *British Journal for the Philosophy of Science* 55: 35 – 71.

Margulis, L. (1970). *Origin of Eukaryotic Cells: Evidence and Research Implications for a Theory of the Origin and Evolution of Microbial, Plant, and Animal Cells on the Precambrian Earth*. New Haven, CT:

Yale University Press.

Matessi, C. and Jayakar, S. D. (1976) . "Conditions for the Evolution of Altruism under Darwinian Selection." *Theoretical Population Biology* 9: 360 – 387.

Maynard-Smith, J. (1976) , "Group Selection." *Quarterly Review of Biology* 61: 277 – 283.

————(1987) . "Reply to Sober, " in John Dupré (ed.) , *The Latest on the Best: Essays on Evolution and Optimality*. Cambridge, MA: MIT Press, 147 – 150.

————(1988) . "Evolutionary Progress and Levels of Selection, " in M. H. Nitecki (ed.) , *Evolutionary Progress*. Chicago, IL: University of Chicago Press, 219 – 230.

————(1998) . "The Origin of Altruism." *Nature* 393: 639.

————and Szathm'ary, E. (1995) . *The Major Transitions in Evolution*. Oxford: W. H. Freeman.

Mayr, E. (1976) . "Typological versus Population Thinking, " in *Evolution and the Diversity of Life*. Cambridge, MA: Harvard University Press, 26 – 9. Reprinted in E. Sober (ed.) , *Conceptual Issues in Evolutionary Biology* (2nd edn.) Cambridge, MA: MIT Press, 1994, 157 – 160.

————(1963) . *Animal Species and Evolution*. Cambridge, MA: Harvard University Press.

Medin, D. and Atran, S. (eds.) (1999) . *Folkbiology*. Cambridge, MA: MIT Press.

Mesoudi, A., Whiten, A., and Laland, K. (2004) . "Perspective: Is Human Cultural Evolution Darwinian? Evidence Reviewed from the Perspective of the Origin of Species." *Evolution* 58: 1 – 11.

Michener, C. D. (1974) . *The Social Behavior of the Bees: A Comparative Study*. Cambridge, MA: Harvard University Press.

Michod, R. E. (1999) . *Darwinian Dynamics: Evolutionary Transitions in Fitness and Individuality*. Princeton, NJ: Princeton University Press.

————(2006). "The Group Covariance Effect and Fitness Trade-offs during Evolutionary Transitions." *Proceedings of the National Academy of Sciences (USA)* 103: 9113 – 9117.

————and Roze, D. (2001). "Cooperation and Conflict in the Evolution of Multicellularity." *Heredity* 81: 1 – 7.

————and Sanderson, M. (1985). " Behavioural Structure and the Evolution of Social Behavior, " in P. J. Greenwood and M. Slatkin (eds.), *Evolution: Essays in Honour of John Maynard Smith.* Cambridge: Cambridge University Press, 95 – 104.

————Nedelcu, A. M., and Roze, D. (2003). "Cooperation and Conflict in the Evolution of Individuality IV: Conflict Mediation and Evolvability in *Volvox carteri.*" *BioSystems* 69: 95 – 114.

Mills, S. K. and Beatty, J. H. (1979). "The Propensity Interpretation of Fitness." *Philosophy of Science* 46: 263 – 286.

Millstein, R. (2002). "Are Random Drift and Natural Selection Conceptually Distinct?" *Biology and Philosophy* 17: 33 – 53.

————(2006). "Natural Selection as a Population-Level Causal Process." *British Journal for the Philosophy of Science* 57: 627 – 653.

Mitton, J. B. and Grant, M. C. (1996). "Genetic Variation and the Natural History of Quaking Aspen." *BioScience* 46: 25 – 31.

Molinier J., Ries G., Zipfel C., and Hohn B. (2006). "Transgeneration Memory of Stress in Plants." *Nature* 442: 1046 – 1049.

Moss, L. (2003). *What Genes Can't Do.* Cambridge, MA: MIT Press.

Muller, H. J. (1932). "Some Genetic Aspects of Sex." *American Naturalist* 66: 118 – 138.

Nanay, B. (2002). "The Return of the Replicator: What is Philosophically Significant in a General Account of Replication and Selection? *Biology and Philosophy* 17: 109 – 121.

————(2005). " Can Cumulative Selection Explain Adaptation?" *Philosophy of Science* 72: 1099 – 1112.

————(forthcoming). "Trope Nominalism and Anti-Essentialism about Biological Kinds."

Neander, K. (1995). "Pruning the Tree of Life." *British Journal for the Philosophy of Science* 46: 59 – 80.

Nowak, M. A. (2006). *Evolutionary Dynamics*. Cambridge, MA: Harvard University Press.

Nunney, L. (1985). "Group Selection, Altruism, and Structured-Deme Models." *American Naturalist* 126: 212 – 230.

O'Malley, M. and Dupré, J. (2007). "Size Doesn't Matter: Towards a More Inclusive Philosophy of Biology." *Biology and Philosophy* 22: 155 – 191.

Oborny, B. and Kun, A. (2002). "Fragmentation of Clones: How does it Influence Dispersal and Competitive Ability?" *Evolutionary Ecology* 15: 319 – 346.

Odling-Smee, F. J., Laland, K. N., and Feldman, M. W. (2003). *Niche Construction: The Neglected Process in Evolution*. Princeton, NJ: Princeton University Press.

Okasha, S. (2003a). "The Concept of Group Heritability." *Biology and Philosophy* 18: 445 – 461.

————(2003b). "Does the Concept of ' Clade Selection' Make Sense?" *Philosophy of Science* 70: 739 – 751.

————(2006). *Evolution and the Levels of Selection*. Oxford: Oxford University Press.

Otto, S. P. and Hastings, I. M. (1998). "Mutation and Selection Within the Individual, " *Genetic*, 102/103: 507 – 524.

Oyama, S. (1985). *The Ontogeny of Information, Developmental Systems and Evolution*. Cambridge: Cambridge University Press.

Pearse, A-M. and Swift, K. (2006). "Allograft Theory: Transmission of Devil Facial-Tumour Disease." *Nature* 439: 549.

Pennock, R. T. (ed.), (2001). *Intelligent Design Creationism and Its*

Critics: Philosophical, Theological, and Scientific Perspectives.
Cambridge, MA: MIT Press.

Pigliucci, M. and Kaplan, J. (2006). *Making Sense of Evolution: The Conceptual Foundations of Evolutionary Biology.* Chicago, IL: University of Chicago Press.

Pineda-Krch, M. and Lehtilä, K. (2004). "Costs and Benefits of Genetic Heterogeneity within Organisms." *Journal of Evolutionary Biology* 17: 1167 – 1177.

Poincaré, H. (1905/1952). *Science and Hypothesis.* New York: Dover.

Pollan, M. (2002). *The Botany of Desire: A Plant's-Eye View of the World.* NewYork, NY: Random House.

Potochnik, A. (2007). "Evolution, Explanation and Unity of Science." PhD dissertation, Stanford University.

Preston, K. and Ackerly. D. (2004). " The Evolution of Allometry in Modular Organisms, " in M. Pigliucci and K. Preston (eds.), *Phenotypic Integration. Studying the Ecology and Evolution of Complex Phenotypes.* Oxford: Oxford University Press, 80 – 106.

Price, G. R. (1970). "Selection and Covariance." *Nature* 227: 520 – 521.

———(1972). "Extension of Covariance Selection Mathematics." *Annals of Human Genetics* 35: 485 – 490.

———(1995). "The Nature of Selection." *Journal of Theoretical Biology* 175: 389 – 396.

Prusiner, S. B. (1998). "Prions." *Proceedings of the National Academy of Sciences(USA)* 95: 13363 – 13383.

Queller, D. C. (1985). " Kinship, Reciprocity and Synergism in the Evolution of Social Behaviour." *Nature* 318: 366 – 367.

———(1997). " Cooperators Since Life Began (Review of *The Major Transitionsin Evolution,* by J. Maynard Smith and E. Szathmáry)." *Quarterly Review of Biology* 72: 184 – 188.

———and Strassmann, J. E. (2002). "The Many Selves of Social Insects."

Science 296: 311 – 313.

Reisman, K. (2005). "Conceptual Foundations of Cultural Evolution." PhD dissertation, Stanford University.

————and Forber, P. (2005). "Manipulation and the Causes of Evolution." *Philosophy of Science* 72: 1113 – 1123.

Rice, S. H. (2004), *Evolutionary Theory: Mathematical and Conceptual Foundations*. Sunderland, MA: Sinauer.

Richerson, P. J. and Boyd, R. (2005). *Not by Genes Alone: How Culture Transformed Human Evolution*. Chicago, IL: University of Chicago Press.

Ridley, M. (1996). *Evolution* (2nd edn.). Cambridge, MA: Blackwell.

————(2000). *Mendel's Demon: Gene Justice and the Complexity of Life*. London: Weidenfeld & Nicolson.

Rinkevich, B. (2004). "Will Two Walk Together, Except They Have Agreed? Amos 3: 3." *Journal of Evolutionary Biology* 17: 1178 – 1179.

Rogers, D. and Ehrlich, P. (2008). "Natural Selection and Cultural Rates of Change." *Proceedings of the National Academy of Sciences (USA)* 105: 3416 – 3420.

Rosenberg, A. (1994). *Instrumental Biology, Or the Disunity of Science*. Chicago, IL: University of Chicago Press.

Ross, C. N., French, J. A., and Orti, G. (2007). "Germ-line Chimerism and Paternal Care in Marmosets (*Callithrix kuhlii*)." *Proceedings of the National Academy of Sciences (USA)* 104: 6278 – 6282.

Roughgarden, J. (1979). *Theory of Population Genetics and Evolutionary Ecology: An Introduction*. New York, NY: Macmillan.

Rutherford, S. (2000). "From Genotype to Phenotype: Buffering Mechanisms and the Storage of Genetic Information." *Bioessays* 22: 1095 – 1105.

Sachs, J. L., Mueller, U. G., Wilcox, T. P., and Bull, J. J. (2004). "The

Evolution of Cooperation." *Quarterly Review of Biology* 79: 135 – 160.

Salipante, S. J. and Horwitz, M. S. (2006). "Phylogenetic Fate Mapping." *Proceedings of the National Academy of Sciences (USA)* 103: 5448 – 5453.

Santelices, B. (1999). "How Many Kinds of Individual are There?" *Trends in Ecology & Evolution*, 14: 152 – 155.

Schlichting, C. D. and Pigliucci, M. (1998). *Phenotypic Evolution: A Reaction Norm Perspective*. Sunderland, MA: Sinauer.

Schlosser, G. and Wagner, G. P. (eds.) (2004). *Modularity in Development and Evolution*. Chicago, IL: University of Chicago Press.

Scriven, M. (1959). "Explanation and Prediction in Evolutionary Theory." *Science* 130: 477 – 482.

Shtulman, A. (2006). "Qualitative Differences between Naive and Scientific Theories of Evolution." *Cognitive Psychology* 52: 170 – 194.

Skyrms, B. (1994). "Darwin Meets The Logic of Decision." *Philosophy of Science* 61: 503 – 528.

———(2003). *The Stag Hunt and the Evolution of Social Structure*. Cambridge: Cambridge University Press.

Sober, E. (1980). "Evolution, Population Thinking, and Essentialism." *Philosophy of Science*. 47: 350 – 383.

———(1984). *The Nature of Selection: Evolutionary Theory in Philosophical Focus*. Cambridge, MA: MIT Press.

———(1992). "The Evolution of Altruism: Correlation, Cost, and Benefit." *Biologyand Philosophy* 7: 177 – 188.

———(1995). "Natural Selection and Distributive Explanation: A Reply to Neander." *British Journal for the Philosophy of Science* 46: 384 – 397.

———and Lewontin, R. C. (1982). "Artifact, Cause and Genic Selection." *Philosophy of Science* 49: 157 – 180.

———and Wilson, D. S. (1998). *Unto Others: The Evolution and Psychology of Unselfish Behavior*. Cambridge, MA: Harvard University

Press.

Spencer, H. (1871). *Principles of Psychology* (2nd edn.) New York, NY: Appleton.

Sperber, D. (1996). *Explaining Culture: A Naturalistic Approach.* Oxford: Blackwell.

————(2000). "An Objection to the Memetic Approach to Culture, " in Robert Aunger (ed.) , *Darwinizing Culture: The Status of Memetics as a Science.* Oxford and New York: Oxford University Press, 163 – 173.

Stegmann, U. (forthcoming). "Selection and the Explanation of Traits."

Stephens, C. (2004) "Selection, Drift, and the ' Forces' of Evolution." *Philosophy of Science* 71: 550 – 570.

Stephens, D. (1991). "Change, Regularity and Value in the Evolution of Animal Learning." *Behavioral Ecology* 2: 77 – 89.

Sterelny, K. (2001). "Niche Construction, Developmental Systems and the Extended Replicator, " in R. Gray, P. Griffiths, and S. Oyama (eds.) , *Cycles of Contingency: Developmental Systems and Evolution.* Cambridge, MA: MIT Press, 333 – 349.

————(2003). *Thought in a Hostile World.* Malden, MA: Blackwell.

————(2006). "Memes Revisited." *British Journal for Philosophy of Science* 57: 145 – 165.

————(forthcoming). "The Evolution and Evolvability of Culture." *Mind and Language.*

————and Calcott, B. (eds.) (forthcoming). *Major Transitions in Evolution Revisited.* Altenberg: Konrad Lorenz Institute.

————and Griffiths, P. E. (1999). *Sex and Death: An Introduction to the Philosophy of Biology.* Chicago, IL: University of Chicago Press.

————and Kitcher, P. (1988). "The Return of the Gene." *Journal of Philosophy* 85: 339 – 361.

Smith, K., and Dickison, M. (1996). "The Extended Replicator." *Biology and Philosophy* 11: 377 – 403.

Strevens, M. (1998). "Inferring Probabilities From Symmetries." *Noûs* 32: 231 – 246.

Taylor, P. and Jonker, L. (1978). "Evolutionarily Stable Strategies and Game Dynamics." *Mathematical Biosciences* 40: 145 – 156.

Templeton, A. R. (1989). "The Meaning of Species and Speciation: A Genetic Perspective," in D. Otte and J. A. Endler (eds.), *Speciation and its Consequences*. Sunderland, MA: Sinauer, 3 – 27.

Thompson, M. (1995). "The Representation of Life," in R. Hursthouse, G. Lawrence, and W. Quinn (eds.), *Virtues and Reasons*. Oxford: Oxford University Press, 247 – 297.

Tomasello, M. (1999). *The Cultural Origins of Human Cognition*. Cambridge, MA: Harvard University Press.

Trivers, R. L. (1971). "The Evolution of Reciprocal Altruism." *Quarterly Review of Biology* 46: 35 – 57.

Tuomi, J. and Vuorisalo, T. (1989a). "What Are the Units of Selection in Modular Organisms?" *Oikos* 54: 227 – 233.

———(1989b). "Hierarchical Selection in Modular Organisms." *Trends in Ecology and Evolution* 4: 209 – 213.

Turner, J. S. (2000), *The Extended Organism: The Physiology of Animal-Built Structures*. Cambridge, MA: Harvard University Press.

Uyenoyama, M. and Feldman, M. W. (1980). "Theories of Kin and Group Selection: A Population Genetics Perspective." *Theoretical Population Biology* 17: 380 – 414.

Vuorisalo, T. and Tuomi, J. (1986). "Unitary and Modular Organisms: Criteria for Ecological Division." *Oikos* 47: 382 – 385.

Wade, M. J. (1978). "A Critical Review of the Models of Group Selection." *Quarterly Review of Biology* 53: 101 – 114.

———(1985). "Soft Selection, Hard Selection, Kin Selection, and Group Selection." *American Naturalist* 125: 61 – 73.

Walsh, D. M., Lewens, T., and Ariew, A. (2002), "The Trials of Life:

Natural Selection and Random Drift." *Philosophy of Science* 69: 452 – 473.

Weatherson, B. (2005). "Intrinsic vs. Extrinsic Properties." *Stanford Encylopedia of Philosophy.* < http://plato. stanford. edu/entries/intrinsic-extrinsic/>.

Weisberg, M. (2007). "Who is a Modeler?" *British Journal for Philosophy of Science* 58: 207 – 233.

Weismann, A. (1896). *On Germinal Selection.* (Trans. by T. McCormack). Chicago, IL: Open Court.

Weismann, A. (1909). "The Selection Theory, " in A. C. Seward (ed.), *Darwin and Modern Science.* Cambridge: Cambridge University Press, 23 – 86.

West-Eberhard, M. J. (2003). *Developmental Plasticity and Evolution.* New York: Oxford University Press.

White, J. (1979). "The Plant as a Metapopulation." *Annual Review of Ecology and Systematics* 10: 109 – 145.

Whitham, T. G. and Slobodchikoff, C. N. (1981). "Evolution by Individuals, Plant-Herbivore Interactions, and Mosaics of Genetic Variability: The Adaptive Significance of Somatic Mutations in Plants." *Oecologia* 49: 287 – 292.

Wilkins, J. S. (2003). "How to be a Chaste Species Pluralist-Realist: The Originsof Species Modes and the Synapomorphic Species Concept." *Biology and Philosophy* 18: 621 – 638.

Williams, G. C. (1966), *Adaptation and Natural Selection: A Critique of some Current Evolutionary Thought.* Berkeley, CA: University of California Press.

———(1992). *Natural Selection: Domains, Levels, and Challenges.* New York, NY: Oxford University Press.

Wilson, D. S. (1975). "A Theory of Group Selection." *Proceedings of the National Academy of Sciences* 72: 143 – 146.

————(1980). *The Natural Selection of Populations and Communities.* Menlo Park, CA: Benjamin Cummings.

Wilson, E. O. (1971). *The Insect Societies.* Cambridge, MA: Harvard University Press.

Wilson, R. A. (2005). *Genes and the Agents of Life: The Individual in the Fragile Sciences.* Cambridge: Cambridge University Press.

————(2007). "The Biological Notion of Individual." *Stanford Encyclopedia of Philosophy.* < http://plato. stanford. edu/archives/fall2007/entries/biologyindividual/>.

Wimsatt, W. (1980). "Reductionist Research Strategies and their Biases in the Units of Selection Controversy, " in T. Nickles (ed.), *Scientific Discovery: Case Studies.* Dordrecht: Reidel, 213 – 259.

Winther, R. G. (2006). "Fisherian and Wrightian Perspectives in Evolutionary Genetics and Model-Mediated Imposition of Theoretical Assumptions." *Journal of Theoretical Biology*, 240: 218 – 232.

Woese, C. (2002). "On the Evolution of Cells." *Proceedings of the National Academy of Sciences (USA)* 99: 8742 – 8747.

Wolpert, L. and Szathm'ary, E. (2002). "Multicellularity: Evolution and the Egg." *Nature* 420: 745.

Wright, S. (1932). "The Roles of Mutation, Inbreeding, Crossbreeding and Selection in Evolution." *Proceedings of the Sixth International Congress of Genetics* 1: 257 – 266.

Wynne-Edwards, V. C. (1962). *Animal Dispersion in Relation to Social Behavior.* Edinburgh: Oliver & Boyd.

索 引

（索引页码为原书页码，即本书边码）

图书在版编目(CIP)数据

达尔文主义种群与自然选择 / (澳) 彼得·戈弗雷–
史密斯著；丁三东译. — 北京：商务印书馆, 2023
ISBN 978–7–100–22105–4

Ⅰ. ①达… Ⅱ. ①彼… ②丁… Ⅲ. ①种群—自
然选择—研究 Ⅳ. ①Q111.2

中国国家版本馆CIP数据核字（2023）第043332号

达尔文主义种群与自然选择
〔澳〕彼得·戈弗雷-史密斯 著
丁三东 译

商 务 印 书 馆 出 版
（北京王府井大街36号 邮政编码 100710）
商 务 印 书 馆 发 行
南京新洲印刷有限公司印刷
ISBN 978-7-100-22105-4

2023 年 4 月第 1 版　　开本 889×1194 1/32
2023 年 4 月第 1 次印刷　印张 10 ½
定价：58.00 元